Vorwort zur zehnten Auflage

Das Taschenbuch der Physik hat sich als Hilfe für Schüler der Oberstufe an Gymnasien und für Studierende der ersten Semester von Hochschulen bestens bewährt. Darüber hinaus ist es im weiteren Studium, insbesondere zur Prüfungsvorbereitung, nützlich. Auch im Berufsleben kann es zur raschen Orientierung und zum Nachschlagen von Tabellenwerten hilfreich sein.

Für die zehnte Auflage wurde das Taschenbuch überarbeitet und das Periodensystem durch die neuen Elemente ergänzt.

Die Größenwerte der Tabellen wurden entsprechend den Neuauflagen der Standardwerke: Kohlrausch, Praktische Physik und D'Ans-Lax, Taschenbuch für Chemiker und Physiker, sowie CRC Handbook of Chemistry and Physics korrigiert.

Bei den meisten Ergänzungen und Korrekturen wurde noch den Vorschlägen von Karl Hammer gefolgt.

Dem Verlag danken wir für die übersichtliche Gestaltung des Taschenbuchs..

München und Düsseldorf, im Frühjahr 2012

Karl Hammer †
Hildegard Hammer

Hinweise für den Benutzer

1. Die Hauptabschnitte sind durch große Buchstaben (V, M, W, SW, A, E, GO, WQ, KE, T) vor den Abschnittsnummern gekennzeichnet. Diese Buchstaben stehen auch noch jeweils auf der rechten Seite neben der Seitenzahl; so erkennt man sofort beim Aufschlagen, in welchem Hauptabschnitt man sich befindet.

2. In den Zusätzen zu den Gleichungen wird die Bedeutung der vorkommenden Zeichen erläutert. In der Regel geschieht dies in einem Abschnitt nur einmal.

3. Die im Textteil vorkommenden physikalischen Konstanten sind in T 4 zusammengestellt. Es sind die derzeit genauesten Werte angegeben. In der Praxis genügen meist weniger Dezimalstellen.

4. Die neuen Tabellen T 5.2 und T 5.3 enthalten physikalische Daten der ersten 95 chemischen Elemente. Die nachfolgenden Tabellen bringen vorwiegend die Daten von chemischen Verbindungen und Werkstoffen.

Inhaltsverzeichnis

SW Schwingungen und Wellen

A Akustik

E Elektrizitätslehre

GO Geometrische Optik

WQ Wellenoptik und Quantenphysik

KE Kernphysik und Elementarteilchen-Physik

T Tabellen

VORBEMERKUNGEN

V 1 Physikalische Größen und Gleichungen

1.1 Physikalische Größen

Physikalische Größen werden durch Vergleichen mit einer Einheit gemessen. Der Zahlenwert gibt an, wie oft die Einheit in dem Größenwert enthalten ist. Also:

Größenwert = Zahlenwert mal Einheit

Beispiel: Eine Strecke hat die Länge 5,6 · (1 Meter) = 5,6 m.

Zahlen als Quotienten gleichartiger Größen gehören auch zu den physikalischen Größen.

Beispiel: Wirkungsgrad η (► M 12.2)

1.1.1 Größen- und Einheitensymbole

Will man eine physikalische Größe *allgemein* angeben, so verwendet man zur Abkürzung einen Buchstaben als Symbol für die Größe. Einheiten kürzt man ebenfalls durch Buchstaben ab.
Dabei werden auch viele griechische Buchstaben verwendet. Da diese weniger bekannt sind, werden sie hier zusammengestellt.

Alpha	A α	Eta	H η	Ny	N ν	Tau	T τ
Beta	B β	Theta	Θ ϑ	Xi	Ξ ξ	Ypsilon	Y υ
Gamma	Γ γ	Jota	I ι	Omikron	O o	Phi	Φ φ
Delta	Δ δ	Kappa	K $\varkappa$	Pi	Π π	Chi	X χ
Epsilon	E ε	Lambda	Λ λ	Rho	P ϱ	Psi	Ψ ψ
Zeta	Z ζ	My	M μ	Sigma	Σ σ	Omega	Ω ω

Im Druck werden *Größen*symbole in *schrägen* Buchstaben,
Einheitensymbole in geraden Buchstaben gesetzt.

Beispiel: s = Weg, s = Sekunde; m = Masse, m = Meter

1.1.2 Einheitensysteme

In der Physik und Technik hat sich das internationale Einheitensystem (Système International d'Unités; abgekürzt: SI) durchgesetzt. Dieses Einheitensystem ist in der Bundesrepublik Deutschland seit 1970 gesetzlich eingeführt. Es sollen im Messwesen keine anderen Einheiten mehr benützt werden.

1.2 Größengleichungen

Physikalische Formeln geben in Form mathematischer Gleichungen den Zusammenhang zwischen physikalischen Größen an. Derartige Größengleichungen gelten für beliebige Einheiten.
Setzt man in eine solche Gleichung spezielle Größenwerte ein, so werden sowohl die Zahlenwerte als auch die Einheiten rechnerisch so behandelt, wie es die Gleichung vorschreibt.

Beispiel: Geschwindigkeit $v = \frac{\text{Weg } s}{\text{Zeit } t}$, also $v = \frac{s}{t}$.

Ist $s = 6000$ m und $t = 15$ s, ergibt die Formel: $v = \frac{6000\,\text{m}}{15\,\text{s}} = \frac{6000}{15} \cdot \frac{\text{m}}{\text{s}} = 400\,\frac{\text{m}}{\text{s}}$.

1.3 Skalare und Vektoren

Skalar nennt man eine physikalische Größe, die durch Angabe von Zahlenwert und Einheit vollständig bestimmt ist.

Beispiele: Zeit, Temperatur.

Vektor nennt man eine physikalische Größe, bei der außerdem auch noch die Richtung angegeben werden muss.
Man unterscheidet axiale und polare Vektoren.

Gibt die Richtung des Vektors die Richtung einer Drehachse an, so spricht man von einem „axialen“ Vektor.

Beispiele: Winkelgeschwindigkeit, Drehmoment.

Die übrigen Vektoren nennt man „polare“ Vektoren.

Beispiele: Weg, Kraft

Vektoren schreiben wir mit einem Pfeil über dem Buchstaben, z. B. $\vec{a}$, $\vec{F}$, $\vec{M}$; den Betrag des Vektors schreiben wir ohne Pfeil, z. B. a, F, M, oder mit Absolutstrichen, z. B. $|\vec{a}|$, $|\vec{F}|$, $|\vec{M}|$.

V2	Die wichtigsten Rechenoperationen für Vektoren

2.1 Summe zweier Vektoren $\vec{a}_1$ und $\vec{a}_2$ (Geometrische Addition)

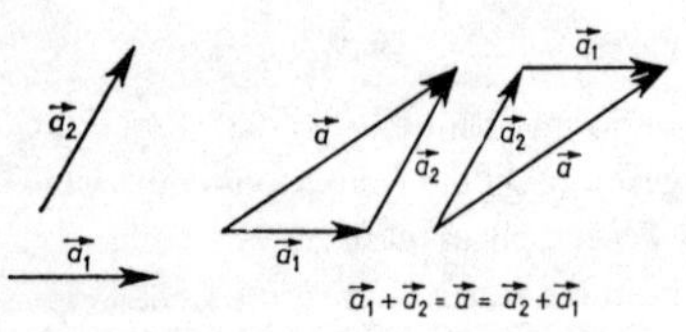

Regel: Man trägt von der Spitze des einen Vektors aus den zweiten Vektor ab. Der Verbindungspfeil $\vec{a}$ vom Ende des ersten zur Spitze des zweiten ist dann der Summenvektor.

2.2 Differenz zweier Vektoren $\vec{a}_1$ und $\vec{a}_2$ (Geometrische Subtraktion)

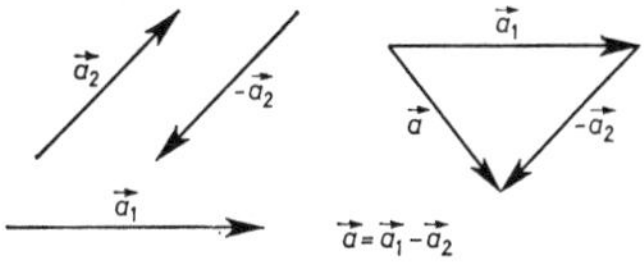

Regel: Man addiert den Vektor $(-\vec{a}_2)$ zum Vektor $\vec{a}_1$.

2.3 Zerlegung eines Vektors $\vec{a}$ in Komponenten

2.3.1 Zerlegung in zwei Komponenten

Die beiden Komponenten sollen mit $\vec{a}$ in einer Ebene liegen. Die Richtungen der Komponenten seien gegeben (x- und y-Richtung).

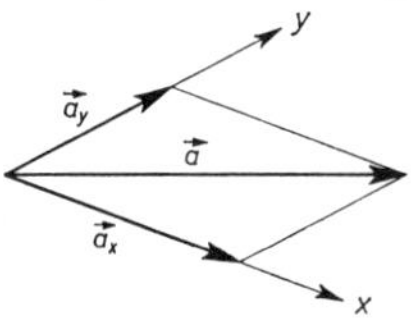

Regel: Man zeichnet ein Parallelogramm, dessen eine Diagonale $\vec{a}$ ist und dessen Winkel durch die vorgegebenen Richtungen bestimmt sind.

Spezialfall: Rechtwinkliges Koordinatensystem (x, y)

Für die Koordinaten des Vektors $\vec{a}$ gilt:

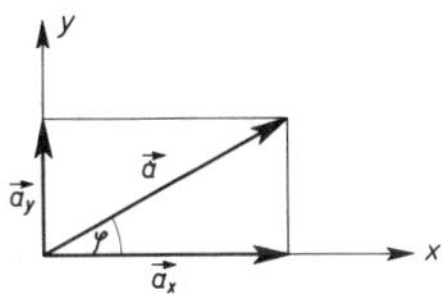

$$\left.\begin{aligned} a_x &= a \cos\varphi \\ a_y &= a \sin\varphi \end{aligned}\right\} \quad \tan\varphi = \frac{a_y}{a_x}$$

$$a = \sqrt{a_x^2 + a_y^2}$$

2.3.2 Zerlegung in drei Komponenten

Die Richtungen der drei Komponenten sollen mit den Achsenrichtungen eines räumlichen, rechtwinkligen Koordinatensystems (Rechtssystem) übereinstimmen. $\vec{i}$, $\vec{j}$, $\vec{k}$ seien die Einheitsvektoren (= Vektoren vom Betrag 1) in den positiven Achsenrichtungen. Dann ist:

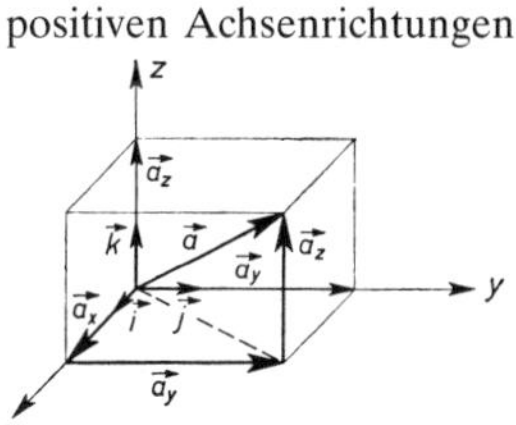

$$\vec{a} = \vec{a}_x + \vec{a}_y + \vec{a}_z = a_x \vec{i} + a_y \vec{j} + a_z \vec{k} = \begin{pmatrix} a_x \\ a_y \\ a_z \end{pmatrix}$$

Der Betrag ist:

$$|\vec{a}| = a = \sqrt{a_x^2 + a_y^2 + a_z^2}$$

und die Koordinaten sind:

$$a_x = a \cos\alpha, \; a_y = a \cos\beta, \; a_z = a \cos\gamma,$$

wobei α, β, γ die Richtungswinkel des Vektors $\vec{a}$ mit den Achsen sind.
Die Einheitsvektoren in den Achsenrichtungen werden oft auch mit $\vec{e}_x$, $\vec{e}_y$, $\vec{e}_z$ bezeichnet.

2.4 Skalares Produkt der Vektoren $\vec{a}$ und $\vec{b}$

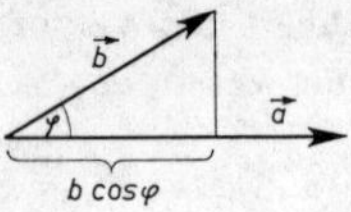

$\vec{a} \circ \vec{b} = a\, b \cos\varphi$

Spezialfälle:

1. Ist $\vec{a} \perp \vec{b}$, dann $\vec{a} \circ \vec{b} = 0$
2. Ist $\vec{a} \parallel \vec{b}$, dann $\vec{a} \circ \vec{b} = a\, b$

Koordinatenschreibweise des skalaren Produkts:

In einem rechtwinkligen Koordinatensystem gilt für die x-, y- und z-Koordinaten:

$\vec{a} \circ \vec{b} = a_x b_x + a_y b_y + a_z b_z$

2.5 Vektorprodukt der Vektoren $\vec{a}$ und $\vec{b}$

$\vec{a} \times \vec{b} = \vec{c}$

2.5.1 Produktvektor

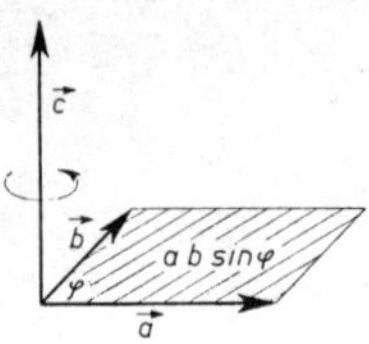

Der *Produktvektor* $\vec{c}$ hat den Betrag $|\vec{c}| = c = a\, b \sin\varphi$ (entspricht der Fläche des schraffierten Parallelogramms), die Richtung $\perp$ auf der von $\vec{a}$ und $\vec{b}$ aufgespannten Ebene und zwar so, dass $\vec{a}$, $\vec{b}$, und $\vec{c}$ ein Rechtssystem bilden. ($\vec{a}$ ist auf dem kürzesten Weg nach $\vec{b}$ zu drehen.)

Man beachte, dass $\vec{a} \times \vec{b} = -\vec{b} \times \vec{a}$.

2.5.2 Komponentenschreibweise des Vektorprodukts

In einem rechtwinkligen Koordinatensystem gilt für die x-, y- und z-Komponenten:

$$\vec{a} \times \vec{b} = \begin{vmatrix} \vec{i} & \vec{j} & \vec{k} \\ a_x & a_y & a_z \\ b_x & b_y & b_z \end{vmatrix}$$

$$= (a_y b_z - a_z b_y)\,\vec{i} + (a_z b_x - a_x b_z)\,\vec{j} + (a_x b_y - a_y b_x)\,\vec{k}$$

Dabei sind $\vec{i}$, $\vec{j}$, $\vec{k}$ die Einheitsvektoren.

MECHANIK

M 1 Basis- (Grund-)größen der Mechanik und ihre Einheiten

Die Basisgrößen der Mechanik und ihre Einheiten im (internationalen) SI-System sind:

Die *Länge* l mit der SI-Einheit 1 Meter (m) (► T 2).

Die *Masse* m mit der SI-Einheit 1 Kilogramm (kg) (► T 2).

Die *Zeit* t mit der SI-Einheit 1 Sekunde (s) (► T 2).

M 2 Einige abgeleitete Größen der Mechanik und ihre Einheiten

2.1 Fläche A

2.1.1 Rechteckfläche

Hat ein Rechteck die Länge l und die Breite b, so ist seine Fläche:

$$A = l\,b$$

2.1.2 Kreisfläche

Ein Kreis mit dem Radius r hat die Fläche:

$$A = r^2\,\pi$$

Die SI-Einheit der Fläche ist 1 m^2.

2.2 Volumen V

2.2.1 Quadervolumen

Hat ein Quader die Länge l, die Breite b und die Höhe h, so ist sein Volumen:

$$V = l\,b\,h$$

2.2.2 Kugelvolumen

Eine Kugel mit dem Radius r hat das Volumen:

$$V = \frac{4}{3}\,r^3\,\pi$$

Die SI-Einheit des Volumens ist 1 m^3.

2.3 Dichte ϱ eines Körpers

$$\text{Dichte } \varrho = \frac{\text{Masse eines Körpers } m}{\text{Volumen des Körpers } V}$$

$$\boxed{\varrho = \frac{m}{V}}$$

Die SI-Einheit der Dichte ist $1\ \mathrm{kg\ m^{-3}}$

In Tabellen wird außerdem die Einheit $1\ \mathrm{kg\ dm^{-3}} = 1\ \mathrm{g\ cm^{-3}}$ verwendet; $1\ \mathrm{kg\ dm^{-3}} = 10^3\ \mathrm{kg\ m^{-3}}$.

M 3 Bewegung eines punktförmigen Körpers auf einer Geraden

Der Weg $\vec{s}$, die Geschwindigkeit $\vec{v}$ und die Beschleunigung $\vec{a}$ sind Vektoren. Da bei der Bewegung auf einer Geraden alle drei Vektoren längs dieser Geraden gerichtet sind, genügt es, die skalare Schreibweise zu benützen.

3.1 Bewegung mit konstanter Geschwindigkeit

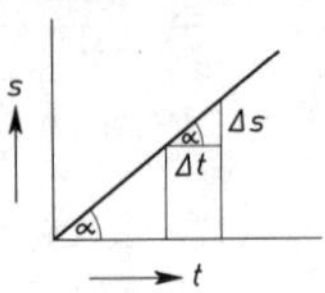

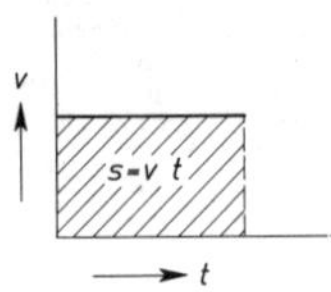

$$\text{Geschwindigkeit } v = \frac{\text{Weg } s}{\text{Zeit } t}$$

$$v = \frac{s}{t} = \frac{\Delta s}{\Delta t} = \text{constant}$$

Daraus folgt:
und:

$$\boxed{\begin{aligned} s &= v\,t \\ \Delta s &= v\,\Delta t \end{aligned}}$$

Die SI-Einheit der Geschwindigkeit ist $1\ \mathrm{m\ s^{-1}}$.

Umrechnung auf andere Einheiten: ► T 3.2

3.2 Bewegung mit konstanter Beschleunigung

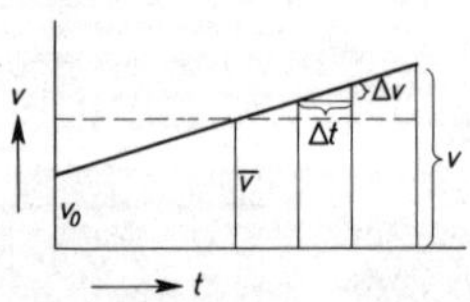

v_0 ist die Anfangsgeschwindigkeit ($t = 0$)
v die Geschwindigkeit zur Zeit t und
$\bar{v}$ die mittlere Geschwindigkeit.

$$\boxed{\bar{v} = \frac{v_0 + v}{2}}$$

$$\text{Beschleunigung } a = \frac{\text{Geschwindigkeitsänderung } \Delta v}{\text{benötigtes Zeitintervall } \Delta t}$$

$$a = \frac{\Delta v}{\Delta t} = \frac{v - v_0}{t} = \text{constant}$$

Bewegungsgleichungen:

Aus der letzten Formel folgt: $v = v_0 + a\,t$ ①

Der Weg nach der Zeit t ist $s = \bar{v}\,t$. Daraus: $s = v_0\,t + \frac{a}{2}\,t^2$ ②

t aus ① und ② eliminiert gibt: $2\,a\,s = v^2 - v_0^2$ ③

Die SI-Einheit der Beschleunigung ist 1 m s^{-2}.

Die Größen s, v und a sind positiv, wenn sie die gleiche Richtung wie die Wegachse haben; sie sind negativ, wenn sie umgekehrt wie die Wegachse gerichtet sind.

Die Bewegung ist beschleunigt, wenn v und a gleiche Vorzeichen haben, jedoch verzögert, wenn v und a verschiedene Vorzeichen haben.

3.3 Beispiele zur Bewegung eines punktförmigen Körpers auf einer Geraden

3.3.1 Freier Fall

Der *freie Fall* ist eine gleichmäßig beschleunigte Bewegung ohne Anfangsgeschwindigkeit ($v_0 = 0$) nach unten.

Die Fallbeschleunigung hängt vom Ort ab (► T 10). In 45 ° nördlicher Breite ist in Meeresspiegelhöhe $g_n = 9{,}806\ 65\ \mathrm{ms}^{-2}$ (Normfallbeschleunigung ► T 4).

Oft genügt der Näherungswert $g \approx 10\ \mathrm{m\ s}^{-2}$.

Da Weg, Geschwindigkeit und Beschleunigung nach unten gerichtet sind, richtet man die Wegachse nach unten.

3.3.2 Lotrechter Wurf

Beim *lotrechten Wurf* nach oben richtet man die Wegachse nach oben.

Steighöhe $H = \frac{v_0^2}{2\,g}$; Steigzeit = Fallzeit $T = \frac{v_0}{g}$

3.3.3 Fall auf einer schiefen Ebene

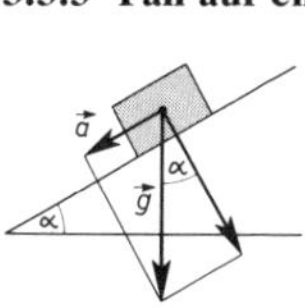

Die Bewegung ist gleichmäßig beschleunigt mit $a = g \sin \alpha$

M 4 Vektorielle Beschreibung krummliniger Bewegungen in einer Ebene

4.1 Ortsvektor $\vec{r}\,(t)$

Die Lage eines Punktes P auf der Bahnkurve wird durch den Ortsvektor $\vec{r}\,(t)$ gekennzeichnet:

$$\vec{r}\,(t) = \begin{pmatrix} x\,(t) \\ y\,(t) \end{pmatrix}$$

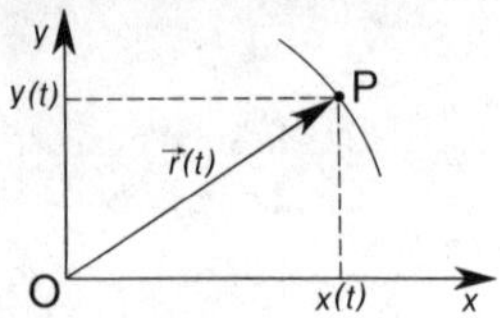

$x\,(t)$ und $y\,(t)$ sind die Koordinaten des Ortsvektors $\vec{r}\,(t)$, der zur Zeit t vom Nullpunkt des Koordinatensystems aus zum Bahnpunkt P weist.

4.2 Geschwindigkeitsvektor $\vec{v}\,(t)$

Man erhält die Koordinaten des Geschwindigkeitsvektors $\vec{v}\,(t)$, indem man die Koordinaten des Ortsvektors $\vec{r}\,(t)$ nach der Zeit t differenziert:

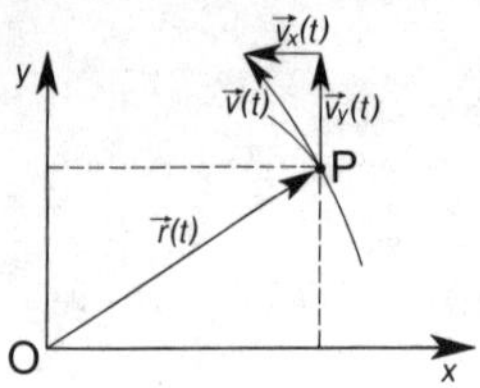

$$\vec{v}\,(t) = \lim_{\Delta t \to 0} \frac{\Delta \vec{r}\,(t)}{\Delta t} = \frac{\mathrm{d}\,\vec{r}\,(t)}{\mathrm{d}\,t} = \dot{\vec{r}}\,(t)$$

$$\vec{v}\,(t) = \begin{pmatrix} v_x(t) \\ v_y(t) \end{pmatrix} = \begin{pmatrix} \dot{x}\,(t) \\ \dot{y}\,(t) \end{pmatrix} = \dot{\vec{r}}\,(t)$$

$\Delta\,\vec{r}\,(t)$ ist die Differenz der Ortsvektoren,
$\Delta\,t$ das zugehörige Zeitintervall.
$v_x(t)$ und $v_y(t)$ sind die Koordinaten des Geschwindigkeitsvektors $\vec{v}\,(t)$,
$\dot{x}$, $\dot{y}$ und $\dot{\vec{r}}$ sind die ersten Ableitungen nach der Zeit.

4.3 Beschleunigungsvektor $\vec{a}\,(t)$

Man erhält die Koordinaten des Beschleunigungsvektors $\vec{a}\,(t)$, indem man die Koordinaten des Geschwindigkeitsvektors $\vec{v}\,(t)$ nach der Zeit differenziert:

$$\vec{a}\,(t) = \lim_{\Delta t \to 0} \frac{\Delta \vec{v}\,(t)}{\Delta t} = \frac{\mathrm{d}\,\vec{v}\,(t)}{\mathrm{d}\,t} = \dot{\vec{v}}\,(t) = \ddot{\vec{r}}\,(t)$$

$$\vec{a}\,(t) = \begin{pmatrix} a_x(t) \\ a_y(t) \end{pmatrix} = \begin{pmatrix} \dot{v}_x(t) \\ \dot{v}_y(t) \end{pmatrix} = \dot{\vec{v}}\,(t) = \ddot{\vec{r}}\,(t)$$

$\Delta\,\vec{v}\,(t)$ ist die Differenz der Geschwindigkeitsvektoren,
$\Delta\,t$ das zugehörige Zeitintervall.
$a_x(t)$ und $a_y(t)$ sind die Koordinaten des Beschleunigungsvektors $\vec{a}\,(t)$,
$\dot{v}_x$, $\dot{v}_y$, $\dot{\vec{v}}$ sind die ersten Ableitungen und $\ddot{\vec{r}}\,(t)$ ist die zweite Ableitung nach der Zeit.

4.4 Vektorielle Darstellung der Bewegungsgleichungen

$\vec{r}\,(t)$ ist der Ortsvektor,
$\vec{v}\,(t)$ der Geschwindigkeitsvektor zur Zeit t,
$\vec{v}_0$ der Geschwindigkeitsvektor zur Zeit $t = 0$,
$\vec{a}$ der konstante Beschleunigungsvektor.

$$\vec{v}\,(t) = \dot{\vec{r}}\,(t) = \vec{v}_0 + \vec{a}\,t$$

$$\vec{r}\,(t) = \vec{v}_0\,t + \frac{\vec{a}}{2}\,t^2$$

Aus diesen Gleichungen ergeben sich für geradlinige Bewegungen längs der x- oder y-Achse die Gleichungen ① und ② von ► M 3.2.

M 5 Beispiele krummliniger Bewegungen in einer Ebene

5.1 Waagrechter Wurf

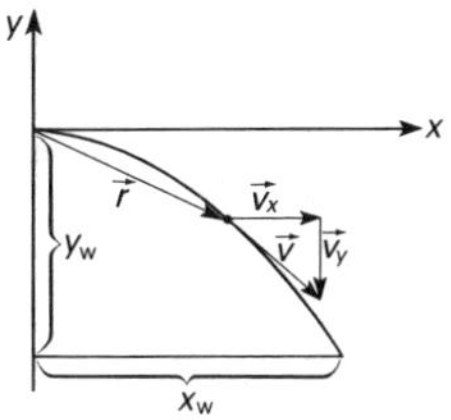

Ein Körper wird mit der Anfangsgeschwindigkeit $v_x\,(t) = v_0$ waagrecht geworfen. In der x-Richtung legt er dann in der Zeit t den Weg $x\,(t) = v_0\,t$ zurück. Gleichzeitig fällt er in der y-Richtung frei nach unten. Dabei ist $v_y\,(t) = -g\,t$ und $y\,(t) = -\frac{1}{2}\,g\,t^2$.

5.1.1 Ortsvektor $\vec{r}\,(t)$

v_0 ist die waagrechte Anfangsgeschwindigkeit,
g der Betrag der Fallbeschleunigung.

$$\vec{r}\,(t) = \begin{pmatrix} v_0\,t \\ -\frac{1}{2}\,g\,t^2 \end{pmatrix}$$

5.1.2 Geschwindigkeitsvektor $\vec{v}\,(t)$

$$\vec{v}\,(t) = \begin{pmatrix} v_0 \\ -g\,t \end{pmatrix}$$

5.1.3 Beschleunigungsvektor $\vec{a}\,(t)$

$$\vec{a}\,(t) = \begin{pmatrix} 0 \\ -g \end{pmatrix}$$

5.1.4 Bahngleichung

Die Gleichung der Bahnkurve erhält man, wenn man aus $x\,(t) = v_0\,t$ und $y\,(t) = -\frac{1}{2}\,g\,t^2$ die Zeit t eliminiert: Die Bahnkurve ist ein Parabelast (Wurfparabel).

$$y = -\frac{g}{2\,{v_0}^2}\,x^2$$

5.1.5 Wurfweite x_w

Aus der Bahngleichung ergibt sich bei der durchfallenen Höhe $y_w = -\frac{g}{2\,v_0^2}\,x_w^2$ die Wurfweite x_w:

$$x_w = v_0 \sqrt{\frac{2\,y_w}{-g}}$$

Dabei ist y_w negativ zu nehmen.

5.2 Schiefer Wurf

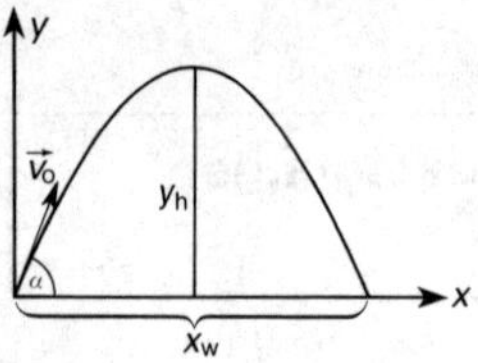

Ein Körper wird mit der Anfangsgeschwindigkeit $\vec{v}_0 = \begin{pmatrix} v_0 \cos\alpha \\ v_0 \sin\alpha \end{pmatrix}$ unter dem Winkel α abgeworfen.

Die x-Koordinate des Geschwindigkeitsvektors bleibt während der Bewegung konstant:
$v_x(t) = v_0 \cos\alpha$.

Die y-Koordinate des Geschwindigkeitsvektors wird laufend um die Fallgeschwindigkeit verringert.
Es ist also $v_y(t) = v_0 \sin\alpha - g\,t$.

5.2.1 Ortsvektor $\vec{r}\,(t)$

$$\vec{r}\,(t) = \begin{pmatrix} v_0\,t \cos\alpha \\ v_0\,t \sin\alpha - \frac{1}{2}\,g\,t^2 \end{pmatrix}$$

g ist die Fallbeschleunigung

5.2.2 Geschwindigkeitsvektor $\vec{v}\,(t)$

$$\vec{v}\,(t) = \begin{pmatrix} v_0 \cos\alpha \\ v_0 \sin\alpha - g\,t \end{pmatrix}$$

5.2.3 Beschleunigungsvektor $\vec{a}\,(t)$

$$\vec{a}\,(t) = \begin{pmatrix} 0 \\ -g \end{pmatrix}$$

5.2.4 Bahngleichung

Die Gleichung der Bahnkurve erhält man, wenn man aus $x(t) = v_0\,t \cos\alpha$ und $y(t) = v_0\,t \sin\alpha - \frac{1}{2}\,g\,t^2$ die Zeit t eliminiert:

$$y = x \tan\alpha - \frac{g}{2\,v_0^2 \cos^2\alpha}\,x^2$$

Die Bahnkurve ist eine Parabel (Wurfparabel).

5.2.5 Wurfweite x_w

Aus der Bahngleichung ergibt sich für $y_w = 0$ die Wurfweite:

$$x_w = \frac{v_0^2 \sin 2\,\alpha}{g}$$

M

5.2.6 Steigzeit t_s und Fallzeit t_f

Der Körper steigt solange, bis $v_y = 0$ geworden ist.
Die Steigzeit t_s ergibt sich daher aus $v_0 \sin\alpha - g\,t_s = 0$ zu:

$$t_s = \frac{v_0 \sin\alpha}{g}$$

Die Zeit t_w, die verstreicht, bis die Wurfweite x_w erreicht ist, kann man aus $y_w = 0$ oder $v_0 t_w \sin\alpha - \frac{1}{2} g t_w^2 = 0$ berechnen.

Es ist $t_w = \frac{2\,v_0 \sin\alpha}{g}$ oder $t_w = 2\,t_s$, d. h. Steigzeit und Fallzeit sind gleich:

$$t_s = t_f$$

5.2.7 Steighöhe y_h

Die Steighöhe y_h ergibt sich aus $y_h(t_s)$:

$$y_h = \frac{v_0^2 \sin^2\alpha}{2\,g}$$

5.3 Kreisbewegung mit konstanter Winkelgeschwindigkeit

5.3.1 Frequenz f

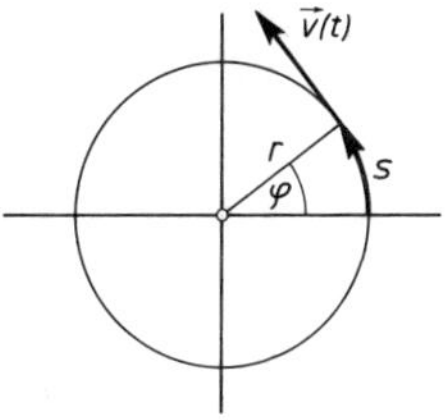

k ist die Zahl der Umläufe,
t die zugehörige Zeitspanne.

$$f = \frac{k}{t}$$

Daraus folgt:

T ist die Dauer eines Umlaufes (Umlaufsdauer).

$$f = \frac{1}{T}$$

5.3.2 Drehwinkel (Winkelweg) φ

s ist der Bogen auf dem Kreis mit dem Radius r.

$$\varphi = \frac{s}{r}$$

5.3.3 Winkelgeschwindigkeit ω

$\omega = \text{const}$

$$\omega = \frac{\Delta\varphi}{\Delta t} = \frac{\varphi}{t} = \frac{2\,\pi}{T} = 2\,\pi f$$

5.3.4 Ortsvektor $\vec{r}\,(t)$

r ist der Kreisradius,
t die Zeit und
ω die konstante Winkelgeschwindigkeit.

$$\vec{r}\,(t) = r \begin{pmatrix} \cos\omega t \\ \sin\omega t \end{pmatrix}$$

5.3.5 Vektor der Bahngeschwindigkeit $\vec{v}\,(t)$

$$\vec{v}\,(t) = r\,\omega \begin{pmatrix} -\sin\omega\,t \\ \cos\omega\,t \end{pmatrix}$$

Der Betrag der Bahngeschwindigkeit ist:

$$v = r\,\omega$$

Der Weg auf der Kreisbahn ist:

$$s = r\,\omega\,t = v\,t$$

5.3.6 Vektor der Zentralbeschleunigung $\vec{a}_z\,(t)$

$$\vec{a}_z(t) = -\,r\,\omega^2 \begin{pmatrix} \cos\omega\,t \\ \sin\omega\,t \end{pmatrix}$$

Der Betrag der Zentralbeschleunigung ist:

$$a_z = r\,\omega^2 = \frac{v^2}{r}$$

M 6 Gesetze von Newton

Newton verdanken wir drei Gesetze, durch die alle Vorgänge der klassischen Mechanik erklärt werden können.

6.1 Trägheits- oder Beharrungsgesetz

Jeder Körper bleibt in Ruhe oder bewegt sich mit konstanter Geschwindigkeit geradlinig weiter, wenn keine Kraft auf ihn wirkt.

6.2 Grundgesetz der Mechanik

Die einen Körper beschleunigende Kraft ist gleich der zeitlichen Änderung der Bewegungsgröße.

Als Bewegungsgröße bezeichnet man das Produkt aus der Masse m des Körpers und seiner Geschwindigkeit $\vec{v}$, also $m\,\vec{v}$.

Damit lautet das *Grundgesetz der Mechanik*, das auch *dynamisches Grundgesetz* genannt wird:

$$\vec{F} = \frac{\mathrm{d}\,(m\,\vec{v})}{\mathrm{d}t}$$

Ist die Masse m konstant, was in der klassischen Mechanik gilt, so folgt mit $\frac{\mathrm{d}\vec{v}}{\mathrm{d}t} = \vec{a}$:

$$\vec{F} = m\,\vec{a}$$

Der Kraftvektor $\vec{F}$ und der Beschleunigungsvektor $\vec{a}$ sind stets gleichgerichtet.

Daher genügt oft die Verwendung folgender Gleichung: $F = m\,a$

In der relativistischen Mechanik ist die Masse m eine Funktion der Geschwindigkeit (► M 29).

Aus dem Grundgesetz der Mechanik folgt für die SI-Einheit der Kraft:

$$1\ \text{kg} \cdot 1\ \text{m s}^{-2} = 1\ \text{kg m s}^{-2}$$

Diese aus den Basiseinheiten kg, m und s abgeleitete Krafteinheit hat einen eigenen Namen:

$$1\ \text{Newton} = 1\ \text{N} = 1\ \text{kg m s}^{-2}$$

Wir werden noch eine ganze Reihe von abgeleiteten SI-Einheiten mit eigenem Namen kennen lernen (► T 2.2).

6.3 Wechselwirkungsgesetz

Wenn ein Körper 1 auf einen Körper 2 die Kraft $\vec{F}$ ausübt, so übt der Körper 2 auf den Körper 1 die Kraft $\vec{F}\,'$ aus, die den gleichen Betrag wie $\vec{F}$ hat, aber entgegengesetzt gerichtet ist, kurz:

Kraft = Gegenkraft (actio = reactio): $\vec{F}\,' = -\vec{F}$

M 7 Verschiedene Kräfte

7.1 Gewichtskraft eines Körpers

Beim freien Fall erteilt die Gewichtskraft F_G einem Körper der Masse m die Fallbeschleunigung g.
Nach dem Grundgesetz der Mechanik gilt: $F_G = m\,g$

Die Fallbeschleunigung g ist am gleichen Ort für alle Körper gleich groß (► M 3.3.1 und T 10).

Aus der Gleichung folgt: Die Kraft 1 N erteilt einem Körper der Masse $m = 0{,}102$ kg = 102 g die Normfallbeschleunigung g_n.

7.2 Kraft zur Dehnung einer elastischen Feder

Dehnt die Kraft F eine elastische Feder um die Länge s, so gilt: $F = D\,s$

Das ist das Gesetz von HOOKE (► M 23.2). D ist die Federkonstante.

Eine elastische Feder kann man als Kraftmesser eichen, wenn man Körper der Masse $m = 102$ g und damit der Gewichtskraft $F_G = 1$ N an die Feder hängt und die zugehörige Dehnung markiert.

7.3 Reibungskraft

Wenn ein Körper (Fahrzeug) beschleunigt werden soll, so muss im Idealfall nur die Kraft $\vec{F} = m\vec{a}$ wirken. Im Realfall muss zusätzlich zur beschleunigenden Kraft $\vec{F}$ eine Kraft aufgewendet werden, welche die Reibung überwindet. Die Reibungskraft $\vec{F}_R$ wirkt immer entgegengesetzt zur Bewegungsrichtung. Ist F_N der Betrag der Kraft, mit welcher der Körper auf die Unterlage drückt, so ist der Betrag der Reibungskraft:

$$F_R = \mu F_N$$

μ ist die Reibungszahl.

μ ist bei rollender Reibung bedeutend kleiner als bei gleitender Reibung. Bei Haftreibung ist die Reibungszahl μ_r etwas größer als die Reibungszahl μ in der Bewegung (► T11).

Auf horizontaler Strecke drückt der Körper mit seiner Gewichtskraft auf die Unterlage: $F_N = F_G = mg$.

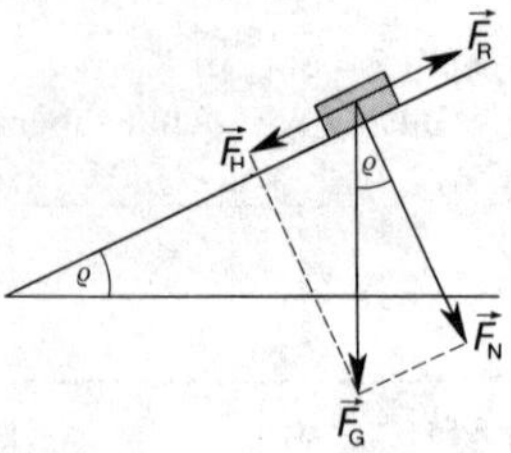

Ist eine schiefe Ebene unter dem Winkel ϱ so geneigt, dass die Hangabtriebskraft $F_H = F_G \sin\varrho$ gerade die Reibungskraft F_R überwindet, so ist $F_N = F_G \cos\varrho$. Daraus folgt:

$F_R = F_G \sin\varrho = \mu F_G \cos\varrho$ oder:

$$\mu = \tan\varrho$$

Der Winkel ϱ heißt Reibungswinkel.

7.4 Zentralkraft bei der Kreisbewegung mit konstanter Winkelgeschwindigkeit

In M 5.3 haben wir die Kreisbewegung mit konstanter Winkelgeschwindigkeit besprochen. Die Zentralbeschleunigung $\vec{a}_z(t)$ wird nach dem Grundgesetz der Mechanik hervorgerufen durch die Zentralkraft $\vec{F}_z = m\vec{a}_z(t)$, also:

$$\vec{F}_z = -m\omega^2 r \begin{pmatrix} \cos\omega t \\ \sin\omega t \end{pmatrix}$$

m ist die Masse des rotierenden Körpers,
ω die Winkelgeschwindigkeit,
r der Kreisradius und t die Zeit.

Der Betrag der Zentralkraft ist:

$$F_z = m\omega^2 r = m\,\frac{v^2}{r}$$

v ist der Betrag der Bahngeschwindigkeit.

Anmerkung:

Nach dem Grundgesetz der Mechanik haben die Vektoren der beschleunigenden Kraft $\vec{F}$ und der Beschleunigung $\vec{a}$ stets dieselbe Richtung. Das gilt also auch für $\vec{F}_z$ und $\vec{a}_z$. Die Richtung dieser beiden Vektoren bildet aber stets einen Winkel mit der Richtung des Vektors der Bahngeschwindigkeit $\vec{v}$.

M 8 Bewegungen von Himmelskörpern – Gravitation

8.1 KEPLER-Gesetze

Die Sonne wird als ruhendes Zentralgestirn angesehen. Für die Bewegungen der Planeten um die Sonne gelten dann folgende drei Gesetze von KEPLER:

8.1.1 Planetenbahnen

Die Planetenbahnen sind Ellipsen, in deren einem Brennpunkt die Sonne steht.

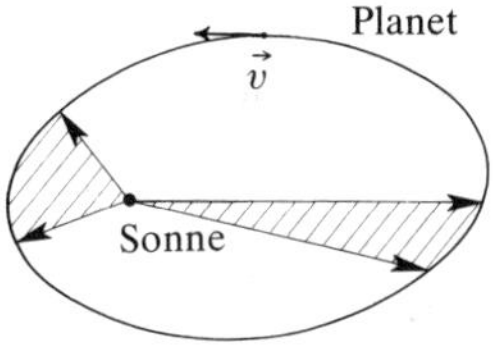

8.1.2 Flächensatz

Der von der Sonne nach einem Planeten gezogene Ortsvektor überstreicht in gleichen Zeiten gleiche Flächen.

8.1.3 Umlaufzeiten und Bahnachsen

Die Quadrate der Umlaufszeiten (T_1, T_2) zweier Planeten verhalten sich wie die dritten Potenzen der großen Halbachsen (a_1, a_2) ihrer Bahnellipsen.

$$\frac{T_1^2}{T_2^2} = \frac{a_1^3}{a_2^3}$$

Aus dem dritten KEPLER-Gesetz folgt, dass $\frac{T^2}{a^3}$ konstant ist:

$$C = \frac{T^2}{a^3}$$

Für die Sonne als Zentralgestirn ist

$$C_S = 2{,}97 \cdot 10^{-34}\ \mathrm{a^2\,m^{-3}}$$

Dabei ist 1a die Zeiteinheit 1 Jahr (► T 3.1)

Die KEPLER-Gesetze gelten für jedes Zentralgestirn, dessen Masse viel größer ist als die Masse seiner Planeten.

8.2 Gravitationsgesetz von NEWTON

Aus den KEPLER-Gesetzen leitete NEWTON das allgemeine Massenanziehungsgesetz (Gravitationsgesetz) ab.

Der Betrag der Anziehungskraft zwischen zwei Körpern der Massen m_1 und m_2 ist beim Abstand R der Körper:

$$F = G\,\frac{m_1\,m_2}{R^2}$$

Die Konstante G (Gravitationskonstante) ist $G = 6{,}672\,59\,(85) \cdot 10^{-11}\ \mathrm{m^3\,kg^{-1}\,s^{-2}}$ (► T 4).

8.3 Bahngeschwindigkeit eines Planeten

v ist die momentane Bahngeschwindigkeit des Planeten,
r seine momentane Entfernung von der Sonne,
a die große Halbachse der Ellipsenbahn,
M die Sonnenmasse.

$$v = \sqrt{G\,M\left(\frac{2}{r} - \frac{1}{a}\right)}$$

8.4 Erweiterung des 3. KEPLER-Gesetzes (Zweikörperproblem)

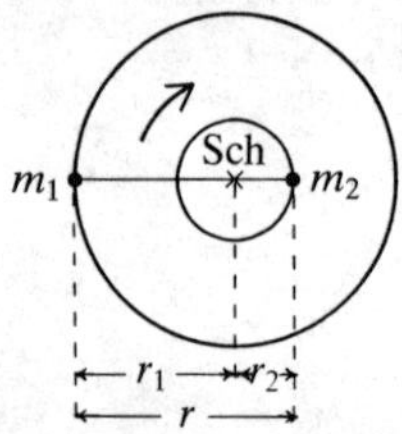

Zwei Himmelskörper bewegen sich auf Kreisbahnen um den gemeinsamen Schwerpunkt Sch (► Abb.).

Dabei gilt: $m_1 : m_2 = r_2 : r_1$

Für die Konstante des 3. KEPLER-Gesetzes gilt:

$$C = \frac{T^2}{r^3} = \frac{4\,\pi^2}{G\,(m_1 + m_2)}$$

m_1 und m_2 sind die Massen zweier Himmelskörper,
r_1 und r_2 die Radien ihrer Kreisbahnen,
$r = r_1 + r_2$ die konstante Entfernung der beiden Körper.

M 9 Künstliche Himmelskörper

9.1 Satelliten

Ein Satellit soll als künstlicher Mond die Erde umkreisen. Dazu muss er in die gewünschte Höhe geschossen und anschließend in die vorgesehene Bahn umgelenkt werden. Für Satelliten gelten die KEPLER-Gesetze, wobei die Erde statt der Sonne als Zentralgestirn wirkt (► M 8.1)

Bei einer Kreisbahn mit dem Radius r und der Umlaufsdauer T ist nach dem 3. KEPLER-Gesetz:

$$C_E = \frac{T^2}{r^3}$$

Dabei ist die Konstante $C_E = 9{,}9 \cdot 10^{-29}\ \mathrm{a^2\,m^{-3}}$.

Die Höhe h des Satelliten über der Erdoberfläche ist:

$$h = r - r_E$$

$r_E = 6370$ km ist der Erdradius.

9.1.1 Satellit auf geostationärer Bahn

Ein Satellit ist bezüglich der Erde ortsfest, wenn seine Umlaufsdauer $T = 1$ d beträgt und er sich gleichsinnig mit der Erde bewegt. Er durchläuft dann eine *geostationäre Bahn*.

Das ist der Fall, wenn der Satellit die Erde in der Höhe $h = 36\,000$ km umkreist. Diese Höhe ergibt sich, wenn man r aus $C_E = T^2/r^3$ für $T = 1$ d berechnet und in die Formel für h einsetzt.

9.1.2 Satellit in Erdnähe auf einer Kreisbahn

Wenn sich ein Satellit in Erdnähe ($r \approx r_E$) auf einer Kreisbahn bewegt, liefert seine Gewichtskraft $F_G = m\,g$ die notwendige Zentralkraft $F_z = m\,\frac{v_1^2}{r_E}$ (► M 7.4).

Aus $F_G = F_z$ folgt für die Bahngeschwindigkeit v_1 des Satelliten:

$$v_1 = \sqrt{r_E\,g}$$

Daraus ergibt sich die *erste kosmische Geschwindigkeit* $v_1 = 7{,}9\ \mathrm{km\,s^{-1}}$.

Die Umlaufszeit eines erdnahen Satelliten ist:

$$T_1 = \frac{2\pi\,r_E}{v_1}$$

Daraus folgt $T_1 = 84$ min.

9.1.3 Satellit in Erdferne auf einer Kreisbahn

Wenn sich ein Satellit (Masse m) in Erdferne auf einer Kreisbahn (Radius r) bewegt, liefert die Gravitationskraft $F = G\,\frac{m\,m_E}{r^2}$ (► M 8.2) die nötige Zentralkraft $F_z = m\,\frac{v^2}{r}$.

Aus $F = F_z$ folgt für die Bahngeschwindigkeit:

$$v = \sqrt{\frac{G\,m_E}{r}}$$

r ist der Radius der Satellitenbahn,
m_E die Erdmasse und
G die Gravitationskonstante.

9.2 Verschiedene Flugbahnen

Steigert man die Bahngeschwindigkeit v über die *erste kosmische Geschwindigkeit* $v_1 = 7{,}9\ \mathrm{km\,s^{-1}}$ hinaus, so entsteht statt der Kreisbahn eine Ellipsenbahn.

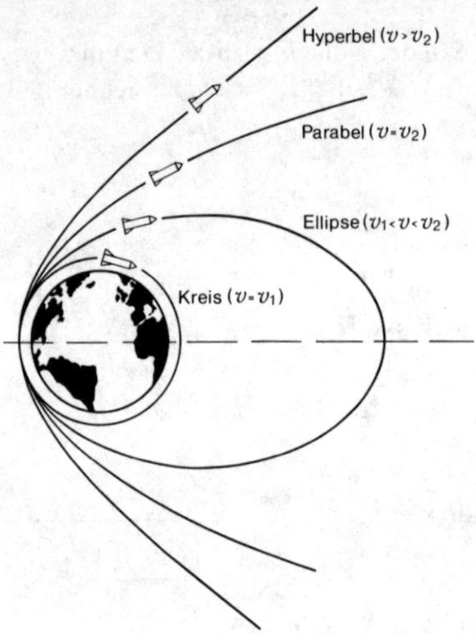

Dies gilt für $v_1 < v < v_2$. Dabei ist $v_2 = 11{,}2\ \mathrm{km\,s^{-1}}$ die *zweite kosmische Geschwindigkeit*.

Bei $v = v_2$ verlässt der Satellit auf einer Parabelbahn, bei $v > v_2$ auf einer Hyperbelbahn den Anziehungsbereich der Erde. Man nennt deshalb v_2 auch *Fluchtgeschwindigkeit*. Flugkörper, die als *kosmische Raumsonden* an erdfernen Himmelskörpern vorbeifliegen oder auf ihnen landen sollen, müssen mit der Geschwindigkeit $v \geqq v_2$ von der Erde abgeschossen werden.

M 10 Mechanische Arbeit

10.1 Definition der mechanischen Arbeit W

Mechanische Arbeit wird verrichtet, wenn ein Körper durch eine Kraft längs eines Weges fortbewegt wird.

Bei der Bewegung des Körpers von der Stelle 1 an die Stelle 2 ist die mechanische Arbeit:

$$W_{12} = \int_1^2 \vec{F}(s) \circ \mathrm{d}\vec{s}$$

$\vec{F}(s)$ ist die längs des Wegs veränderliche Kraft und $\mathrm{d}\vec{s}$ das Wegelement.

Ist speziell die Kraft $\vec{F}$ konstant und der Weg $\vec{s}$ geradlinig, so ist die mechanische Arbeit W

a) bei verschiedener Richtung von $\vec{F}$ und $\vec{s}$:

$$W = \vec{F} \circ \vec{s}$$

b) bei gleicher Richtung von $\vec{F}$ und $\vec{s}$:

$$W = F s$$

Die SI-Einheit der Arbeit ist 1 Nm = 1 Joule = 1 J.

10.2 Formen der mechanischen Arbeit

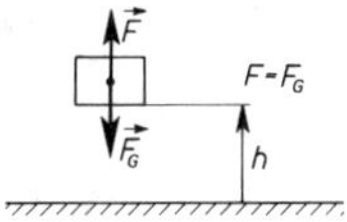

Hubarbeit:

$$W_h = F_G h = m g h$$

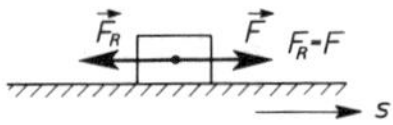

Reibungsarbeit:

$$W_R = F_R s$$

Auf horizontaler Strecke ist:

$$W_R = \mu F_G s = \mu m g s$$

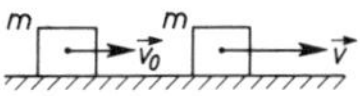

Beschleunigungsarbeit:

Aus $F s = m a s$ und $2 a s = v^2 - v_0^2$ folgt:

$$W_a = \frac{m}{2} v^2 - \frac{m}{2} v_0^2$$

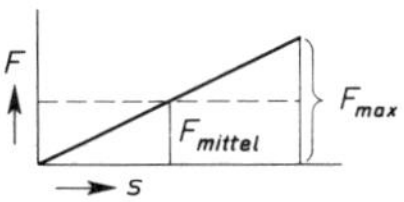

Spannarbeit (elastische Felder):

$$W_{Sp} = F_{mittel}\, s = \frac{1}{2} F_{max}\, s$$

oder mit $D = \frac{F_{max}}{s}$:

$$W_{Sp} = \frac{1}{2} D s^2$$

M 11 Mechanische Energie

Energie ist die Fähigkeit, Arbeit zu verrichten.

11.1 Formen der mechanischen Energie

Bewegungsenergie (kinetische Energie):

$$E_{kin} = \frac{m}{2} v^2$$

Lageenergie (potentielle Energie) eines gehobenen Körpers:

$$E_{pot} = F_G h = m g h$$

potentielle Energie einer gespannten Feder:

$$E_{pot} = \frac{1}{2} D s^2$$

11.2 Arbeit-Energie-Prinzip

Die Arbeit W ändert die Energie E eines Körpers (Systems):

$$W = \Delta E$$

$W > 0$ (bzw. $W < 0$), wenn am (bzw. vom) Körper (System) Arbeit verrichtet wird.

11.3 Energieerhaltungssatz der Mechanik

In einem abgeschlossenen System ist die Summe aus potentieller und kinetischer Energie konstant, wenn nur konservative Kräfte wirken.

$$E_{pot} + E_{kin} = \text{const.}$$

Die SI-Einheit der Energie ist wie die der Arbeit 1 Joule (J).

M 12 Mechanische Leistung und Wirkungsgrad

12.1 Mechanische Leistung

Leistung $P = \frac{\text{Arbeit } W}{\text{benötigte Zeit } t}$

$$P = \frac{W}{t} = \frac{Fs}{t}$$

Bei konstanter Geschwindigkeit und konstanter Kraft ist die Leistung:

$$P = Fv$$

Bei konstanter Beschleunigung ist die mittlere Geschwindigkeit $\bar{v} = \frac{v_0 + v}{2}$

und damit die mittlere Leistung:

$$\bar{P} = F\,\frac{v_0 + v}{2}$$

Die SI-Einheit der Leistung ist $1\ \mathrm{J\,s^{-1}} = 1$ Watt $= 1$ W

12.2 Mechanischer Wirkungsgrad einer Maschine

Wirkungsgrad $\eta = \frac{\text{abgegebene Nutzleistung } P_\mathrm{n}}{\text{aufgewandte Leistung } P_\mathrm{a}}$

$$\eta = \frac{P_\mathrm{n}}{P_\mathrm{a}}$$

M 13 Kraftstoß und Impuls (Bewegungsgröße)

13.1 Kraftstoß

Wirkt die konstante Kraft $\vec{F}$ während des Zeitabschnitts $\Delta t = t_2 - t_1$ auf einen Körper, so erhält dieser einen Kraftstoß. Man definiert:

$$\text{Kraftstoß} = \vec{F}\,\Delta t$$

Bei veränderlicher Kraft $\vec{F}(t)$ ist:

$$\text{Kraftstoß} = \int_{t_1}^{t_2} \vec{F}(t)\,\mathrm{d}t$$

Die SI-Einheit des Kraftstoßes ist 1 N s.

13.2 Impuls

Bewegt sich ein Körper der Masse m mit der Geschwindigkeit $\vec{v}$, so hat er einen Impuls. Man definiert:

$$\vec{p} = m\vec{v}$$

Die SI-Einheit des Impulses ist 1 N s.

13.3 Zusammenhang zwischen Kraftstoß und Impuls

Ein Kraftstoß ändert den Impuls eines Körpers. Wie die beiden Größen zusammenhängen, ergibt sich unmittelbar aus dem Grundgesetz der Mechanik (► M 6.2). Dort haben wir in Anlehnung an NEWTON das Produkt $m\vec{v}$ Bewegungsgröße statt Impuls genannt.

Mit $\vec{p} = m\vec{v}$ können wir das Grundgesetz der Mechanik jetzt schreiben:

$$\vec{F} = \frac{\mathrm{d}\vec{p}}{\mathrm{d}t}$$

Daraus folgt durch Integration:

$$\int_1^2 \vec{F}\,\mathrm{d}t = \vec{p}_2 - \vec{p}_1$$

Spezialfälle:

1. Bei konstanter Masse m ist:

$$\int_1^2 \vec{F}\,\mathrm{d}t = m\vec{v}_2 - m\vec{v}_1$$

2. Bei konstanter Masse m und konstanter Kraft $\vec{F}$ ist:

$$\vec{F}\,\Delta t = m\vec{v}_2 - m\vec{v}_1$$

13.4 Impulserhaltungssatz

In einem abgeschlossenen System ist die Summe der Impulse aller Körper konstant.
Die Impulse muss man vektoriell addieren (► V 2). Nur in Spezialfällen, wie z. B. beim geraden zentralen Stoß (► M 14), genügt es mit den Impulsbeträgen zu rechnen, nämlich dann, wenn alle Impulse die gleiche oder entgegengesetzte Richtung haben.

M 14 Gesetze des geraden zentralen Stoßes

14.1 Elastischer Stoß zweier Körper

Es gilt der Satz von der Erhaltung des Impulses und der Energieerhaltungssatz der Mechanik.

m_1 ist die Masse des Körpers K_1,
v_1 seine Geschwindigkeit vor dem Stoß,
u_1 seine Geschwindigkeit nach dem Stoß;
m_2 ist die Masse des Körpers K_2,
v_2 seine Geschwindigkeit vor dem Stoß,
u_2 seine Geschwindigkeit nach dem Stoß.

$$u_1 = \frac{m_1 v_1 + m_2\,(2\,v_2 - v_1)}{m_1 + m_2}$$

$$u_2 = \frac{m_2 v_2 + m_1\,(2\,v_1 - v_2)}{m_1 + m_2}$$

14.2 Unelastischer Stoß zweier Körper

Es gilt der Satz von der Erhaltung des Impulses, der Energieerhaltungssatz der Mechanik dagegen nicht:

$$u_1 = u_2 = \frac{m_1 v_1 + m_2 v_2}{m_1 + m_2}$$

Der allgemeine Energieerhaltungssatz gilt natürlich. Die verschwindende mechanische Energie wird in innere Energie verwandelt.

M 15 Grundbegriffe der Drehbewegung eines starren Körpers

15.1 Drehwinkel φ

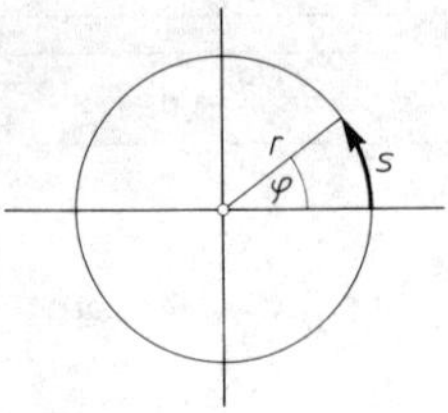

$$\text{Winkel } \varphi = \frac{\text{Bogenlänge } s}{\text{Radius } r}$$

Die SI-Einheit des Winkels ist 1 Radiant = 1 rad.

Da 1 rad = $1\,\frac{\text{m}}{\text{m}}$ ist, kann man 1 rad durch 1 ersetzen.

$360° = 2\pi\,\text{rad}$

15.2 Winkelgeschwindigkeit ω

Bei der Drehbewegung mit konstanter Winkelgeschwindigkeit ist:

$$\omega = \frac{\varphi}{t} = \frac{\Delta\varphi}{\Delta t}$$

Bei Drehbewegung mit beliebiger Geschwindigkeit ist:

$$\omega = \frac{\mathrm{d}\varphi}{\mathrm{d}t} = \dot{\varphi}$$

Die SI-Einheit der Winkelgeschwindigkeit ist 1 rad s^{-1} = 1 s^{-1}

15.3 Umdrehungsfrequenz n

$$\text{Umdrehungsfrequenz } n = \frac{\text{Zahl der Umdrehungen } k}{\text{benötigte Zeit } t}$$

$$n = \frac{k}{t}$$

ω und n hängen zusammen:

$$\omega = 2\pi n$$

Die SI-Einheit der Umdrehungsfrequenz ist 1 s^{-1}.

15.4 Umdrehungsdauer *T*

Umdrehungsdauer nennt man die Zeit für 1 Umdrehung:

$$T = \frac{1}{n}$$

15.5 Winkelbeschleunigung α

Bei der Drehbewegung mit konstanter Winkelbeschleunigung ist:

$$\alpha = \frac{\Delta\,\omega}{\Delta\,t} = \frac{\omega - \omega_0}{t} = \text{const}$$

Bei beliebig beschleunigter Drehbewegung ist:

$$\alpha = \frac{\mathrm{d}\,\omega}{\mathrm{d}\,t} = \dot{\omega} = \frac{\mathrm{d}^2\,\varphi}{\mathrm{d}\,t^2} = \ddot{\varphi}$$

Die SI-Einheit der Winkelbeschleunigung ist $1\ \text{rad}\,\text{s}^{-2} = 1\ \text{s}^{-2}$.

15.6 Drehmoment $\vec{M}$

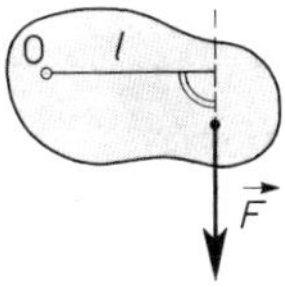

Drehmoment M = Kraft F mal Kraftarm l

$$M = F\,l$$

Der Kraftarm l ist der Abstand der Drehachse O von der Wirkungslinie der Kraft.

M ist positiv, wenn im Uhrzeigersinn drehend, negativ beim entgegengesetzten Drehsinn.

Das Drehmoment als Vektor – Momentvektor $\vec{M}$

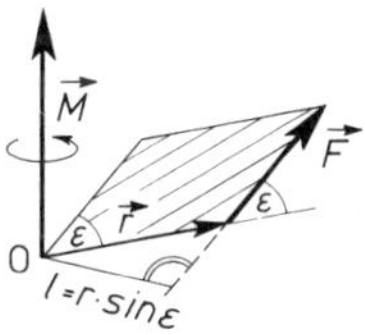

$\vec{r}$ ist der Pfeil vom Bezugspunkt 0 zum Angriffspunkt der Kraft $\vec{F}$.

Dann ist der Momentvektor $\vec{M}$ das vektorielle Produkt (► V 2.5) aus $\vec{r}$ und $\vec{F}$.

$$\vec{M} = \vec{r} \times \vec{F}$$

Die SI-Einheit des Drehmoments ist 1 N m.

M 16 Bewegungsgleichungen der Drehbewegung eines starren Körpers um eine feste Achse

16.1 Drehbewegung mit konstanter Winkelgeschwindigkeit

$$\varphi = \omega\, t \text{ und } \Delta\varphi = \omega\, \Delta t$$

16.2 Drehbewegung mit konstanter Winkelbeschleunigung

ω_0 ist die Winkelgeschwindigkeit am Anfang;
ω ist die Winkelgeschwindigkeit zur Zeit t und
φ der Drehwinkel zur Zeit t.

① $\omega = \omega_0 + \alpha\, t$

② $\varphi = \omega_0 t + \frac{\alpha}{2} t^2$

③ $2\,\alpha\,\varphi = \omega^2 - \omega_0^2$

16.3 Zusammenhang zwischen Drehbewegung und Kreisbewegung

Bei der Drehbewegung eines Körpers bewegt sich ein Punkt im Abstand r von der Drehachse auf einem Kreis. Dabei gilt:

$$s = r\,\varphi;\ v = r\,\omega;\ a = r\,\alpha$$

s, v, a sind Größen der Kreisbewegung,
φ, ω, α sind Größen der Drehbewegung.

M 17 Dynamisches Grundgesetz der Drehbewegung – Trägheitsmoment

Erteilt ein Drehmoment M einem Körper die Winkelbeschleunigung α, so ist $\frac{M}{\alpha}$ = constant. Die Konstante nennt man *Drehmasse* oder *(Massen-)Trägheitsmoment* und bezeichnet sie mit J.

Dann lautet das dynamische *Grundgesetz der Drehbewegung*:

$$M = J\,\alpha$$

Das *Trägheitsmoment J* bei der Drehbewegung entspricht der *Masse m* bei der Bahnbewegung.

Die SI-Einheit des Trägheitsmomentes ist 1 kg m^2.

17.1 Formeln zur Berechnung von (Massen-)Trägheitsmomenten

17.1.1 Punktförmiger Körper

Ein *punktförmiger Körper* der Masse m hat im Abstand r von der Drehachse das Trägheitsmoment:

$$J = m r^2$$

17.1.2 Beliebiger Körper

Ein *beliebiger Körper* der Masse m, dessen Punkte die Abstände r von der Drehachse haben, hat das Trägheitsmoment:

$$J = \int r^2 \, \mathrm{d} m$$

17.1.3 Beispiele einfacher Körper

Folgende *einfache Körper*, jeweils der Masse m, haben bei der gezeichneten Achsenlage die Trägheitsmomente J:

	Dünnwandiger Hohlzylinder (Radius r):	$J = m r^2$
	Dickwandiger Hohlzylinder (Radien r_1 und r_2):	$J = m \frac{r_1^2 + r_2^2}{2}$
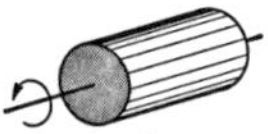	Vollzylinder (Kreisscheibe) (Radius r):	$J = m \frac{r^2}{2}$
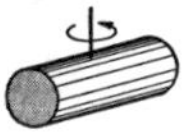	Vollzylinder (Länge l, Radius r):	$J = m \left(\frac{l^2}{12} + \frac{r^2}{4} \right)$
	Dünner langer Stab (Länge l):	$J = m \frac{l^2}{12}$
	Kugel (Radius r):	$J = m \frac{2 r^2}{5}$

17.2 STEINER-Satz

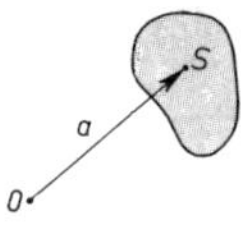

J ist das Trägheitsmoment um eine beliebige Achse 0,
J_s das Trägheitsmoment um eine parallele Achse durch den Schwerpunkt S (► M21.7),
a der Abstand 0 S und
m die Masse des Körpers

$$J = J_S + m a^2$$

17.3 Trägheitsradius ϱ

Das Trägheitsmoment eines Körpers sei J, seine Masse sei m.

Statt der tatsächlichen Verteilung der Masse des Körpers auf verschiedene Abstände r_i von der Achse denkt man sich die Masse in einem Abstand ϱ vereinigt, so dass das *Trägheitsmoment J dasselbe* bleibt.

Dann nennt man ϱ Trägheitsradius und es ist:

$$J = m \varrho^2$$

M 18 Arbeit, Energie und Leistung bei der Drehbewegung

18.1 Arbeit

Bei konstantem Drehmoment M ist die Arbeit W:

$$W = M\varphi$$

φ ist der Drehwinkel.

18.2 Rotationsenergie

J ist das Trägheitsmoment,
ω die Winkelgeschwindigkeit.

$$E_{rot} = \frac{J}{2}\omega^2$$

18.3 Leistung

Bei konstanter Winkelgeschwindigkeit ist die Leistung P:

$$P = \frac{W}{t} = \frac{M\varphi}{t} = M\omega$$

t ist die Zeit.

Bei konstanter Winkelbeschleunigung ist die mittlere Winkelgeschwindigkeit

$\bar{\omega} = \frac{\omega_0 + \omega}{2}$ und damit die mittlere Leistung:

$$\bar{P} = M\bar{\omega} = M\,\frac{\omega_0 + \omega}{2}$$

Die SI-Einheit der Arbeit und der Energie ist bei der Drehbewegung, ebenso wie bei der fortschreitenden Bewegung 1 N m = 1 J.
Die SI-Einheit der Leistung ist 1 J s^{-1} = 1 Watt = 1 W.

M 19 Drehimpuls und Drehmomentstoß eines um eine feste Achse rotierenden Körpers

19.1 Drehimpuls

Der Drehimpuls ist ein Vektor:

$$\vec{L} = J\vec{\omega}$$

19.2 Drehmomentstoß

Bei konstantem Trägheitsmoment J ist der Betrag des Drehmomentstoßes:

$$M\,\Delta t = J(\omega - \omega_0) = \Delta L$$

19.3 Satz von der Erhaltung des Drehimpulses

In einem abgeschlossenen System ist der Gesamtdrehimpuls konstant.

M 20 Zusammenstellung einander entsprechender Größen

Bahnbewegung:		**Drehbewegung:**	
Weg	$\vec{s}$	Winkel	φ
Geschwindigkeit (Bahn-)	$\vec{v}$	Winkelgeschwindigkeit	ω
Beschleunigung (Bahn-)	$\vec{a}$	Winkelbeschleunigung	α
Kraft	$\vec{F}$	Drehmoment	$\vec{M}$
Masse	m	Trägheitsmoment	J
Arbeit	$W = \vec{F} \circ \vec{s}$	Arbeit	$W = M\varphi$
Leistung	$P = \vec{F} \circ \vec{v}$	Leistung	$P = M\omega$
Bewegungsenergie	$\frac{mv^2}{2}$	Rotationsenergie	$\frac{J\omega^2}{2}$
Kraftstoß	$\vec{F}\,\Delta t$	Drehmomentstoß	$\vec{M}\,\Delta t$
Impuls (Bewegungsgröße)	$\vec{p} = m\vec{v}$	Drehimpuls	$\vec{L} = J\vec{\omega}$

M 21 Kräfte im Gleichgewicht (Statik)

21.1 Verschiebung einer Kraft

Greift eine Kraft an einem starren Körper an, so kann sie in ihrer eigenen Richtung (Wirkungslinie) verschoben werden, ohne dass sich die Wirkung der Kraft ändert.

Im folgenden seien solche Kraftverschiebungen, wenn günstig, bereits durchgeführt.

21.2 Zusammensetzung von Kräften

Kräfte werden vektoriell addiert (► V 2).

21.3 Gleichgewicht von Kräften, die am selben Punkt angreifen

21.3.1 Zwei Kräfte

Zwei Kräfte sind im *Gleichgewicht*, wenn sie denselben Betrag haben, aber entgegengesetzt gerichtet sind.

Also: $\vec{F}_1 = -\vec{F}_2$ oder $\boxed{\vec{F}_1 + \vec{F}_2 = 0}$

21.3.2 Drei Kräfte

Drei Kräfte sind im *Gleichgewicht*, wenn:

$$\vec{F}_1 + \vec{F}_2 + \vec{F}_3 = 0$$

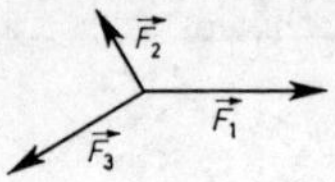

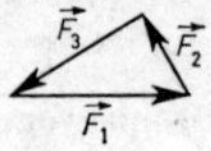

Dann ist das Krafteck ein Dreieck. Ferner ist jeweils eine Kraft die negative Summe der beiden andern, wie an der Abb. abgelesen werden kann.

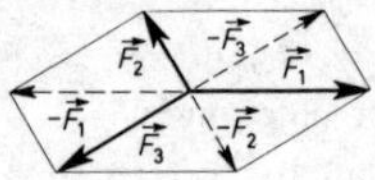

21.3.3 Beliebig viele Kräfte

Beliebig viele z. B. *n* Kräfte sind im *Gleichgewicht*, wenn:

$$\sum_{\nu=1}^{n} \vec{F}_\nu = 0$$

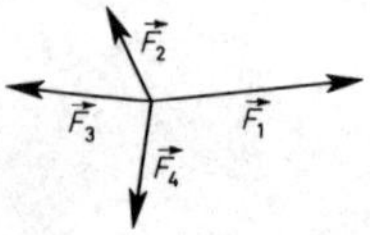

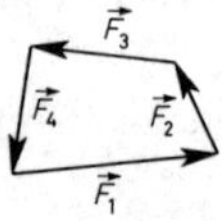

Dann ist das Krafteck ein geschlossener Polygonzug.

21.3.4 Herstellen des Gleichgewichts durch eine Zusatzkraft

Ist $\sum_{\nu=1}^{n} \vec{F}_\nu = \vec{F} \neq 0$, dann herrscht kein Gleichgewicht und das Krafteck ist offen.

Es kann geschlossen werden durch die Kraft $-\vec{F}$. Nach Hinzufügen dieser Kraft $-\vec{F}$ herrscht dann Gleichgewicht.

21.4 Gleichgewicht bei einem starren Körper, der um eine feste Achse drehbar ist (Hebel)

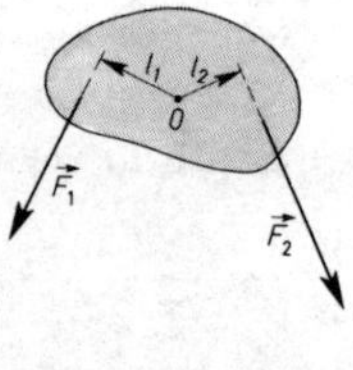

Über das Drehmoment ► M 15.6.

Hebelgesetz:

Summe der rechtsdrehenden Momente = Summe der linksdrehenden Momente.

$$\sum_{\nu=1}^{n_1} \overset{\curvearrowright}{M_\nu} = \sum_{\nu=1}^{n_2} \overset{\curvearrowleft}{M_\nu}$$

Oder wenn man den Drehsinn durch + bzw. – unterscheidet:

$$\sum_{\nu=1}^{n} M_\nu = 0$$

21.5 Kräftepaar

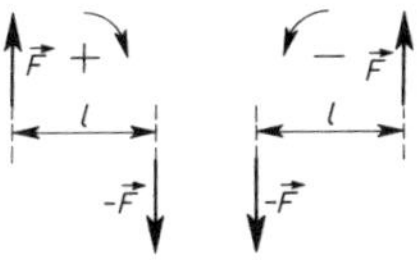

Zwei entgegengesetzt gerichtete Kräfte $\vec{F}$ und $-\vec{F}$ vom gleichen Betrag, deren Wirkungslinien den Abstand l haben, bilden ein Kräftepaar.
Ein Kräftepaar liefert ein Drehmoment (positiv oder negativ je nach dem Drehsinn):

$$M = \pm\, Fl$$

21.6 Gleichgewicht bei einem beliebig bewegbaren starren Körper

21.6.1 Gleichgewichtsbedingungen

Damit keine *Translation* eintritt, muss die Summe aller Kräfte Null sein.

① $$\sum_{\nu=1}^{n} \vec{F}_\nu = 0$$

Damit keine *Rotation* eintritt, muss außerdem die Summe aller Drehmomente um jede beliebige Achse Null sein.

② $$\sum_{\nu=1}^{n} \vec{M}_\nu = 0$$

21.6.2 Herstellen des Gleichgewichts

Jedes Kräftesystem an einem starren Körper lässt sich zurückführen auf eine Kraft $\vec{F}$ und ein Kräftepaar mit dem Drehmoment $\vec{M}$, dessen Achse in die Richtung der Kraft $\vec{F}$ fällt.
Daher lässt sich stets durch eine Zusatzkraft $-\vec{F}$ und ein Zusatzdrehmoment $-\vec{M}$ Gleichgewicht herstellen.

21.7 Schwerpunkt (Massenmittelpunkt) eines Körpers

Der Schwerpunkt von n punktförmigen Körpern, deren Koordinaten x_ν, y_ν, z_ν und deren Massen m_ν sind, hat die Koordinaten:

$$x_S = \frac{\sum_{\nu=1}^{n} m_\nu x_\nu}{\sum_{\nu=1}^{n} m_\nu}, \qquad y_S = \frac{\sum_{\nu=1}^{n} m_\nu y_\nu}{\sum_{\nu=1}^{n} m_\nu}, \qquad z_S = \frac{\sum_{\nu=1}^{n} m_\nu z_\nu}{\sum_{\nu=1}^{n} m_\nu}$$

M 22 Goldene Regel der Mechanik

Es gibt keine mechanische Vorrichtung (Maschine), durch die Arbeit gewonnen werden kann. Verkleinert eine Vorrichtung eine Kraft, so verlängert sie entsprechend den Weg und umgekehrt, so dass die Arbeit ungeändert bleibt. Die Goldene Regel der Mechanik ist ein Spezialfall des Energieerhaltungssatzes der Mechanik (► M 11.3).

Beispiele:

22.1 Hebel

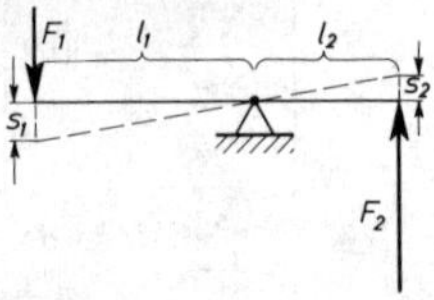

$$F_2 = \frac{l_1}{l_2} F_1 ; \qquad s_2 = \frac{l_2}{l_1} s_1 ; \qquad W = F_1 s_1 = F_2 s_2$$

22.2 Schiefe Ebene

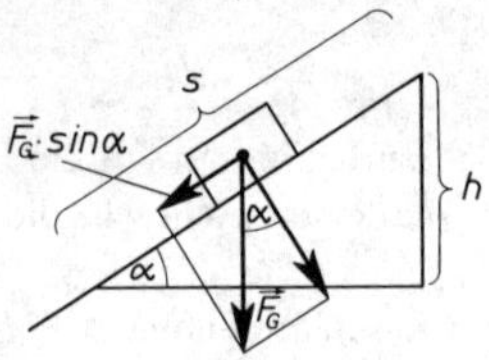

Beim direkten Heben der Last F_G um h ist die Hubarbeit $W = F_G h$.

Auf der schiefen Ebene ist $F = F_G \sin\alpha$ und $s = \frac{h}{\sin\alpha}$, also ebenfalls: $W = F_G h$.

22.3 Flaschenzug

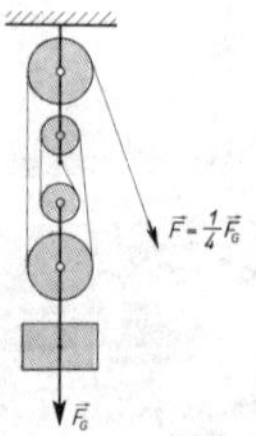

An einem Flaschenzug mit n Rollen hängt ein Körper der Gewichtskraft F_G. Dann ist die Kraft F, mit der man ziehen muss, $F = \frac{1}{n} F_G$. Die Gewichtskraft der Rollen werde vernachlässigt. Die Länge des abgewickelten Seiles ist $s = n h$. Die Hubarbeit ist $W = F s = \frac{1}{n} F_G n h = F_G h$.

22.4 Wellrad

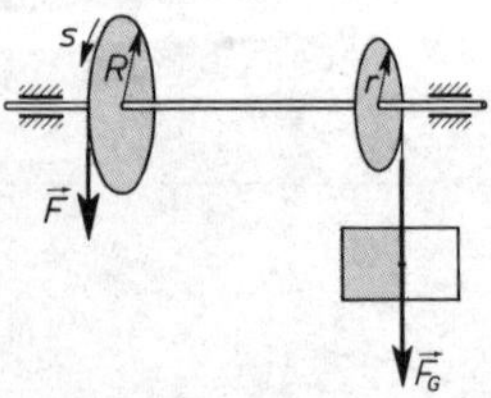

r ist der Radius des kleinen, R der des großen Rades. Am Umfang des kleinen Rades hängt ein Körper der Gewichtskraft F_G. Dann ist der Betrag der Kraft, mit der man drehen muss, $F = \frac{r}{R} F_G$ und der Weg $s = \frac{R}{r} h$, also die Hubarbeit $W = F_G h$.

M 23 Elastische Verformungen fester Körper

23.1 Normalspannung σ_n (Zug- und Druckspannung)

Ist F_n die normal zur Fläche A wirkende Kraftkomponente, so definiert man als Normalspannung:

$$\sigma_n = \frac{F_n}{A}$$

Handelt es sich bei F_n um eine Zugkraft (Druckkraft), nennt man σ_n auch Zugspannung (Druckspannung). Man hat vereinbart, Zugspannungen mit positiven und Druckspannungen mit negativen Vorzeichen zu schreiben.

Wir schreiben σ_n mit dem Index n für „normal“, um einer Verwechslung mit der Oberflächenspannung (► M 24.6) vorzubeugen.

Die SI-Einheit der Normalspannung ist 1 N m^{-2} = 1 Pascal = 1 Pa
daraus abgeleitet 1 Bar = 10^5 Pa = 0,1 MPa (► T 3.6)

23.2 Elastische Dehnung – Gesetz von Hooke

Wird ein elastischer Draht (oder Stab) vom Querschnitt A durch eine Kraft F_n gedehnt, so ist seine Verlängerung Δl der Zugspannung σ_n und der Draht- (oder Stab-)länge direkt proportional:

$$\Delta l = \alpha \sigma_n l$$

Den reziproken Wert $\frac{1}{\alpha} = E$ nennt man Elastizitätsmodul (► T 5.3.1.1 und T 12.1). Damit ist:

$$\Delta l = \frac{1}{E} \sigma_n l$$

23.3 Kompression

Durch eine allseitige Druckspannung $\sigma_n = p$ auf die ganze Oberfläche eines elastischen Körpers verkleinert sich sein Volumen V um ΔV:

$$\Delta V = -\varkappa p V$$

Die Stoffkonstante $\varkappa$ heißt Kompressibilität;
Ihr reziproker Wert $\frac{1}{\varkappa} = K$ wird Kompressionsmodul genannt. Damit ist:

$$\Delta V = -\frac{1}{K} p V$$

23.4 Torsion (Verdrehung)

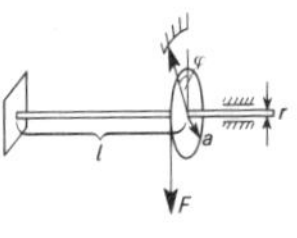

Verdreht ein Drehmoment $M = F a$ einen Stab vom Radius r und der Länge l, so ist der Verdrehungswinkel:

$$\varphi = \frac{1}{G} \frac{2}{\pi} \frac{M l}{r^4}$$

Die Stoffkonstante G nennt man Gleit- oder Schubmodul.

23.5 POISSON-Zahl μ

Die POISSON-Zahl μ ist das Verhältnis von relativer Querdehnung $\frac{\Delta d}{d}$ zu relativer Längsdehnung $\frac{\Delta l}{l}$. Es gilt:

$$\frac{\Delta d}{d} = -\mu \frac{\Delta l}{l}$$

23.6 Zusammenhang zwischen *E*, *G*, *K* und μ

Der Schubmodul *G* und der Kompressionsmodul *K* können aus dem Elastizitätsmodul *E* mit Hilfe der POISSON-Zahl μ (► T 5.3.1.1 und T 12.1) berechnet werden.

Es gilt:

$$G = \frac{E}{2\,(1+\mu)} \quad \text{und} \quad K = \frac{E}{3\,(1-2\mu)}$$

M 24 Mechanik der ruhenden Flüssigkeiten und Gase (Fluide)

Flüssigkeiten und Gase bezeichnet man zusammen als Fluide.

24.1 Druckausbreitung in einem Fluid

Wird auf ein in einem Gefäß eingeschlossenes Fluid über einen Kolben (Stempel) vom Querschnitt *A* ein Druck $p = \frac{F_n}{A}$ ausgeübt, so breitet sich dieser Druck im ganzen Fluid aus.

Beispiel: Hydraulische Presse.

$$F_2 = \eta \frac{a}{b} \left(\frac{d_2}{d_1}\right)^2 F$$

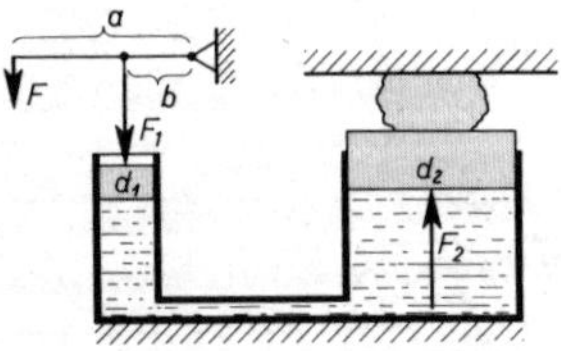

η ist der Wirkungsgrad,

$\frac{a}{b}$ die Hebelübersetzung

$\left(\frac{d_2}{d_1}\right)^2$ das Querschnittsverhältnis der Kolben

24.2 Kompression einer Flüssigkeit

Unter der Wirkung des allseitigen Druckes ist die Verkleinerung ΔV des Volumens *V* wie bei festen Körpern:

$$\Delta V = -\varkappa V p$$

$\varkappa$ ist die Kompressibilität.

Mit $\varkappa = \frac{1}{K}$ ist:

$$\Delta V = -\frac{1}{K} V p$$

K ist der Kompressionsmodul (► T 12.2).

24.3 Hydrostatischer Druck (Schweredruck)

Der hydrostatische Druck p in der Tiefe h einer Flüssigkeit der Dichte ϱ wird durch die Gewichtskraft mg der Flüssigkeit über der Tiefe h auf die Fläche A hervorgerufen:

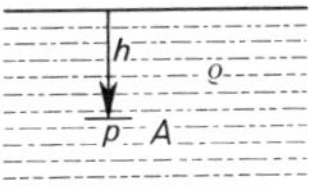

$$p = \frac{mg}{A} = \frac{mgh}{V}$$

Mit $\varrho = \dfrac{m}{V}$ ist:

$$\boxed{p = \varrho g h}$$

24.4 Verbundene (kommunizierende) Gefäße

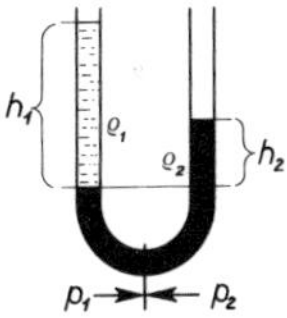

Zwei verschiedene Flüssigkeiten (ϱ_1 und ϱ_2) stellen sich in ihren Höhen so ein, dass $p_1 = p_2$, d. h. $h_1 \varrho_1 g = h_2 \varrho_2 g$; also:

$$\boxed{\varrho_1 : \varrho_2 = h_2 : h_1}$$

g ist die Fallbeschleunigung am Messort.

24.5 Auftriebskraft in einem Fluid

Der Betrag F_A der Auftriebskraft und der Betrag $mg = V\varrho g$ der Gewichtskraft des verdrängten Fluids sind gleich:

$$\boxed{F_A = V \varrho g}$$

V ist das Volumen, ϱ die Dichte des verdrängten Fluids;
g ist die Fallbeschleunigung am Messort.

24.6 Oberflächenspannung

Oberflächen-energiedichte $\sigma = \dfrac{\text{Änderung der Oberflächenenergie } \Delta E}{\text{Änderung der Oberfläche } \Delta A}$

$$\boxed{\sigma = \frac{\Delta E}{\Delta A}}$$

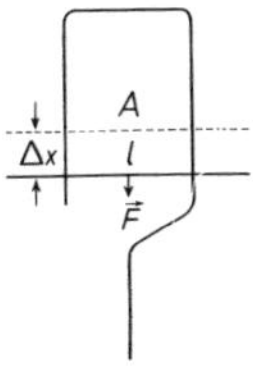

Mit $\Delta E = F \Delta x$ und $\Delta A = 2 l \Delta x$ (beide Seiten) kann man umformen:

$$\boxed{\sigma = \frac{F}{2l}}$$

Man nennt dann Oberflächenspannung $\sigma = \dfrac{\text{Betrag } F \text{ der Kraft}}{2 \cdot \text{Länge } l}$ (► T 13).

Die SI-Einheit der Oberflächenspannung σ ist: $1\ \mathrm{N\,m^{-1}}$

M 25 Viskosität (Zähigkeit) von Fluiden

25.1 Dynamische Viskosität η und Fluidität φ

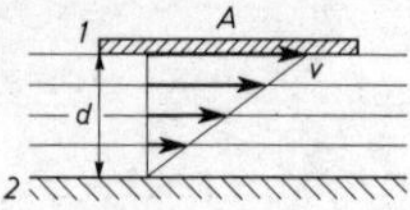

Wird eine Platte 1 der Fläche A mit der Geschwindigkeit v im Abstand d parallel zu einer ruhenden Platte 2 durch ein zähes Fluid bewegt, so ist der Reibungswiderstand:

$$F_R = \eta \frac{A v}{d}$$

Die Größe η heißt dynamische Viskosität. Sie ist eine für jedes Fluid charakteristische Größe und hängt von der Temperatur ab (► T 14).

Die SI-Einheit der dynamischen Viskosität ist:

$$1\,\mathrm{N\,s\,m^{-2}} = 1\,\mathrm{kg\,m^{-1}\,s^{-1}} = 1\,\mathrm{Pa\,s}$$

Frühere Einheit: 1 Poise (P) = 0,1 Pa s

Fluidität φ nennt man den reziproken Wert von η:

$$\varphi = \frac{1}{\eta}$$

25.2 Kinematische Viskosität ν

Der Quotient dynamische Viskosität η durch die Dichte ϱ des Fluids wird kinematische Viskosität ν genannt (► T 14):

$$\nu = \frac{\eta}{\varrho}$$

Die SI-Einheit der kinematischen Viskosität ist $1\,\mathrm{m^2\,s^{-1}}$.

Frühere Einheit: 1 Stokes (St) = $10^{-4}\,\mathrm{m^2\,s^{-1}}$

25.3 Gleichung von Stokes

Bei der langsamen Bewegung einer Kugel in einem Fluid ist der Betrag der inneren Reibungskraft F_{ri}:

$$F_{ri} = 6\,\pi\,\eta\,r\,v$$

η ist die Zähigkeit (Viskosität) des Fluids
r der Kugelradius,
v der Betrag der konstanten Geschwindigkeit.

M 26 Strömung von Fluiden

26.1 Ausflussgeschwindigkeit einer Flüssigkeit

Die Ausflussgeschwindigkeit einer Flüssigkeit aus einem Loch in der Tiefe h ergibt sich aus dem Energieerhaltungssatz:

Lageenergie eines Teilchens oben = Bewegungsenergie des Teilchens unten, d. h. $m g h = \frac{m}{2} v^2$. Daraus folgt:

$$v = \sqrt{2 g h}$$

26.2 Kontinuitätsgleichung

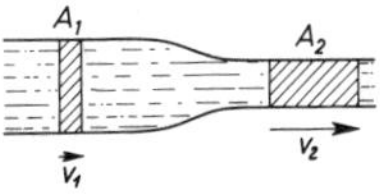

Wegen der Volumenbeständigkeit der Flüssigkeiten ist $A_1 v_1 = A_2 v_2$ und daher:

$$v_1 : v_2 = A_2 : A_1$$

A_1 ist der Querschnitt einer Stromröhre und
v_1 der Betrag der Strömungsgeschwindigkeit an der Stelle 1;
A_2 und v_2 sind die entsprechenden Größen an der Stelle 2.

26.3 Statischer Druck p_s

Definition des statischen Druckes p_s:

$$p_s = p_i - p_a$$

p_i ist der absolute Druck im Fluid,
p_a ein Bezugsdruck, z. B. der Außendruck.

Der statische Druck ist gleich der Druckenergiedichte:

$$p_s = \frac{E_p}{V}$$

E_p ist die Druckenergie des Fluids,
V sein Volumen.

26.4 Dynamischer Druck (Staudruck) p_d

Die kinetische Energiedichte E_k / V des strömenden Fluids kann man durch den Druck p_d messen, der beim Stauen des Fluids entsteht:

$$p_d = \frac{E_k}{V}$$

Mit $E_k = \frac{1}{2} m v^2$ und der Dichte $\varrho = \frac{m}{V}$ folgt:

$$p_d = \frac{1}{2} \varrho \, v^2$$

26.5 Gesamtdruck p_g

Definition des Gesamtdruckes p_g:

$$p_g = p_s + p_d$$

Der Gesamtdruck ist gleich der mechanischen Energiedichte des horizontal strömenden Fluids:

$$p_g = \frac{E}{V}$$

26.6 Gleichung von Bernoulli

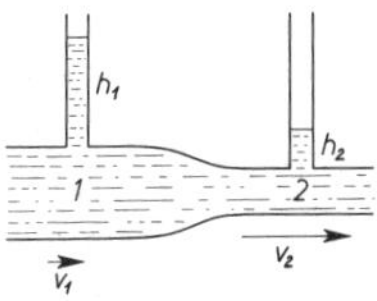

Bei stationärer, horizontaler Strömung eines reibungsfreien Fluids gilt für jeden Querschnitt einer Stromröhre:

$$p_s + p_d = p_g = \text{const}$$

p_s ist der statische Druck,
p_d der dynamische Druck (Staudruck),
p_g der Gesamtdruck.

26.7 Luftwiderstand von Fahrzeugen

Die Luftwiderstandskraft $\vec{F}_w$ eines Fahrzeugs hat den Betrag:

$$F_w = c_w\, A\, \frac{\varrho\, v^2}{2}$$

c_w ist der Widerstandsbeiwert (► T 15),
A die Stirnfläche des Fahrzeugs,
ϱ die Dichte der Luft,
v der Betrag der Geschwindigkeit.

26.8 Dynamischer Auftrieb und Luftwiderstand von Flugzeugen

Der Betrag der Auftriebskraft ist:

$$F_A = c_A\, A\, \frac{\varrho\, v^2}{2}$$

c_A ist der Auftriebsbeiwert,
A die Tragfläche (Tiefe × Breite des Tragflügels),
ϱ die Dichte der Luft in Flughöhe,
v der Betrag der Fluggeschwindigkeit.

Der Betrag der Widerstandskraft ist:

$$F_w = c_w\, A\, \frac{\varrho\, v^2}{2}$$

c_w ist der Widerstandsbeiwert.

$\vec{F}_A$ und $\vec{F}_w$ sind die Komponenten der Luftkraft $\vec{F}_L$.
Für den Betrag F_L gilt:

$$F_L = c_L\, A\, \frac{\varrho\, v^2}{2}$$

c_L ist der Luftkraftbeiwert.

Für die Vektoren gilt:

$$\vec{F}_L = \vec{F}_A + \vec{F}_W$$

Für die Beiwerte gilt:

$$c_L = c_A + c_W$$

M 27 Bezugssysteme – Trägheitskräfte

27.1 Inertialsystem – Galilei-Transformation

Ein Bezugssystem (Koordinatensystem), in dem die Gesetze von Newton (► M 6) gelten, nennt man Inertialsystem.

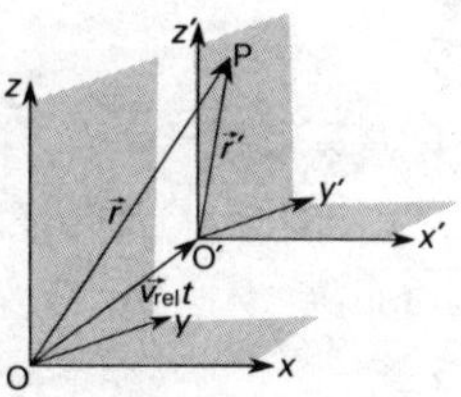

Ein Bezugssystem (x', y', z') bewege sich mit konstanter Geschwindigkeit $\vec{v}_{rel}$ drehungsfrei relativ zum Bezugssystem (x, y, z). Der Punkt P hat zur Zeit t im einen System den Ortsvektor $\vec{r}\,'(t)$, im anderen System den Ortsvektor $\vec{r}\,(t)$.

Für die Koordinaten-Transformation (GALILEI-Transformation) gilt:

$$\vec{r}\,'(t) = \vec{r}\,(t) - \vec{v}_{rel}\,t$$

Da $\vec{v}_{rel}$ = const, ergibt zweimalige Differentiation nach t:

$$\vec{a}\,' = \vec{a}$$

Multipliziert man mit der Masse m eines Körpers in P, so ist:

$$m\,\vec{a}\,' = m\,\vec{a}$$

Gilt das dynamische Grundgesetz $\vec{F} = m\,\vec{a}$ im einen System, so gilt es auch im andern System:

$$\vec{F}' = \vec{F}$$

Alle gegenüber einem Intertialsystem mit konstanter Geschwindigkeit bewegten Bezugssysteme (GALILEI-Transformation) sind ebenfalls Intertialsysteme.

Das ist das *Relativitäts-Prinzip der klassischen Mechanik.*

27.2 Bezugssysteme mit Relativbeschleunigung – Trägheitskraft

Mit $\vec{v}_{rel}(t)$ gilt für die Koordinaten-Transformation:

$$\vec{r}\,'(t) = \vec{r}\,(t) - \vec{v}_{rel}(t) \cdot t$$

Zweimalige Differentiation nach t ergibt:

$$\vec{a}\,' = \vec{a} - \vec{a}_{rel}$$

Multiplikation mit der Masse m im Punkt P gibt:

$$m\,\vec{a}\,' = m\,\vec{a} - m\,\vec{a}_{rel}$$

Das bedeutet:
Im beschleunigten Koordinatensystem (x', y', z') tritt zusätzlich die sog. Trägheitskraft $\vec{F}_{tr}$ auf:

$$\vec{F}_{tr} = -\,m\,\vec{a}_{rel}$$

Diese Trägheitskraft $\vec{F}_{tr}$ kann nur ein Beobachter im System (x', y', z') feststellen und messen.

Das System (x, y, z) sei ein Intertialsystem; das beschleunigte Bezugssystem (x', y', z') ist dann kein Inertialsystem mehr.

27.3 Trägheitskräfte in einem Bezugssystem mit konstanter Winkelgeschwindigkeit

27.3.1 Zentrifugalkraft (Fliehkraft)

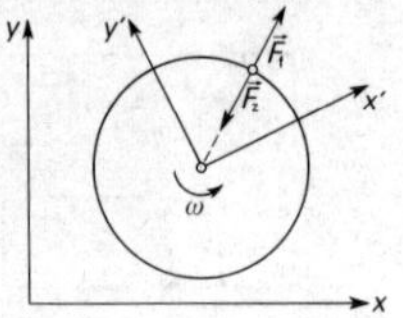

Rotiert ein System (x', y') mit konstanter Winkelgeschwindigkeit ω gegenüber einem System (x, y) (► Abb.), so beobachtet man im System (x', y') eine Trägheitskraft, die man Zentrifugal- oder Fliehkraft $\vec{F}_\mathrm{f}$ nennt. $\vec{F}_\mathrm{f}$ ist radial nach außen gerichtet und hat den Betrag:

$$F_\mathrm{f} = m\,\omega^2 r$$

m ist die Masse eines Körpers im Punkt P.

Ruht der Körper im Punkt P des rotierenden Systems (x', y'), so besteht Gleichgewicht zwischen der Zentralkraft $\vec{F}_\mathrm{z}$ (► M 7.4) und der Zentrifugalkraft $\vec{F}_\mathrm{f}$:

$$\vec{F}_\mathrm{f} = -\vec{F}_\mathrm{z}$$

Der Betrag der Zentrifugalbeschleunigung $\vec{a}_\mathrm{f}$ ist:

$$a_\mathrm{f} = \omega^2 r$$

27.3.2 Coriolis-Kraft

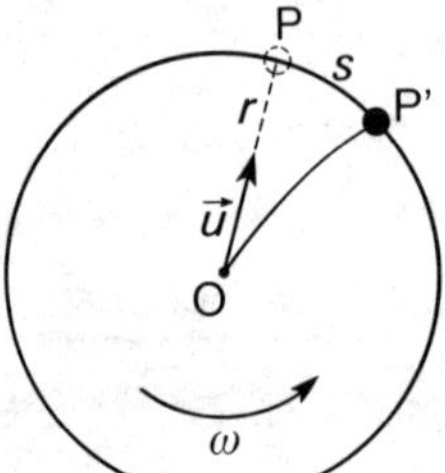

Bewegt sich der Körper im rotierenden Bezugssystem (x', y'), so kommt eine weitere Trägheitskraft dazu, die sogenannte Coriolis-Kraft $\vec{F}_\mathrm{C}$.

Wir betrachten den *Spezialfall*, dass ein Körper sich im ruhenden System (x, y) mit der Geschwindigkeit $\vec{u}$ radial nach außen bewegt (► Abb.). In der Zeit t legt der Körper den Weg $r = u\,t$ zurück. Der anfangs angesteuerte Punkt P hat sich im rotierenden System (x', y') in dieser Zeit auf dem Bogen $s = r\,\omega\,t = u\,\omega\,t^2$ nach P′ weiterbewegt.

Unter der Annahme einer konstanten ablenkenden Kraft F_C ist $s = \frac{1}{2}\,a_\mathrm{c}\,t^2$.
Durch Gleichsetzen erhält man: $\frac{1}{2}\,a_\mathrm{c}\,t^2 = u\,\omega\,t^2$.

Daraus folgt für den Betrag der Coriolis-Beschleunigung:

$$a_\mathrm{c} = 2\,u\,\omega$$

Der Betrag der Corolis-Kraft ist:

$$F_\mathrm{c} = 2\,m\,u\,\omega$$

M 28 Relativistische Kinematik

28.1 LORENTZtransformation

Das Inertialsystem S' bewegt sich relativ zum Inertialsystem S mit der konstanten Geschwindigkeit $\vec{v}$ in Richtung der positiven x-Achse.

$$x' = \gamma\,(x - vt)\,; \qquad x = \gamma\,(x' + vt')$$

$$t' = \gamma\left(t - \frac{v}{c^2}\,x\right); \quad t = \gamma\left(t' + \frac{v}{c^2}\,x'\right)$$

$$\text{mit } \gamma = \frac{1}{\sqrt{1 - \beta^2}} \text{ und } \beta = \frac{v}{c}$$

$x;\,t$ sind die Koordinaten eines Ereignisses im S-System,
$x';\,t'$ sind die Koordinaten des gleichen Ereignisses im S'-System.

28.2 Zeitdilatation

Für einen Vorgang, der an einem festen Ort ($x_1' = x_2'$) in S' im Zeitintervall $\Delta t'$ abläuft, stellt der Beobachter in S das größere Zeitintervall Δt fest.
S' bewegt sich relativ zu S mit $\vec{v}$ = const wie oben.

$$\Delta t = \gamma\,\Delta t'$$

28.3 Längenkontraktion

Ein in S' parallel zur x'-Achse ruhender Stab habe in S' die Länge l'. Die in S gemessene Länge l ($t_1 = t_2$) ist kleiner als l'.
S' bewegt sich relativ zu S mit $\vec{v}$ = const wie in 1.2.

$$l = \frac{1}{\gamma}\,l'$$

28.4 Relativistische Addition von Geschwindigkeiten

Ein Körper hat in S' die Geschwindigkeit $\vec{v}_{23}$;
S' bewegt sich relativ zu S mit $\vec{v}_{12}$ = const in Richtung der positiven x-Achse.

$$v_{13} = \frac{v_{12} + v_{23}}{1 + \dfrac{v_{12}\,v_{23}}{c^2}}$$

$\vec{v}_{13}$ ist die Geschwindigkeit des Körpers in S;
$\vec{v}_{12}$, $\vec{v}_{23}$ und $\vec{v}_{13}$ haben die gleiche oder einander entgegengesetzte Richtung.

28.5 Relativistischer DOPPLER-Effekt

Der relativistische DOPPLER-Effekt ist identisch mit dem optischen DOPPLER-Effekt (► WQ 5).

M 29 Relativistische Dynamik

29.1 Geschwindigkeitsabhängigkeit der Masse

Ein Körper bewegt sich in einem Inertialsystem S mit der Geschwindigkeit $\vec{v}$ = const. Seine Masse m in S ist:

$$m = \frac{m_0}{\sqrt{1 - (v/c)^2}}$$

m_0 ist die Masse des in S ruhenden,
m die Masse des mit $\vec{v}$ = const in S bewegten Körpers.

29.2 Relativistischer Impuls

Ein Körper bewegt sich in einem Inertialsystem S mit der Geschwindigkeit $\vec{v}$ = const. Sein Impuls $\vec{p}$ hat in S den Betrag:

$$p = m\,v = \frac{m_0\,v}{\sqrt{1 - (v/c)^2}}$$

m_0 ist die Masse des in S ruhenden,
m die Masse des mit $\vec{v}$ = const in S bewegten Körpers.

29.3 Relativistische Energie

Ein Körper bewegt sich in einem Inertialsystem S mit der Geschwindigkeit $\vec{v}$ = const.

Seine Gesamtenergie E in S ist: (Masse-Energie-Beziehung)

$$E = m\,c^2$$

Seine Ruheenergie E_0 in S ist:

$$E_0 = m_0\,c^2$$

Seine kinetische Energie E_k in S ist:

$$E_k = (m - m_0)\,c^2$$

Der Ausdruck $E_k = \frac{m}{2} v^2$ ist nur für $v < 0{,}1\,c$ verwendbar.

29.4 Beziehung zwischen dem relativistischen Impuls und der relativistischen Energie eines Körpers

Der Körper bewegt sich in einem Inertialsystem S mit der Geschwindigkeit $\vec{v}$ = const.

$$E^2 - c^2 p^2 = E_0^2$$

WÄRMELEHRE

W 1 Ausdehnung der Körper bei Erwärmung

1.1 Temperatur T

In der Wärmelehre kommt zu den drei Basisgrößen der Mechanik als weitere Basisgröße die thermodynamische Temperatur T mit der SI-Einheit 1 Kelvin (K) hinzu (► T 2).
Als besonderer Name für das Kelvin kann auch °C (Grad Celsius) zur Bezeichnung von Temperaturdifferenzen gegenüber 273,15 K verwendet werden. Es gilt

$$\vartheta = \left(\frac{T}{\mathrm{K}} - 273{,}15\right) \,^\circ\mathrm{C}.$$

Das Kelvin wird sowohl für die Angabe von Temperaturen als auch von Temperaturdifferenzen benutzt.

1.2 Längenausdehnung fester Körper

$\Delta l = l - l_0$

l ist die Länge bei der Temperatur ϑ,
l_0 die Länge bei der Temperatur 0 °C,
α der Längenausdehnungskoeffizient (► T 5.3.1.1; T 16.3).

$$\Delta l = \alpha\, l_0\, \vartheta$$
$$l = l_0\,(1 + \alpha\, \vartheta)$$

1.3 Volumenausdehnung fester, flüssiger und gasförmiger Körper

$\Delta V = V - V_0$

V ist das Volumen bei der Temperatur ϑ,
V_0 das Volumen bei der Temperatur 0 °C,
γ der Volumenausdehnungskoeffizient (► T 16).

$$\Delta V = \gamma\, V_0\, \vartheta$$
$$V = V_0\,(1 + \gamma\, \vartheta)$$

Zusammenhang zwischen γ und α bei festen Körpern: $\gamma = 3\,\alpha$.

Für alle idealen Gase ist $\gamma = \dfrac{1}{273{,}15}\,\mathrm{K}^{-1}$.

1.4 Näherungsformeln für feste Körper

l_1 ist die Länge bei ϑ_1,
l_2 die Länge bei ϑ_2.
Entsprechendes gilt für V_1 und V_2.

$\Delta \vartheta = \vartheta_2 - \vartheta_1 = \Delta T.$

$$l_2 \approx l_1\,(1 + \alpha\,\Delta\vartheta)$$
$$V_2 \approx V_1\,(1 + \gamma\,\Delta\vartheta)$$

1.5 Änderung der Dichte ϱ mit der Temperatur

ϱ ist die Dichte bei ϑ,
ϱ_0 ist die Dichte bei 0 °C.

$$\varrho = \frac{\varrho_0}{1 + \gamma\,\vartheta}$$

Wendet man die mathematische Näherungsformel $\frac{1}{1+x} \approx 1 - x$ an, so ist:

$$\varrho \approx \varrho_0\,(1 - \gamma\,\vartheta)$$

W 2 Molekulare Größen

2.1 Stoffmenge n; Avogadro-Konstante N_A

In der Wärmelehre gibt es Gesetzmäßigkeiten, bei denen es auf die *Anzahl der beteiligten Teilchen* (Atome, Moleküle) ankommt und *nicht auf die Art der chemischen Elemente*, aus denen die Teilchen bestehen.

Man hat deshalb die *Stoffmenge n* als weitere Basisgröße eingeführt (► T 2) mit der SI-Einheit 1 Mol = 1 mol.

Häufig verwendet man 1 kmol = 10^3 mol.

1 kmol ist vereinbarungsgemäß die Stoffmenge eines Körpers (Systems), der aus ebenso vielen Teilchen besteht, wie Atome in 12 kg des Kohlenstoffatoms ^{12}C enthalten sind.

Diese Stoffmenge 1 kmol besteht aus N_A Teilchen:

$$N_A = 6{,}022\,136\,7\,(36) \cdot 10^{26}\ \text{kmol}^{-1}$$

N_A wird Avogadro-Konstante genannt (► T 4).

Die Zahl N der Teilchen in einem Körper der Stoffmenge n ist dann:

$$N = n\,N_A$$

2.2 Molare Masse M_m

Molare Masse M_m nennt man die Masse m eines Körpers bezogen auf seine Stoffmenge n:

$$M_m = \frac{m}{n}$$

Beispiel: Die molare Masse eines Körpers aus ^{12}C-Atomen ist

$$M_m(^{12}C) = 12\ \text{kg kmol}^{-1}.$$

2.3 Relative Atom-(Molekül-)Masse M_r

Gibt man die molare Masse M_m in der Einheit 1 kg $kmol^{-1}$ an, so ist der Zahlenwert $\{M_m\} = M_r$ die relative Atom-(Molekül-)Masse:

$$M_m = M_r \text{ kg kmol}^{-1}$$

Beispiel: Die relative Atommasse eines Körpers aus ^{12}C-Atomen ist $M_r\,(^{12}C) = 12$

2.4 Molares Volumen V_m

Molares Volumen V_m nennt man das Volumen eines Körpers bezogen auf seine Stoffmenge n:

$$V_m = \frac{V}{n}$$

Die SI-Einheit des molaren Volumens ist 1 $m^3\,kmol^{-1}$.

Hat ein Körper im Normzustand (p_0 = 1013,25 hPa; T_0 = 273,15 K = 0 °C) das Normvolumen V_0, so ist sein molares Normvolumen:

$$V_{m,0} = \frac{V_0}{n}$$

Alle idealen Gase haben im Normzustand dasselbe molare Volumen $V_{m,0}$ = 22,414 10(19) $m^3\,kmol^{-1}$ (► T 4).

2.5 Loschmidt-Konstante n_0

N_A ist die Avogadro-Konstante,
$V_{m,0}$ das molare Volumen im Normzustand.

$$n_0 = \frac{N_A}{V_{m,0}}$$

2.6 Masse m_i eines Teilchens

Besteht ein Körper der Masse m und der Stoffmenge n aus N Teilchen ($N = n\,N_A$), so ist die Masse eines Teilchens

$m_i = \frac{m}{N} = \frac{m}{n\,N_A}$ oder mit $\frac{m}{n} = M_m$:

$$m_i = \frac{M_m}{N_A}$$

Im atomaren Bereich verwendet man statt der Masseneinheit 1 kg die *atomare Masseneinheit* u.

Man hat vereinbart: $m_i\,(^{12}C) = 12$ u.

Damit ist $12\text{ u} = \frac{12\text{ kg kmol}^{-1}}{6{,}022\,133\,7\,(36) \cdot 10^{26}\text{ kmol}^{-1}}$

oder: $1\text{ u} = 1{,}660\,540\,2\,(10) \cdot 10^{-27}$ kg (► T 3.3)

W 3 Gasgesetze

3.1 Zustandsgleichung des idealen Gases (1. Form)

p ist der Druck eines eingeschlossenen Gases,
V ist sein Volumen,
T ist seine thermodynamische Temperatur.

$$\frac{p\,V}{T} = \text{const}$$

Für ein Gas, das aus einem Zustand (p_1, V_1, T_1) in den Zustand (p_2, V_2, T_2) übergeht, gilt:

$$\frac{p_1 V_1}{T_1} = \frac{p_2 V_2}{T_2}$$

3.2 Zustandsgleichung des idealen Gases unter Verwendung der allgemeinen Gaskonstante *R* (2. Form)

Vergleicht man einen beliebigen Zustand (p, V, T) mit dem Normzustand (p_0, V_0, T_0), so ist $\dfrac{p\,V}{T} = \dfrac{p_0 V_0}{T_0}$.

Erweitert man die rechte Seite der Gleichung mit der Stoffmenge n, so erhält man $\dfrac{p\,V}{T} = \dfrac{n\,p_0 V_0}{T_0\,n}$.

Mit den Normgrößen $p_0 = 1013{,}25$ hPa und $T_0 = 273{,}15$ K sowie dem molaren Volumen im Normzustand $V_{m,0} = \dfrac{V_0}{n}$ (► W 2.4), ergibt sich für $\dfrac{p_0 V_0}{T_0 n} = R$ der Wert: $R = 8{,}314\,510\,(70) \cdot 10^3\ \text{J kmol}^{-1}\ \text{K}^{-1}$ (► T 4).

R ist die allgemeine (molare) Gaskonstante.
Mit ihr lautet die Zustandsgleichung:

$$p\,V = n\,R\,T$$

3.3 Zustandsgleichung des idealen Gases unter Verwendung der Boltzmann-Konstante *k* (3. Form)

Ein Gas der Stoffmenge n hat $N = n\,N_A$ Teilchen (► W 2.1).
Dabei ist N_A die Avogadro-Konstante.
Setzt man in der Zustandsgleichung $n = N/N_A$, so erhält man $p\,V = \dfrac{N\,R\,T}{N_A}$.

R/N_A nennt man Boltzmann-Konstante k:

$$k = \frac{R}{N_A}$$

Es ist $k = 1{,}380\,658\,(12) \cdot 10^{-23}\ \text{J K}^{-1}$ (► T 4).

Die Zustandsgleichung lautet mit k:

$$p\,V = N\,k\,T$$

3.4 Gasgesetz für reale Gase (VAN DER WAALS-Gleichung)

Berücksichtigung der Raumerfüllung der Moleküle: Diese ist gleich dem vierfachen Eigenvolumen der kugelförmig gedachten Moleküle, daher Volumenverminderung um $b\,n$. Berücksichtigung der Anziehungskräfte zwischen den Molekülen:

Druckerhöhung um $\dfrac{a\,n^2}{V^2}$

$$\left(p + \frac{a\,n^2}{V^2}\right)(V - b\,n) = n\,R\,T$$

$a = 3\,p_k \cdot (V_k)^2,\ b = \dfrac{1}{3}\,V_k$

p_k ist der kritische Druck, V_k das kritische Volumen (► W 6.3).

3.5 DALTON-Gesetz

Der Gesamtdruck p einer Gasmischung ist gleich der Summe der Partialdrücke, welche die einzelnen Gase haben, wenn jedes das Volumen V erfüllt.

$$p = p_1 + p_2 + \ldots p_i$$

W 4 Arbeit, Wärme (thermische Arbeit) und innere Energie

4.1 Temperaturänderung durch Arbeit und Wärme

4.1.1 Temperaturerhöhung durch mechanische Arbeit

Ein Körper kann durch mechanische Arbeit (Reibungsarbeit) oder durch elektrische Arbeit erwärmt werden. Die einem Körper der Masse m durch die Arbeit W zugeführte innere Energie zeigt sich in der Temperaturerhöhung ΔT.

Es besteht der Zusammenhang:

$$W = c\,m\,\Delta T$$

c nennt man spezifische Wärmekapazität; sie ist eine für die verschiedenen Stoffe charakteristische Konstante (► T 5.3.1.1 und T 16.3).

Die SI-Einheit der spezifischen Wärmekapazität ist: $1\ \mathrm{J\,kg^{-1}\,K^{-1}}$

4.1.2 Temperaturänderung durch Wärme (thermische Arbeit)

Statt durch Arbeit kann man einen Körper auch einfach dadurch erwärmen, dass man ihn mit einem heißeren Körper in Kontakt bringt. Eine solche Energieübertragung, die auf einem Temperaturunterschied zweier Körper beruht, bezeichnet man als Wärme Q.
Präziser wäre die Bezeichnung Wärmearbeit oder thermische Arbeit, weil die Größe Q die gleiche Wirkung (Temperaturerhöhung) zur Folge hat, wie die mechanische oder elektrische Arbeit W.

Bei gleichem ΔT am gleichen Körper ist $Q = W$ oder:

$$Q = c\,m\,\Delta T$$

Dementsprechend ist die SI-Einheit von Q: 1 Joule = 1 J.

Die Gleichung gilt auch bei Abkühlung.
In diesem Fall gibt der Körper durch die Wärme Q innere Energie an einen kälteren Körper ab.

4.1.3 Temperaturausgleich zweier Körper

Findet der Energieaustausch zwischen zwei Körpern nur auf Grund ihres Temperaturunterschiedes statt, so gilt:

Energie*verlust* des einen Körpers	=	Energie*gewinn* des anderen Körpers

Der heiße Körper verliert innere Energie durch die Wärme $Q_1 = c_1\,m_1\,(T_1 - T_m)$.
T_m ist die Mischtemperatur.

Der kalte Körper gewinnt innere Energie durch die Wärme $Q_2 = c_2\,m_2\,(T_m - T_2)$.

Nach dem Temperaturausgleich ist $Q_1 = Q_2$, also:

$$c_1\,m_1\,(T_1 - T_m) = c_2\,m_2\,(T_m - T_2)$$

4.2 Wärmekapazität

4.2.1 Wärmekapazität *C* eines Körpers (Definition)

$$C = \frac{Q}{\Delta T}$$

Q ist die durch Wärme zugeführte (abgeführte) Energie,
ΔT ist die Temperaturerhöhung (Temperaturerniedrigung).

4.2.2 Spezifische Wärmekapazität *c* (Definition)

$$c = \frac{Q}{m\,\Delta T} = \frac{C}{m}$$

m ist die Masse des untersuchten Körpers.

4.2.3 Molare Wärmekapazität C_m (Definition)

$$C_m = \frac{Q}{n\,\Delta T} = \frac{C}{n}$$

n ist die Stoffmenge des untersuchten Körpers (► T5.3.1.1).

4.2.4 Zusammenhang zwischen spezifischer und molarer Wärmekapazität

$$C_m = c\,\frac{m}{n} = c\,M_m$$

M_m ist die molare Masse.

4.2.5 Spezifische und molare Wärmekapazitäten von Gasen

Bei Gasen unterscheidet man die spezifische Wärmekapazität bei konstantem Druck c_p von der spezifischen Wärmekapazität bei konstantem Volumen c_v; das entsprechende gilt auch für die molaren Wärmekapazitäten C_{mp} und C_{mv}.

$$C_{mp} - C_{mv} = R$$

$$\varkappa = \frac{C_{mp}}{C_{mv}} = \frac{c_p}{c_v}$$

R ist die allgemeine Gaskonstante (► T4).

4.3 Hauptsätze der Wärmelehre

4.3.1 Erster Hauptsatz der Wärmelehre

Wird einem System Wärme Q und mechanische Arbeit W zugeführt ($Q > 0$, $W > 0$) oder entnommen ($Q < 0$, $W < 0$), so ändert sich seine innere Energie U um ΔU.

$$\Delta U = Q + W$$

4.3.2 Zweiter Hauptsatz der Wärmelehre

Es ist nicht möglich, eine periodisch arbeitende Maschine zu bauen, die nichts anderes bewirkt, als die Verrichtung mechanischer Arbeit und Abkühlung eines Körpers.

Daraus folgt bei der idealen Wärmekraftmaschine für den thermischen Wirkungsgrad $\eta = \left|\frac{\text{abgegebene mechanische Arbeit}}{\text{durch Wärme zugeführte Energie}}\right|$:

$$\eta = \frac{T_1 - T_2}{T_1}$$

T_1 ist die Anfangstemperatur des Arbeitsstoffes und T_2 die Temperatur, auf die dieser abgekühlt wird.

W5 Zustandsänderungen idealer Gase

Wir betrachten Zustandsänderungen idealer Gase, die unter bestimmten Bedingungen erfolgen, und überlegen, wie dabei die *Zustandsgleichung* (► W 3) und der *1. Hauptsatz* (► W 4.3.1) modifiziert werden.

5.1 Isotherme Zustandsänderung

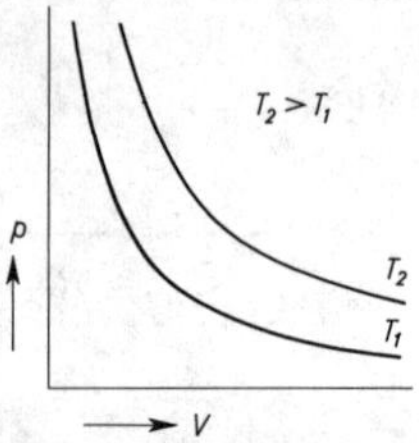

Isotherm heißt die Zustandsänderung, die bei konstanter Temperatur T erfolgt (BOYLE-MARIOTTE).
Die *Zustandsgleichung* vereinfacht sich:

$$p\,V = \text{const}$$

Die Isothermen (► Abb.) bilden eine Hyperbelschar (Parameter T).
Mit $T = \text{const}$ ist auch die innere Energie $U = \text{const}$; also ist $\Delta U = 0$.

Der *1. Hauptsatz* lautet dann:

$$Q + W = 0$$

Die Ausdehnungsarbeit W muss durch die Wärme Q ausgeglichen werden.
Dabei sind:

Wärme $Q = n\,R\,T \ln \dfrac{V_2}{V_1} = n\,R\,T \ln \dfrac{p_1}{p_2}$; Ausdehnungsarbeit $W = -\displaystyle\int_{V_1}^{V_2} p\,\mathrm{d}V$

5.2 Isobare Zustandsänderung

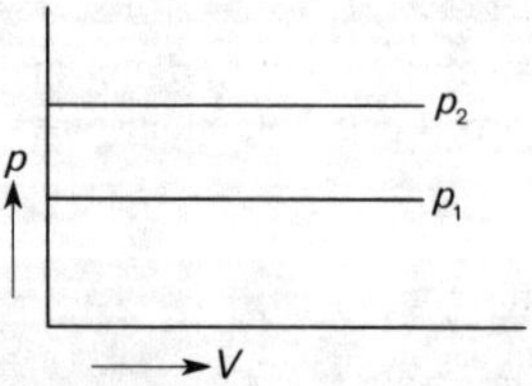

Isobar heißt eine Zustandsänderung, die bei konstantem Druck p erfolgt (GAY-LUSSAC).
Die *Zustandsgleichung* vereinfacht sich:

$$\frac{V}{T} = \text{const}$$

Die Isobaren (► Abb.) bilden eine Geradenschar (Parameter p).

Im *1. Hauptsatz* ist zu setzen:

Wärme $Q = n\,C_p\,\Delta T$; Ausdehnungsarbeit $W = -n\,(C_p - C_v)\,\Delta T = -n\,R\,\Delta T$

5.3 Isochore Zustandsänderung

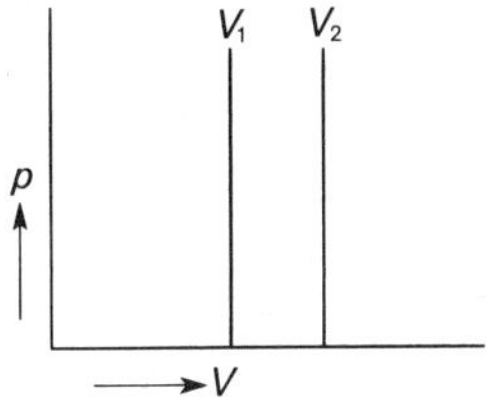

Isochor heißt eine Zustandsänderung, die bei konstantem Volumen V erfolgt. Die *Zustandsgleichung* vereinfacht sich:

$$\frac{p}{T} = \text{const}$$

Die Isochoren (► Abb.) bilden eine Geradenschar (Parameter V).
Mit $V = \text{const}$ ist die Ausdehnungsarbeit $W = 0$.

Der *1. Hauptsatz* lautet dann:

$$Q = \Delta U$$

Dabei ist die Wärme $Q = n\, C_v\, \Delta T$.

5.4 Adiabatische Zustandsänderung

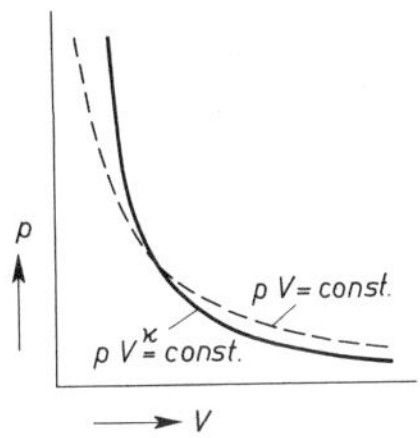

Adiabatisch heißt eine Zustandsänderung, bei der keine Energie durch Wärme zu- oder abgeführt wird, also $Q = 0$ ist.

Der 1. Hauptsatz lautet dann:

$$W = \Delta U$$

Dabei ist die Ausdehnungsarbeit $W = p\, \Delta V = n\, C_v\, \Delta T = n\, \frac{R}{\varkappa - 1}\, \Delta T$

Bei der adiabatischen Zustandsänderung variieren stets alle drei Zustandsgrößen (Temperatur T, Druck p und Volumen V) gleichzeitig. Durch Kombination der allgemeinen Zustandsgleichung mit dem 1. Hauptsatz für die adiabatische Zustandsänderung ($W = \Delta U$), kann man den Zusammenhang von je zwei Zustandsgrößen durch die POISSON-Gleichungen angeben:

$$p\, V^{\varkappa} = \text{const}$$
$$T\, V^{\varkappa - 1} = \text{const}$$
$$T^{\varkappa}\, p^{1-\varkappa} = \text{const}$$

Dabei ist $\varkappa = C_p / C_v$ (► W 4.2.5).

Die Adiabaten (► Abb.) bilden eine Kurvenschar (Parameter T).
Die Adiabaten sind steiler als die Isothermen.

5.5 Polytrope Zustandsänderung

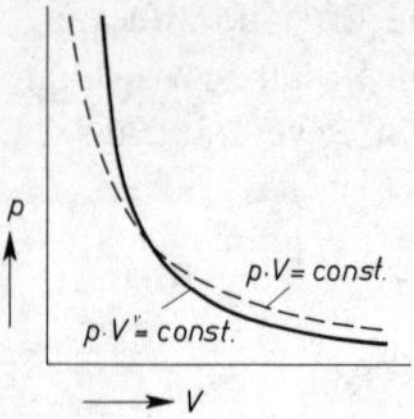

Polytrop heißt eine Zustandsänderung, wenn sie einerseits bei unvollkommener Wärmeisolation erfolgt, andererseits der Energieaustausch mit der Umgebung ebenfalls unvollkommen ist.

Die polytrope Zustandsänderung steht also zwischen der adiabatischen und der isothermen.

Bei der polytropen Zustandsänderung gelten die POISSON-Gleichungen mit dem Polytropenexponent ν, für den gilt: $1 < \nu < \varkappa$.

$$p\,V^{\nu} = \text{const}$$
$$T\,V^{\nu-1} = \text{const}$$
$$T^{\nu}\,p^{1-\nu} = \text{const}$$

Im 1. Hauptsatz ist zu setzen:

Ausdehnungsarbeit $W = \dfrac{n\,R}{\nu - 1}\,\Delta T$;

Wärme $Q = n\,\dfrac{\nu\,C_v - C_p}{\nu - 1}\,\Delta T$.

Die Polytropen (► Abb.) sind steiler als die Isothermen, aber weniger steil als die Adiabaten.

W 6 Übergänge zwischen fester, flüssiger und gasförmiger Phase

6.1 Schmelzen und Erstarren

Schmelztemperatur = Erstarrungstemperatur

Spezifische Schmelzwärme $s = \dfrac{\text{Wärme } Q_s}{\text{Masse } m}$

$$s = \frac{Q_s}{m}$$

Q_s ist die Wärme, die einem Körper der Masse m die zum Schmelzen nötige Energie zuführt, wenn er bereits auf die Schmelztemperatur erwärmt ist. Beim Erstarren wird der gleiche Energiebetrag frei: Erstarrungswärme.

Erniedrigung des Gefrierpunktes:

Die Gefrierpunktserniedrigung ist für geringe Konzentrationen von der Natur des im gleichen Lösungsmittel gelösten Stoffes unabhängig.

Sie beträgt:

$$\Delta T = E_g \frac{n}{m_L}$$

n ist die Stoffmenge des gelösten Stoffes,
m_L die Masse des Lösungsmittels.

Die für das Lösungsmittel charakteristische Konstante E_g ist bei Wasser als Lösungsmittel: $E_g = 1{,}86 \cdot 10^3$ K kg kmol^{-1}.

6.2 Verdampfen und Kondensieren

Siedetemperatur = Kondensationstemperatur.

Spezifische Verdampfungswärme $r = \dfrac{\text{Wärme } Q_r}{\text{Masse } m}$

$$r = \frac{Q_r}{m}$$

Q_r ist die Wärme, die einem Körper der Masse m die Energie zuführt, um ihn bei der normalen Siedetemperatur in Dampf von gleicher Temperatur zu verwandeln.
Beim Kondensieren wird der gleiche Energiebetrag frei: Kondensationswärme.

Erhöhung des Siedepunktes:

Die Siedepunktserhöhung ist für geringe Konzentrationen von der Natur des im gleichen Lösungsmittel gelösten Stoffes unabhängig.

Sie beträgt:

$$\Delta T = E_s \frac{n}{m_L}$$

n ist die Stoffmenge des gelösten Stoffes,
m_L die Masse des Lösungsmittels.

Die für das Lösungsmittel charakteristische Konstante E_s ist bei Wasser als Lösungsmittel: $E_s = 0{,}515 \cdot 10^3$ K kg kmol^{-1}.

Gesättigter Dampf: Befindet sich in einem abgeschlossenen Gefäß eine Flüssigkeit, die dieses nur teilweise füllt, so befindet sich im übrigen Raum gesättigter Dampf. Der Druck desselben ist im Gleichgewichtszustand nur eine Funktion der Temperatur. Kompression und Expansion verschieben nur das Verhältnis der Dampfmenge zur Flüssigkeitsmenge (► T 21).

Als *absolute Feuchtigkeit* bezeichnet man den Quotienten aus dem Wasserdampfgehalt und dem Volumen.

Als *relative Feuchtigkeit* bezeichnet man das Verhältnis der vorhandenen zu der bei gleicher Temperatur höchstens möglichen absoluten Feuchtigkeit.

6.3 Verflüssigung von Gasen

Kritische Temperatur: Oberhalb der kritischen Temperatur können Gase auch bei Anwendung beliebig hohen Druckes nicht verflüssigt werden.
Kritischer Druck: Bei der kritischen Temperatur ist mindestens der kritische Druck anzuwenden, um ein Gas zu verflüssigen.
Kritisches Volumen: Ihr kritisches Volumen nimmt eine Gasmenge bei der kritischen Temperatur und dem kritischen Druck an.

6.4 Phasendiagramme

Das Vorhandensein eines Stoffes in der festen, flüssigen oder gasförmigen Phase in Abhängigkeit von Volumen, Druck und Temperatur lässt sich in Phasendiagrammen darstellen (► Abb. a).

Die Grenzkurven trennen Gebiete unterschiedlicher Phasen. Am kritischen Punkt K bzw. längs der Tripellinie liegt der Stoff in allen drei Phasen vor.

a)

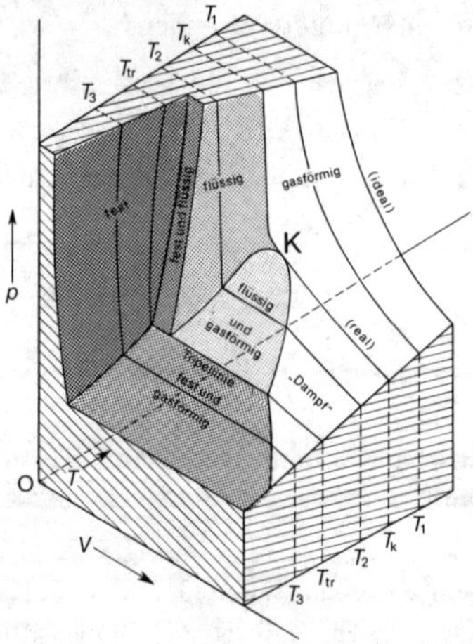

b)

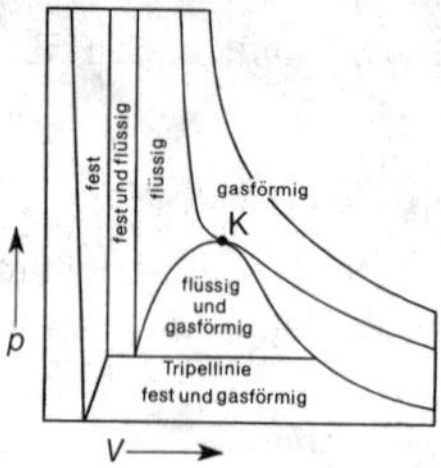

c)

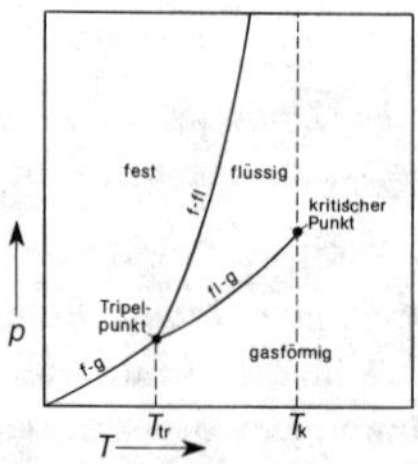

Die Projektion längs der T-Achse ergibt das p-V-Diagramm (► Abb. b). Die Projektion längs der V-Achse ergibt das p-T-Diagramm (► Abb. c). In ihm wird die Tripellinie zu einem Tripelpunkt.

Entsprechende Phasendiagramme lassen sich auch für andere Phasenübergänge (ferroelektrische ► E 2.4, ferromagnetische ► E 6.3.2) aufzeichnen.

W 7 Kinetische Wärmetheorie

7.1 Grundgleichung der kinetischen Gastheorie

Für das ideale Gas gilt (Teilchen als elastische ausdehnungslose Kugeln gedacht):

$$p = \frac{\varrho}{3}\,\overline{v^2}$$

ϱ ist die Dichte,
$\overline{v^2}$ das mittlere Geschwindigkeitsquadrat der Teilchen.

7.1.1 Zusammenhang mit dem BOYLE-MARIOTTE-Gesetz

Durch Multiplikation von $p = \frac{\varrho}{3}\,\overline{v^2}$ mit V folgt:

$$p\,V = \frac{m}{3}\,\overline{v^2} = \frac{2}{3}\,N\,m_i\,\frac{\overline{v^2}}{2}$$

$$p\,V = \frac{2}{3}\,N\,\overline{E_i}$$

N ist die Zahl der Teilchen,
m_i die Masse eines Teilchens i,
$\overline{E_i}$ die mittlere kinetische Energie eines Teilchens i (► M 11).

7.1.2 Zusammenhang mit der allgemeinen Gasgleichung

Aus $p\,V = n\,R\,T$ folgt

$$\overline{E_i} = \frac{3}{2}\,\frac{n}{N}\,R\,T = \frac{3}{2}\,\frac{R}{N_A}\,T = \frac{3}{2}\,k\,T \quad (► \text{ W 3.3}).$$

$$\overline{E_i} = \frac{3}{2}\,k\,T$$

k ist die BOLTZMANN-Konstante (► T 4).

Ein Teilchen hat drei Freiheitsgrade der Translation.

Auf jeden trifft im Mittel die gleiche Energie $\frac{1}{2}\,k\,T$ pro Teilchen und Freiheitsgrad.

7.2 Gleichverteilungssatz

Im thermischen Gleichgewicht trifft auf jeden am Energieaustausch teilnehmenden Freiheitsgrad der Translation und Rotation im Mittel die gleiche Energie:

Einatomige Gase: $\overline{E_i} = \frac{3}{2}\,k\,T$ (3 Freiheitsgrade der Translation)

Zweiatomige Gase: $\overline{E_i} = \frac{5}{2}\,k\,T$ (3 Freiheitsgrade der Translation, 2 Freiheitsgrade der Rotation)

Dreiatomige Gase: $\overline{E_i} = 3\,k\,T$ (3 Freiheitsgrade der Translation, 3 Freiheitsgrade der Rotation)

Bei mehratomigen Gasen treten unter Umständen Schwingungen der Atome im Molekül auf, die hier nicht berücksichtigt sind.

7.3 Zusammenhang mit den molaren Wärmekapazitäten der Gase

Bei einem *einatomigen* Gas ist z. B.

$C_v = \frac{3}{2} k N_A = \frac{3}{2} R$ und mit $C_p - C_v = R$, ist $C_p = \frac{5}{2} R$.

Gasart	Freiheitsgrade	C_v	C_p	$\varkappa = \frac{C_p}{C_v}$
Einatomige Gase	3	$\frac{3}{2} R$	$\frac{5}{2} R$	1,67
Zweiatomige Gase	5	$\frac{5}{2} R$	$\frac{7}{2} R$	1,40
Dreiatomige Gase	6	$3\ R$	$4\ R$	1,33

7.4 Mittleres Geschwindigkeitsquadrat der Teilchen eines idealen Gases

► W 7.1

$$\overline{v^2} = \frac{3\,p}{\varrho}$$

Aus $\overline{v^2} = \frac{3\,k}{m_i} T$ (► W 7.1.2) folgt:

$$\overline{v^2} = \frac{3\,R\,N_A\,n\,T}{m\,N_A} = \frac{3\,R\,T}{M_m}$$

$$\overline{v^2} = \frac{3\,R\,T}{M_m}$$

7.5 Reale Gase

Die Moleküle werden als Kugeln mit dem Radius r vorausgesetzt.

$$Z = \frac{\text{mittlere Zahl der Zusammenstöße}}{\text{Zeit}}$$

$$Z = 4\,\pi \sqrt{2}\,\frac{N}{V}\,r^2\,\bar{v}$$

$\bar{v}$ ist die mittlere Geschwindigkeit,
N die Teilchenzahl,
V das Volumen.

Die mittlere freie Weglänge l zwischen zwei Zusammenstößen ist:

$$l = \frac{\bar{v}}{Z} = \frac{V}{4\,\pi\,\sqrt{2}\,N\,r^2}$$

7.6 Feste Körper

Die molaren Wärmekapazitäten C_v und C_p unterscheiden sich nur wenig. Im festen Körper schwingen die Atome im Kristallgitter um ihre Gleichgewichtslage; die mittlere kinetische Energie eines Atoms beträgt wegen der drei Freiheitsgrade der Translation $\frac{3}{2}\,k\,T$; ebenso groß ist die mittlere potentielle Energie, so dass sich pro Atom die mittlere Gesamtenergie $3\,k\,T$ ergibt. Für die molare Wärmekapazität fester Körper gilt daher die DULONG-PETIT-Regel: $C \approx 3\,R$ (► T 5.3.1).

Diese Regel gilt nur bei genügend hohen Temperaturen. Bei tiefen Temperaturen nähern sich die molaren Wärmekapazitäten aller Stoffe dem Wert Null.

W 8 Arten der Energieübertragung durch Wärme

8.1 Konvektion

Konvektion ist die Mitführung von innerer Energie durch strömende Flüssigkeiten und Gase auf Grund eines Temperaturunterschiedes.

8.2 Wärmeleitung

Wärmeleitung ist die Weitergabe von innerer Energie in ruhenden Festkörpern, Flüssigkeiten und Gasen von einem Teilchen an Nachbarteilchen auf Grund eines Temperaturunterschiedes.

Der Wärmestrom $\dot{Q} = \frac{\mathrm{d}Q}{\mathrm{d}t}$, der senkrecht durch eine Fläche A hindurchtritt, wenn in der gleichen Richtung ein Temperaturgefälle $\Delta T / \Delta l$ besteht, ist:

$$\dot{Q} = -\lambda\,\frac{\Delta T}{\Delta l}\,A$$

λ ist die Wärmeleitfähigkeit (► T 5.3.1.1; T 19.1).

Die SI-Einheit der Wärmeleitfähigkeit ist $1\ \mathrm{W\,m^{-1}\,K^{-1}}$.

8.3 Strahlung

Konvektion und Wärmeleitung gibt es nur im materieerfüllten Raum.
Ist der Raum materiefrei, kann aber durch Strahlung ein Energiestrom von einem heißen zu einem kalten Körper gelangen.

8.4 Wärmeübergang

Die drei Arten des Wärmestromes können gleichzeitig ablaufen. Wenn man nicht unterscheidet, welche Art im einzelnen beteiligt ist, so spricht man von Wärmeübergang zwischen zwei Körpern von verschiedenen Temperaturen T_1 und T_2. Berühren sich die beiden Körper an einer Fläche A, so ist der Wärmestrom:

$$\dot{Q} = \alpha A \Delta T$$

α heißt Wärmeübergangskoeffizient (► T 19.2).

Die SI-Einheit des Wärmeübergangskoeffizient ist 1 W m^{-2} K^{-1}.

8.5 Wärmedurchgang

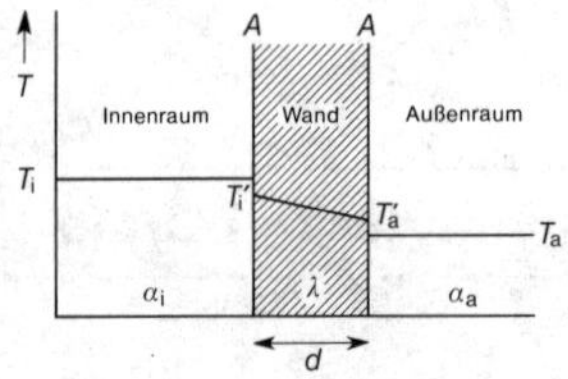

Der Wärmestrom durch eine Wand (► Abb.) sei stationär, d. h. die Temperaturen seien überall konstant. Dann ist der Wärmestrom $\dot{Q}$ in den verschiedenen Bereichen gleich groß:

1. Durch die Innenfläche A der Wand:
   $\dot{Q} = \alpha_i A\,(T_i - T_i')$
2. Durch die Wand der Dicke d:
   $\dot{Q} = \dfrac{\lambda}{d} A\,(T_i' - T_a')$
3. Durch die Außenfläche der Wand:
   $\dot{Q} = \alpha_a A\,(T_a' - T_a)$

Aus diesen drei Gleichungen folgt nach Umformung und Addition:

$$\dot{Q}\left(\frac{1}{\alpha_i} + \frac{d}{\lambda} + \frac{1}{\alpha_a}\right) = A\,(T_i - T_a):$$

Man setzt:

$$\frac{1}{k} = \frac{1}{\alpha_i} + \frac{d}{\lambda} + \frac{1}{\alpha_a}$$

k nennt man Wärmedurchgangskoeffizient (► T 19.3).

Die SI-Einheit des Wärmedurchgangskoeffizienten ist 1 W m^{-2} K^{-1}.

Der Wärmestrom $\dot{Q}$ ist damit:

$$\dot{Q} = k A\,(T_i - T_a)$$

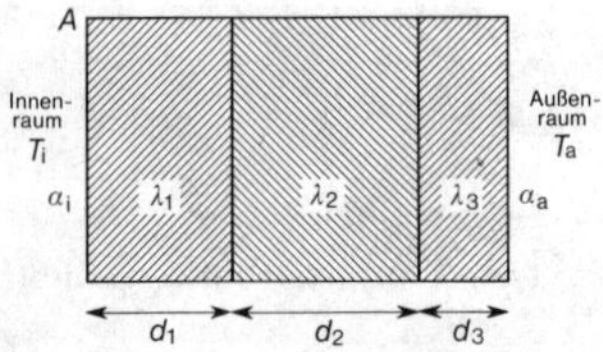

Diese Gleichung für den Wärmestrom $\dot{Q}$ gilt auch noch für eine mehrschichtige Wand (► Abb.), wenn man k wie folgt berechnet:

$$\frac{1}{k} = \frac{1}{\alpha_i} + \frac{1}{\alpha_a} + \frac{d_1}{\lambda_1} + \frac{d_2}{\lambda_2} + \frac{d_3}{\lambda_3}$$

SCHWINGUNGEN UND WELLEN

SW 1 Harmonische Schwingung eines punktförmigen Körpers

1.1 Kreisbewegung und harmonische Schwingung

Größe	Bedeutung bei der Kreisbewegung	Bedeutung bei der harmonischen Schwingung
A	Kreisradius	Amplitude
φ	Drehwinkel	Phasenwinkel
ω	Winkelgeschwindigkeit	Kreisfrequenz
T	Umlaufsdauer	Periodendauer
f	Frequenz	Frequenz
s	y-Koordinate	Auslenkung

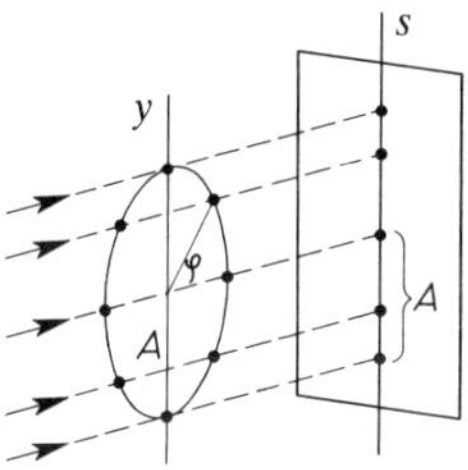

Die Frequenz f ist: $$f = \frac{1}{T}$$

Die Kreisfrequenz ω ist: $$\omega = \frac{2\pi}{T} = 2\pi f$$

Die Auslenkung s ist: $$s = A \sin\varphi = A \sin\omega t$$

Die Auslenkung s gibt an, wie weit der Körper zur Zeit t von der Mittellage (Null-Lage) entfernt ist.
Die Amplitude A ist die maximale Auslenkung, die bei einer ungedämpften Schwingung von der Zeit unabhängig ist.
Die Periodendauer T ist die Zeit für eine volle Schwingung (Hin- und Hergang).
Die Frequenz f hat die Einheit $1\ s^{-1} = 1$ Hertz $= 1$ Hz (► T 2.2).

1.2 Dynamisches Grundgesetz und harmonische Schwingung

1.2.1 Richtgröße D

Harmonische Schwingungen kommen zustande, wenn auf einen Körper eine Rückstellkraft $F = -D\,s$ wirkt, die direkt proportional zur Auslenkung s ist:

Die Konstante D heißt Richtgröße: $$D = -\frac{F}{s}$$

1.2.2 Differentialgleichung der Schwingung

Wirkt auf einen Körper der Masse m eine Rückstellkraft $F = -Ds$, so ist nach dem dynamischen Grundgesetz (► M 6) $F = m\,a$ oder $-Ds = m\,a$. Dabei ist $a = \ddot{s}$.

Es gilt also die Differentialgleichung der Schwingung: $$m\ddot{s} + Ds = 0$$

Ihre Lösung ist: $$s = A\sin(\omega t + \varphi_0)$$

Durch Differenzieren ergibt sich die Geschwindigkeit: $$\dot{s} = A\,\omega\cos(\omega t + \varphi_0)$$

und die Beschleunigung: $$\ddot{s} = A\,\omega^2\sin(\omega t + \varphi_0)$$

Setzt man s und $\ddot{s}$ in die Differentialgleichung ein, so sieht man, dass $s = A\sin(\omega t + \varphi_0)$ eine Lösung ist, wenn $m(-A\,\omega^2) + D\,A = 0$ oder $\omega = \sqrt{\frac{D}{m}}$ ist.

Mit $\omega = \frac{2\pi}{T}$ folgt daraus für die Periodendauer: $$T = 2\pi\sqrt{\frac{m}{D}}$$

Der *Effektivwert* s_{eff} der Elongation einer sinusförmigen Schwingung wird definiert durch

$$s_{\text{eff}}^2 = \frac{1}{T}\int_0^T A^2\sin^2\omega t\,\mathrm{d}t.$$

Daraus folgt: $$s_{\text{eff}} = \frac{A}{\sqrt{2}}$$

1.3 Schwingungsenergie

Für die Sinusschwingung $s = A\sin\omega t$ ist die *kinetische Energie*:

$$E_{\text{kin}} = \frac{m}{2}v^2 \text{ mit } v = \dot{s} = A\,\omega\cos\omega t$$

$$E_{\text{kin}} = \frac{m}{2}A^2\,\omega^2\cos^2\omega t$$

Die *potentielle Energie* ist bei linearer Abhängigkeit der Kraft vom Weg:

$$E_{\text{pot}} = \frac{D}{2}s^2 \text{ (► M 11.1) und } D = m\,\omega^2$$

$$E_{\text{pot}} = \frac{m}{2}A^2\,\omega^2\sin^2\omega t$$

Durch Addition von kinetischer und potentieller Energie erhält man mit Hilfe der Formel $\sin^2\alpha + \cos^2\alpha = 1$ die *Schwingungsenergie* E_s:

$$E_s = \frac{m}{2}A^2\,\omega^2$$

Diagramme:

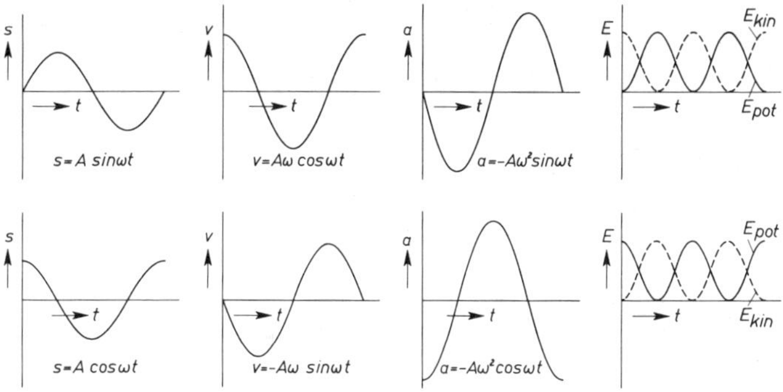

1.4 Beispiele harmonischer Schwingungen

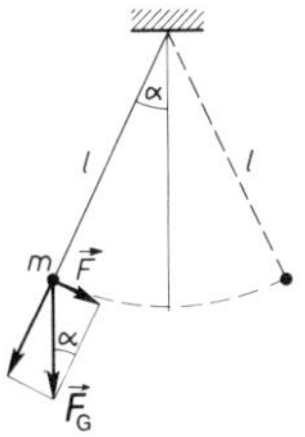

Federpendel

D ist die Federkonstante.

$$T = 2\,\pi \sqrt{\frac{m}{D}}$$

Fadenpendel

$F = -\,m\,g \sin\alpha;\quad s = l\,\alpha$

$D = -\,\dfrac{F}{s} = \dfrac{m\,g\sin\alpha}{l\,\alpha} \approx \dfrac{m\,g}{l},$

da für kleine α gilt: $\sin\alpha \approx \alpha$.

$$T = 2\,\pi \sqrt{\frac{l}{g}}$$

SW 2	Harmonische Drehschwingung eines ausgedehnten Körpers

2.1 Einander entsprechende Größen

Harmonische Schwingung eines punktförmigen Körpers:	*Harmonische Drehschwingung* eines ausgedehnten Körpers:
Masse m	Trägheitsmoment J
Rückstellkraft F	rücktreibendes Drehmoment M
Richtgröße D	Winkelrichtgröße D^*
Auslenkung s	Drehwinkel φ

Periodendauer:

$$T = 2\,\pi \sqrt{\frac{J}{D^*}}$$

Dabei ist $D^* = -\,\dfrac{M}{\varphi}$

2.2 Beispiele

2.2.1 Torsionspendel

$M = -D^* \varphi$, $D^* = \text{const}$ bei elastischer Verdrillung.

2.2.2 Physisches Pendel

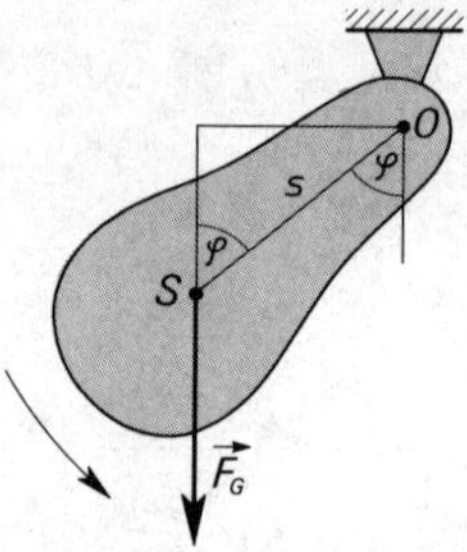

$$D^* = -\frac{M}{\varphi} = \frac{F_G s \sin\varphi}{\varphi} \approx F_G s,$$

da für kleine φ gilt: $\sin\varphi \approx \varphi$.

$$T = 2\pi \sqrt{\frac{J}{F_G s}}$$

Durch Vergleichen mit

$T = 2\pi \sqrt{\frac{l}{g}}$ (Fadenpendel)

erhält man die reduzierte Pendellänge l:

$$l = \frac{J}{m s}$$

s ist der Abstand des Schwerpunktes vom Drehpunkt.

SW 3	Gedämpfte Schwingung eines punktförmigen Körpers

Die Ursache der Dämpfung ist die Dämpfungskraft $F_d = -\beta \dot{s}$.

β ist die Dämpfungskonstante.

Differentialgleichung der gedämpften Schwingung: $$m\ddot{s} + \beta\dot{s} + D s = 0$$

Die Auslenkung s lässt sich darstellen: $$s = A\, e^{-\delta t} \cos\omega t$$

A ist die Auslenkung zur Zeit $t = 0$.

Man bezeichnet $\delta = \frac{\beta}{2m}$ als Abklingkoeffizient.

Die Kreisfrequenz ω der gedämpften Schwingung ist

$$\omega = \sqrt{\omega_0^2 - \delta^2},\quad \omega_0^2 = \frac{D}{m}$$

ω_0 und T_0 sind die ω und T entsprechenden Größen der zugehörigen ungedämpften Schwingung.

Das Verhältnis k zweier im zeitlichen Abstand einer Periodendauer aufeinander folgenden Ausschläge ist:

$$k = \frac{A_n}{A_{n+1}} = \frac{s(t)}{s(t+T)} = e^{\delta T}$$

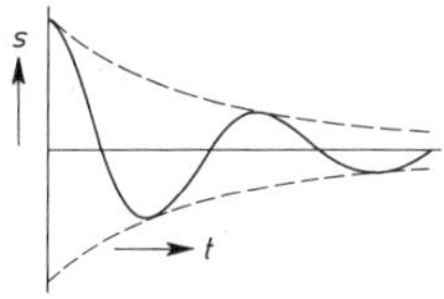

Der natürliche Logarithmus von k heißt logarithmisches Dekrement $\varLambda$ und ist: $\varLambda = \delta T$

Für schwache Dämpfung kann gesetzt werden: $T \approx T_0$; daraus (► SW 1.2.2) folgt:

$$\varLambda = \frac{\beta}{2m} 2\pi \sqrt{\frac{m}{D}} = \frac{\beta \pi}{\sqrt{m D}}$$

SW 4	Amplitudenmodulation

Wird bei der Schwingung $y = A \cos \omega t$ die Amplitude A periodisch mit der Kreisfrequenz ω_{mod} und der Amplitude α verändert, so ist y_{mod} die amplitudenmodulierte Schwingung:

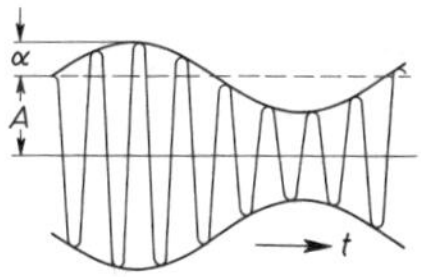

$$y_{mod} = (A + \alpha \cos \omega_{mod} t) \cos \omega t$$

Mit Hilfe der Formel $2 \cos \alpha \cos \beta = \cos(\alpha + \beta) + \cos(\alpha - \beta)$ erhält man:

$$y_{mod} = A \cos \omega t + \frac{\alpha}{2} \cos(\omega + \omega_{mod}) t + \frac{\alpha}{2} \cos(\omega - \omega_{mod}) t$$

Man nennt die durch $A \cos \omega t$ dargestellte Schwingung Trägerschwingung, die beiden anderen Seitenschwingungen.

α ist der Amplitudenhub, $m = \dfrac{\alpha}{A}$ der Modulationsgrad.

SW 5 Überlagerung von harmonischen Schwingungen

5.1 Überlagerung zweier Schwingungen gleicher Schwingungsrichtung und gleicher Frequenz

Die beiden Schwingungen sollen verschiedene Amplituden (A_1 und A_2) sowie verschiedene Phasenwinkel ($\varphi_1 = 0$ und $\varphi_2 = \varphi$) haben.

$y_{\mathrm{I}} = A_1 \sin \omega t$

$y_{\mathrm{II}} = A_2 \sin(\omega t + \varphi)$ $\quad$ y_{II} eilt y_{I} um φ in der Phase voraus.

$y = y_{\mathrm{I}} + y_{\mathrm{II}}$ $\quad$ (Überlagerungsschwingung)

Bei der Behandlung von Schwingungen stellt man die Größen anschaulich durch Pfeile dar, die man *Zeiger* nennt. Die Zeiger trägt man vom Ursprung eines karthesischen Koordinatensystems ab (► Abb. ① und ②).

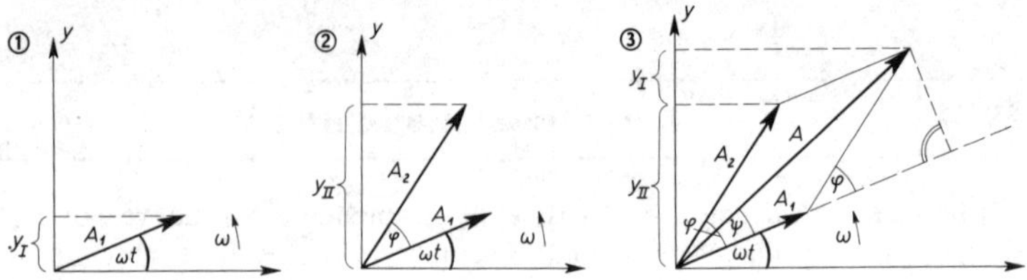

Die Zeiger A_1 und A_2 haben die Phasenverschiebung φ. Rotieren beide Zeiger mit der konstanten Winkelgeschwindigkeit ω, so gibt die Projektion der Zeiger auf die y-Achse die Werte y_{I} und y_{II} zum Zeitpunkt t an. Zeiger für gleichartige Größen werden wie Vektoren addiert (► Abb. ③).

Aus Abb. ③ folgt für $y = y_{\mathrm{I}} + y_{\mathrm{II}}$:

$$y = A \sin(\omega t + \psi)$$

mit:

$$A^2 = A_1^2 + A_2^2 + 2 A_1 A_2 \cos \varphi$$

und mit:

$$\tan \psi = \frac{A_2 \sin \varphi}{A_1 + A_2 \cos \varphi}$$

In entsprechender Weise lässt sich auch für mehr als zwei Schwingungen gleicher Frequenz und gleicher Schwingungsrichtung die Überlagerungsschwingung ermitteln (Zeigervieleck).

5.2 Überlagerung von *n* Schwingungen gleicher Schwingungsrichtung, Frequenz und Amplitude

Die Phasendifferenz zwischen je zwei aufeinander folgenden Schwingungen sei gleich und zwar $\delta\varphi$.

Zeigerdiagramm:

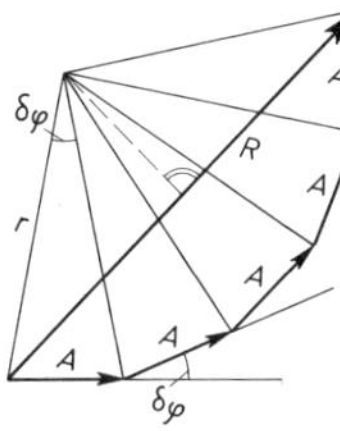

Aus $\sin\frac{n\,\delta\varphi}{2} = \frac{R}{2r}$ und $\sin\frac{\delta\varphi}{2} = \frac{A}{2r}$ ergibt sich:

$$R = A\,\frac{\sin\frac{n\,\delta\varphi}{2}}{\sin\frac{\delta\varphi}{2}} = A\,\frac{\sin\frac{\Delta\varphi}{2}}{\sin\frac{\delta\varphi}{2}};\ \Delta\varphi = n\,\delta\varphi$$

Betrachtet man das Verhältnis der Amplitude R für $\delta\varphi$ zu der maximal erreichbaren Amplitude R_0 ($\delta\varphi = 0$), so erhält man, da $R_0 = n\,A$ ist, für die relative Amplitude R_r :

$$R_r = \frac{R}{R_0} = \frac{\sin\frac{n\,\delta\varphi}{2}}{n\,\sin\frac{\delta\varphi}{2}}$$

Mit $\lim\limits_{n\to\infty} n\sin\frac{\delta\varphi}{2} = \frac{\Delta\varphi}{2}$:

$$\lim_{n\to\infty} R_r = \frac{\sin\frac{\Delta\varphi}{2}}{\frac{\Delta\varphi}{2}}$$

5.3 Überlagerung von Sinusschwingungen wenig verschiedener Frequenz, gleicher Amplitude und Schwingungsrichtung (Schwebungen)

$y_{\mathrm{I}} = A\sin\omega_1 t$, Periodendauer T_1;
y_{I} macht k Schwingungen während der Zeit T_s

$y_{\mathrm{II}} = A\sin\omega_2 t$, Periodendauer T_2;
y_{II} macht $(k+1)$ Schwingungen während der Zeit T_s.

T_s ist die Schwebungsperiodendauer,
f_s die Schwebungsfrequenz.

$$T_s = \frac{T_1\,T_2}{T_1 - T_2}$$

$$f_s = f_2 - f_1$$

Da $T_s = k\,T_1 = (k+1)\,T_2$, ist $k = \frac{T_2}{T_1 - T_2}$.

5.4 Überlagerung zweier Schwingungen, deren Schwingungsrichtungen aufeinander senkrecht stehen.

Die Schwingungsrichtungen sollen in die Achsen eines rechtwinkligen Koordinatensystems fallen. Dann ist:

$$x = A_1 \sin \omega_1 t$$
$$y = A_2 \sin (\omega_2 t + \varphi)$$

Diese Gleichungen bilden die Parameterdarstellung der Überlagerungsschwingung, die eine „LISSAJOUSfigur" darstellt; z. B. ist diese für $A_1 = A_2 = A$; $\omega_1 = \omega_2$; und $\varphi = \frac{\pi}{2}$ ein Kreis mit dem Radius A.

SW 6	Fortschreitende lineare Wellen

Die folgenden Ausführungen über Wellen gelten für Transversalwellen, lassen sich aber ohne weiteres auf Longitudinalwellen übertragen (die Polarisation ausgenommen).

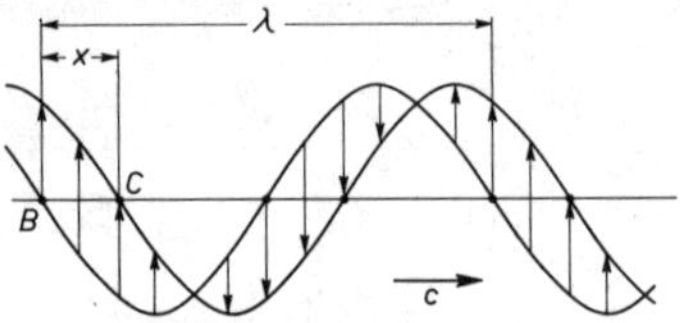

Die Abbildung stellt 2 Momentaufnahmen dar, die um Δt nacheinander gemacht wurden (1. Aufnahme durch Punkt B). Die senkrechten Pfeile geben die Richtung der Teilchenbewegung an. Die Welle ist bei der 2. Momentaufnahme um den Weg x fortgeschritten. Das Teilchen C befindet sich in diesem Zeitpunkt im gleichen Schwingungszustand wie zuvor das Teilchen B. Bis das Teilchen B wieder in den ursprünglichen Schwingungszustand kommt, ist die Zeit T vergangen; die Welle hat dabei den Weg λ (Wellenlänge) zurückgelegt:

Also: Ausbreitungsgeschwindigkeit $c = \dfrac{\text{Wellenlänge } \lambda}{\text{Periodendauer für ein Teilchen } T}$

$$c = \frac{\lambda}{T} = \lambda f$$

6.1 Wellengleichung der fortschreitenden Welle

6.1.1 Nach rechts fortschreitende Welle

Das Teilchen B (bei $x = 0$) beginne zur Zeit $t = 0$ seine Schwingungsbewegung: $y_B = A \sin \omega t$. Das um die Strecke x davon entfernte Teilchen C ist bei einer nach rechts fortschreitenden Welle im Phasenwinkel zurück: $y_C = A \sin \omega\, (t - \Delta t)$.

Wegen $\Delta t = \frac{x}{c}$, gilt für ein um x vom Ausgangspunkt der Welle entferntes Teilchen die Wellengleichung:

$$y = A \sin \omega \left(t - \frac{x}{c}\right)$$

oder:

$$y = A \sin 2\pi \left(\frac{t}{T} - \frac{x}{\lambda}\right)$$

6.1.2 Nach links fortschreitende Welle

Durch die entsprechende Überlegung ergibt sich für eine nach links fortschreitende Welle:

$$y = A \sin \omega \left(t + \frac{x}{c}\right)$$

oder:

$$y = A \sin 2\pi \left(\frac{t}{T} + \frac{x}{\lambda}\right)$$

6.2 Energie eines Teilchens in der fortschreitenden Welle

Geschwindigkeit und Beschleunigung der Teilchen sind $v = \dot{y}$, $a = \ddot{y}$.

Da $\dot{y} = A\omega \cos \omega \left(t - \frac{x}{c}\right)$, ist die *kinetische Energie* eines von der Welle erfassten Teilchens mit der Masse m_i (► SW 1.3)

$$E_{kin} = \frac{m_i}{2} A^2 \omega^2 \cos^2 \omega \left(t - \frac{x}{c}\right)$$

Die *potentielle Energie* des Teilchens ist (► SW 1.3)

$$E_{pot} = \frac{m_i}{2} A^2 \omega^2 \sin^2 \omega \left(t - \frac{x}{c}\right)$$

Die gesamte *Schwingungsenergie* des Teilchens ist $E_s = E_{kin} + E_{pot}$. Mit Hilfe der Formel $\sin^2 \alpha + \cos^2 \alpha = 1$ ergibt sich:

$$E_s = \frac{m_i}{2} A^2 \omega^2$$

SW 7 Fortschreitende Wellen im Raum

7.1 Grundlagen

Die *Wellenfläche* oder *Wellenfront* ist der geometrische Ort gleichphasiger Schwingungszustände.

Die *Wellennormalen* oder *Wellenstrahlen* geben die Richtungen an, in welchen sich die Welle ausbreitet.

Man unterscheidet:

7.1.1 Ebene Wellen

Die Wellenflächen sind Ebenen im Abstand λ voneinander; die Wellenstrahlen sind untereinander parallel.

7.1.2 Kugelwellen

Die Wellenflächen sind Kugeln im Abstand λ voneinander, in deren Mittelpunkt sich der Erreger befindet; die Wellenstrahlen sind die Radien der Kugeln.

7.1.3 Wellen mit beliebig gekrümmten Wellenfronten

Ein *Wellenbündel* kann man sich als Gesamtheit von linearen Wellen vorstellen, die sich längs der Wellenstrahlen ausbreiten. In der Regel genügt es, einen ebenen Schnitt durch ein Wellenbündel zu betrachten. Die ebenen Schnitte mit den Wellenflächen von 7.1.1 sind Geraden, ebene Schnitte mit den Wellenflächen von 7.1.2 sind Kreise.

7.2 Prinzip von Huygens

Für das Verständnis der Wellenausbreitung ist das Huygens-Prinzip von grundlegender Bedeutung: Jeder Punkt einer Wellenfläche kann als Erregungszentrum einer so genannten Elementarwelle betrachtet werden. Die Wellenflächen sind als Einhüllende der Elementarwellen aufzufassen.

Daraus lässt sich ableiten, dass für alle Wellenvorgänge das *Reflexionsgesetz* (► 7.3) und das *Brechungsgesetz* (► 7.4) gelten. Das Prinzip von Huygens bildet die Grundlage für das Verständnis der Beugungserscheinungen.

7.3 Reflexionsgesetz

AB sei eine schräg gegen die reflektierende ebene Wand anlaufende ebene Wellenfläche. Sie erreicht die reflektierende Wand zuerst in *A*. Während die Erregung von B nach C fortschreitet, breitet sich mit gleicher Ausbreitungsgeschwindigkeit eine von A ausgehende Elementarwelle aus mit dem Radius AD = BC. Die von der Mitte E weiterlaufende Erregung braucht nur die halbe Zeit, bis sie zum Punkt F gelangt. Die von F ausgehende Elementarwelle hat auch nur den Radius $FG = \frac{BC}{2}$. In C beginnt sich die Elementarwelle gerade auszubreiten. Die von den Punkten auf der Strecke AC ausgehenden Elementarwellen haben CD zur Einhüllenden. Aus Symmetriegründen ist der Einfallswinkel ε gleich dem Reflexionswinkel ε_r

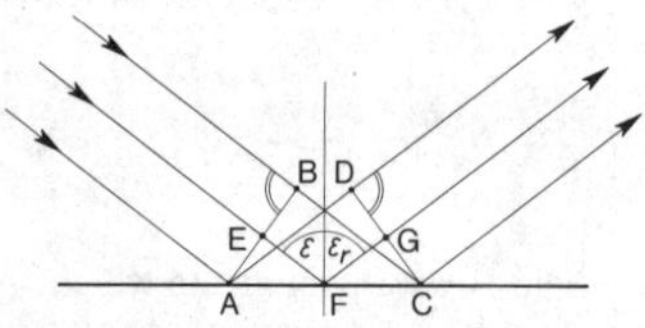

$$\varepsilon = \varepsilon_r$$

7.4 Brechungsgesetz

Die Ausbreitungsgeschwindigkeit der ebenen Welle sei oberhalb der Trennungsebene c, unterhalb c'; A B sei eine gegen die Trennungsfläche schräg anlaufende ebene Wellenfläche. Sie erreicht die Trennungsfläche zuerst in A. Während die Erregung von B nach C fortschreitet, soll die Zeit Δt vergehen. In dieser Zeit breitet sich mit A als Zentrum in das untere Medium eine Elementarwelle aus mit dem Radius $c'\,\Delta t$. Die von der Mitte E weiterlaufende Erregung braucht nur $\frac{\Delta t}{2}$, bis sie bis zum Punkt F kommt; wieder in dieser Zeit kommt die von F ausgehende Elementarwelle bis G. Die von den Punkten auf der Strecke A C ausgehenden Elementarwellen haben C D als Einhüllende. Aus den Dreiecken A C B und A D C kann man ablesen:

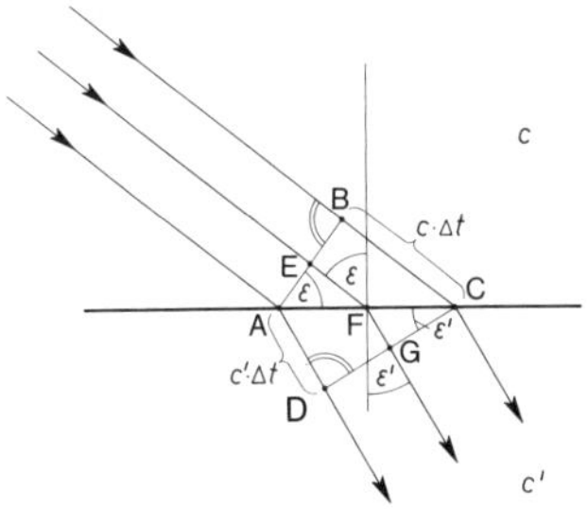

$$A C \sin \varepsilon = c\,\Delta t$$
$$A C \sin \varepsilon' = c'\,\Delta t;$$

durch Division folgt: $$\frac{\sin \varepsilon}{\sin \varepsilon'} = \frac{c}{c'}$$

Beim Übergang von einem Medium der Ausbreitungsgeschwindigkeit c zu einem anderen mit der Ausbreitungsgeschwindigkeit c' bleibt die Frequenz erhalten. Daher ändert sich die Wellenlänge.

Aus: $c = \lambda f$ und $c' = \lambda' f$ folgt: $$c : c' = \lambda : \lambda'$$

7.5 Energietransport in einem fortschreitenden ebenen Wellenbündel

Die Überlegungen für fortschreitende lineare Wellen lassen sich auf ebene Wellen anwenden, da ein ebenes Wellenbündel als eine Gesamtheit linearer Wellen aufgefasst werden kann, die sich parallel zueinander ausbreiten.
Das Medium, in dem sich die Welle ausbreitet, habe die Dichte ϱ; auf einen Abschnitt des Wellenbündels der Länge l und des Querschnitts S trifft dann die Schwingungsenergie:

$$E = \frac{1}{2}\,\varrho\, l\, S\, A^2\, \omega^2 = \frac{1}{2}\,\varrho\, V A^2\, \omega^2.$$

Daher ist die Energiedichte: $$\frac{E}{V} = \frac{1}{2}\,\varrho\, A^2\, \omega^2$$

Die von der Welle durch den Querschnitt S übertragene Leistung $P = \frac{E}{t}$ ist: $$P = \frac{1}{2}\,\varrho\, c\, S\, A^2\, \omega^2$$

SW 8 Interferenz von linearen Sinuswellen

Die Überlagerung von Sinuswellen gleicher Frequenz bezeichnet man als Interferenz.

8.1 Zwei lineare Wellen gleicher Amplitude und Ausbreitungsrichtung

Die beiden Wellen y_{I} und y_{II} mit dem „Gangunterschied" Δx überlagern sich zu y.

$$y_{\mathrm{I}} = A_0 \sin 2\pi \left(\frac{t}{T} - \frac{x}{\lambda}\right)$$

$$y_{\mathrm{II}} = A_0 \sin 2\pi \left(\frac{t}{T} - \frac{x - \Delta x}{\lambda}\right)$$

$$y = y_{\mathrm{I}} + y_{\mathrm{II}}$$

Unter Verwendung der Formel:

$\sin\alpha + \sin\beta = 2 \sin \frac{\alpha + \beta}{2} \cos \frac{\alpha - \beta}{2}$ ist:

$$\boxed{y = 2 A_0 \cos\left(\frac{\Delta x}{\lambda}\pi\right) \sin 2\pi \left(\frac{t}{T} - \frac{x - \frac{\Delta x}{2}}{\lambda}\right)}$$

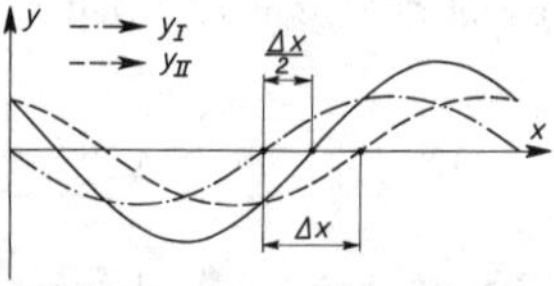

Die Welle y_{II} ist um Δx nach rechts verschoben. Die Überlagerungswelle hat gegen y_{I} einen Gangunterschied von $\frac{\Delta x}{2}$; ihre Amplitude $A = 2 A_0 \cos \frac{\pi \Delta x}{\lambda}$ hängt von Δx ab.

Zwei wichtige Sonderfälle:

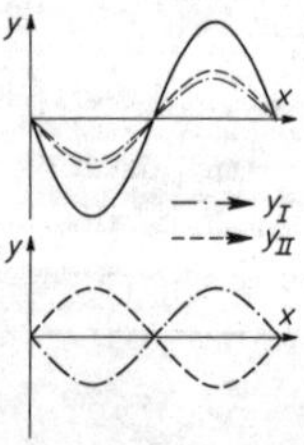

1. $\cos \frac{\pi \Delta x}{\lambda} = \pm 1$

   Verstärkung der Wellen zur doppelten Amplitude, wenn:

$$\boxed{\Delta x = 2k \frac{\lambda}{2}}$$

2. $\cos \frac{\pi \Delta x}{\lambda} = 0$

   Gegenseitige *Auslöschung* der Wellen, wenn:

$$\boxed{\Delta x = (2k + 1) \frac{\lambda}{2}}$$

mit $k = 0, 1, 2, \ldots$

8.2 Stehende Welle

Durch Überlagerung zweier linearer gleichfrequenter Wellen mit entgegengesetzter Ausbreitungsrichtung (y_I und y_{II}) entsteht eine stehende Welle y.

$$y_I = A_0 \sin 2\pi \left(\frac{t}{T} - \frac{x}{\lambda}\right)$$

$$y_{II} = A_0 \sin 2\pi \left(\frac{t}{T} + \frac{x}{\lambda}\right)$$

$$y = y_I + y_{II}$$

Unter Verwendung der Formeln

$\sin(\alpha - \beta) = \sin\alpha \cos\beta - \cos\alpha \sin\beta$ und
$\sin(\alpha + \beta) = \sin\alpha \cos\beta + \cos\alpha \sin\beta$,
sowie $\omega = \dfrac{2\pi}{T}$, ergibt sich:

$$\boxed{y = 2\, A_0 \cos\left(\frac{2\pi\, x}{\lambda}\right) \sin\omega t}$$

Die Überlagerungswelle hat die ortsabhängige Amplitude $A = 2\, A_0 \cos \dfrac{2\pi\, x}{\lambda}$.

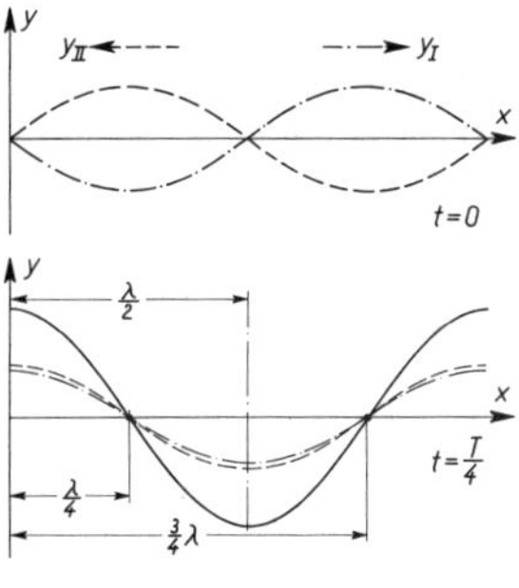

Die stehende Welle hat Bäuche ($A = 2\, A_0$) der Bewegung an den Stellen:

$$\boxed{x_B = 2\, k\, \frac{\lambda}{4}}$$

Die stehende Welle hat Knoten der Bewegung an den Stellen:

$$\boxed{x_K = (2\, k + 1)\, \frac{\lambda}{4}}$$

mit $k = 0, 1, 2, \ldots$

Der Abstand je zweier benachbarter Bäuche und je zweier benachbarter Knoten der Bewegung ist:

$$\boxed{d = \frac{\lambda}{2}}$$

Bei longitudinalen Wellen befinden sich an den Knotenstellen der Bewegung Stellen maximaler Druckänderung (Bäuche der Druckänderung), an den Bäuchen der Bewegung Knoten der Druckänderung.

SW 9 Interferenz von Wellen gleicher Frequenz und Amplitude im Raum (ebener Schnitt)

9.1 Zwei Zentren der Erregung

In der Ebene seien zwei Kreiswellensysteme mit den Mittelpunkten Z_1 und Z_2 vorhanden. Die Schwingung in P ergibt sich als Überlagerungsschwingung der von den beiden Wellensystemen hervorgerufenen Einzelschwingungen. Dem Wegunterschied $\Delta s = Z_1 P - Z_2 P$ entspricht eine konstante Phasendifferenz der Einzelschwingungen. Der Amplitudenbetrag der Überlagerungsschwingung hat in P bei gleichphasig schwingenden Erregern ein:

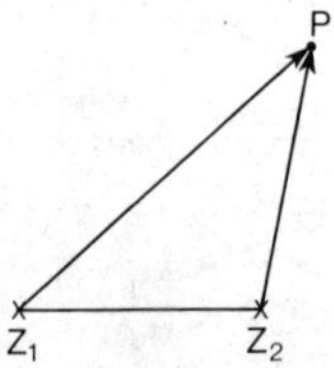

Maximum, wenn $\Delta\varphi = 2k\pi$,
d. h. wenn

$$\Delta s = 2k\,\frac{\lambda}{2}$$

Minimum, wenn $\Delta\varphi = (2k+1)\pi$,
d. h. wenn

$$\Delta s = (2k+1)\,\frac{\lambda}{2}$$

mit $k = 0, 1, 2, \ldots$

Schwingen die Erreger gegenphasig, so kommt zur Phasendifferenz der Einzelschwingungen noch π hinzu; Maxima und Minima werden vertauscht.

Da die Punkte gleicher Abstandsdifferenz von Z_1 und Z_2 auf einer Hyperbel liegen, befinden sich sowohl die Maxima als auch die Minima auf Interferenzhyperbeln. Bei gleichphasig schwingenden Erregern:

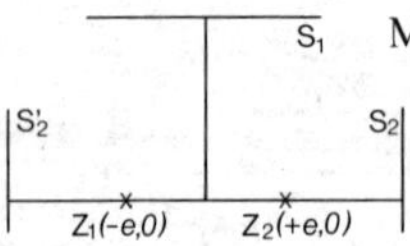

Maxima auf:

$$\frac{x^2}{\left(\frac{k\lambda}{2}\right)^2} - \frac{y^2}{e^2 - \left(\frac{k\lambda}{2}\right)^2} = 1$$

Minima auf:

$$\frac{x^2}{\left[(2k+1)\frac{\lambda}{4}\right]^2} - \frac{y^2}{e^2 - \left[(2k+1)\frac{\lambda}{4}\right]^2} = 1$$

Im Raum liegen Maxima und Minima auf Drehhyperboloiden mit $Z_1\,Z_2$ als Drehachse.

Der Schnitt mit den zur Zeichenebene senkrechten Wänden S_2 und S_2' ergibt Kreise, mit S_1 Hyperbeln.

Auf S_1: Querbeobachtung, auf S_2 und S_2': Längsbeobachtung.

Vereinfachte Darstellung für den Fall $a \gg Z_1Z_2$ (vor allem in der Optik anwendbar)

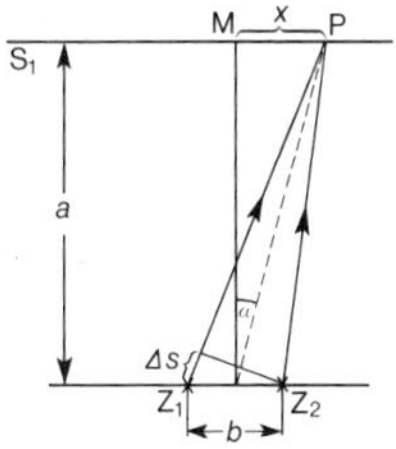

Z_1P und Z_2P können als parallel betrachtet werden.
Mit $b = 2e$ ist $\Delta s = b \sin\alpha$.
Der Abstand $MP = x$ ist $x = a \tan\alpha$.

Für $\tan\alpha \approx \sin\alpha$ ist der Abstand x:

$$x = \frac{a}{b}\,\Delta s$$

Ob sich bei x ein Maximum oder ein Minimum befindet, sagen die Gleichungen für Δs aus.

Für die Wellenlängenbestimmung wird der Abstand d der ersten beiden Minima rechts und links von M verwendet:

$d = 2\,\frac{a}{b}\,\frac{\lambda}{2}$, also:

$$\lambda = \frac{d\,b}{a}$$

9.2 Beugungsspalt

Interferenz der von n Zentren ausgehenden Wellen für $n \to \infty$

9.2.1 Elementare Ermittlung der Minima

Die Spaltbreite sei mit vielen Zentren besetzt. Die von ihnen in einer bestimmten Richtung ausgehenden Strahlen werden durch einen Mittelstrahl in zwei Hälften geteilt. Ist Δs der Gangunterschied der äußersten Randstrahlen, so lassen sich zwei Strahlen aus je einer der Hälften zu einem Paar so vereinigen, dass ihr Gangunterschied $\frac{\Delta s}{2}$ beträgt. In dem sehr weit entfernten Punkt P (Parallelstrahlen!) ist die Amplitude der sich überlagernden Schwingungen gleich 0, wenn $\Delta s = 2k\,\frac{\lambda}{2}$; also, da $\Delta s = B \sin\alpha$.

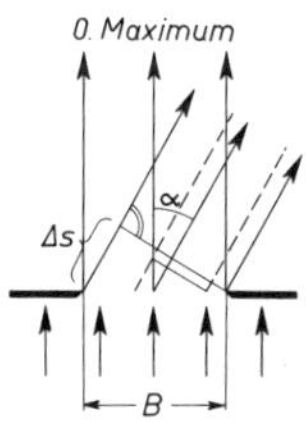

Minima für:

$$B \sin\alpha = 2k\,\frac{\lambda}{2}$$

mit $k = 1, 2, 3, \ldots$

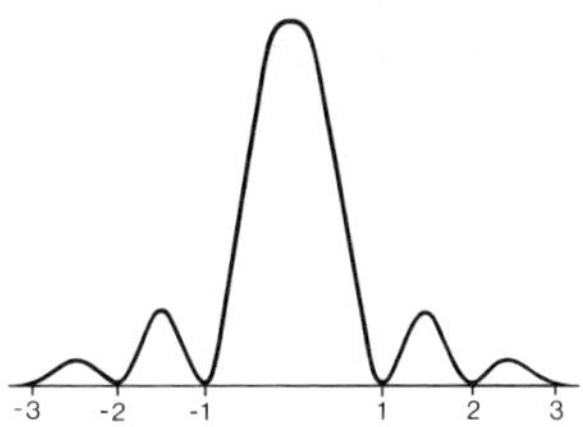

Die Abbildung zeigt die Lage der Minima und Maxima auf einem Schirm hinter dem Spalt.

9.2.2 Elementare Ermittlung der Maxima

Betrachtet man die Überlagerung von n Schwingungen gleicher Amplitude und gleicher Phasendifferenz in P für $n \to \infty$, so erhält man die Amplitude der Überlagerungsschwingung in P in Abhängigkeit von der Gesamtphasendifferenz $\Delta\varphi = n\,\delta\varphi$ (► SW 5.2). Da die Energie proportional dem Quadrat der Amplitude ist, ergibt sich für die relative Intensität J_r bezogen auf J_0 (für $\delta\varphi = 0$):

$$J_r = \left(\frac{\sin \frac{\Delta\varphi}{2}}{\frac{\Delta\varphi}{2}} \right)^2$$

Die Maxima dieser Funktion liegen nahezu bei den Maxima des Zählers.

Maxima für:

$$B \sin\alpha = (2k+1)\frac{\lambda}{2}$$

mit $k = 1, 2, 3, \ldots$

Dazu kommt noch das nullte Maximum für $\varphi = 0$.
Lage der Minima ($\sin\varphi/2 = 0$) wie oben.

9.2.3 Winkelabstand des ersten seitlichen Minimums

Aus SW 9.2.1 folgt für kleine Winkel α:

$$\alpha_{\min} = \frac{\lambda}{B}$$

Für eine kreisförmige Öffnung (Durchmesser D) gilt:

$$\alpha_{\min} = 1{,}22\,\frac{\lambda}{D}$$

9.3 Beugungsgitter (Mehrfachspalt)

(endliche Zahl von äquidistanten Zentren)

9.3.1 Hauptmaxima

Die N Spalte seien so eng, dass sie als Zentren von Elementarwellen angesehen werden können. In dem sehr weit entfernten Punkt P überlagern sich N Schwingungen der gleichen Phasendifferenz $\delta\varphi$. Die Amplitude der Überlagerungsschwingung hat ein Maximum, wenn $\delta\varphi = 2k\pi$, also in den Richtungen, für die der Gangunterschied der Strahlen zweier benachbarter Spalte $\delta s = 2k\,\frac{\lambda}{2}$ ist.

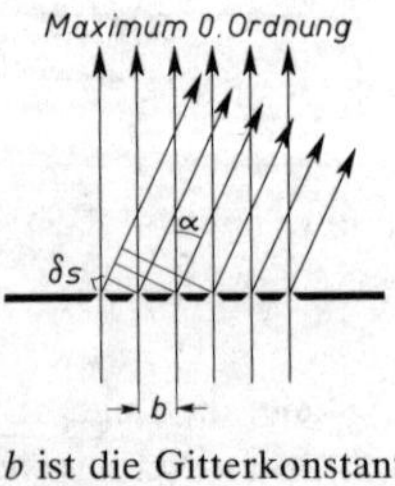

b ist die Gitterkonstante (Abstand zweier Spalte).

Hauptmaxima für:

$$b \sin\alpha = 2k\,\frac{\lambda}{2}$$

mit $k = 0, 1, 2, \ldots$

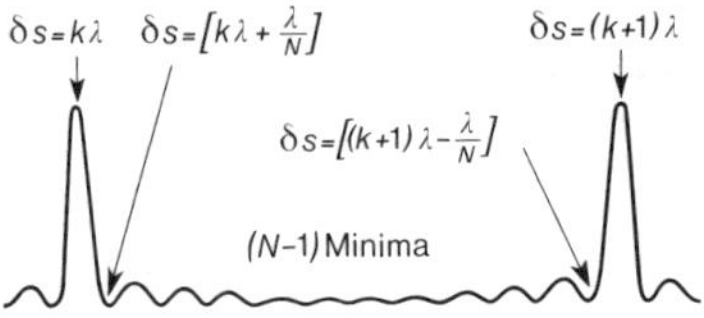

Die Hauptmaxima und die schwachen Nebenmaxima (► Abb.) werden erzeugt durch Wellenzüge benachbarter Öffnungen mit einem Gangunterschied δs.

9.3.2 Minima

Kommt zum Gesamtgangunterschied $N\,\delta s = N k \lambda$ zusätzlich noch der Gangunterschied $j\lambda$ hinzu, also von Spalt zu Spalt $\delta s = k\lambda + \frac{j}{N}\lambda$ mit $j = 1, 2, \ldots (N-1)$, so erhält man, wie beim Einfachspalt, Minima; $j = N$ ergibt das nächste Hauptmaximum.
Von einem Hauptmaximum zum nächsten ist die

Zahl der Minima Z_1: $Z_1 = (N-1)$

9.3.3 Nebenmaxima

Wegen SW 9.3.2 gilt: Zahl der Nebenmaxima Z_2: $Z_2 = (N-2)$

Sonderfall: Doppelspalt. Maxima für $b \sin\alpha = \Delta s = 2k\,\frac{\lambda}{2}$
(► SW 9.1: Zwei Zentren der Erregung).

9.4 Raumgitterinterferenzen eines Kristalls

Nach BRAGG kann man das Zustandekommen von Raumgitterinterferenzen aus der Überlagerung der von den Netzebenen des Kristalls reflektierten Strahlung erklären. Trifft ein Strahl unter einem solchen Winkel auf eine Schar von parallelen Netzebenen auf, dass der Gangunterschied der von zwei hintereinander liegenden Netzebenen reflektierten Strahlen $k\lambda$ ist, so ergibt die Überlagerung ein Maximum. Für diesen Fall gilt die

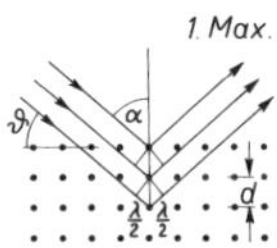

BRAGG-Beziehung: $k\lambda = 2d \sin\vartheta$

Der „Glanzwinkel“ $\vartheta = 90° - \alpha$.

SW 10	Polarisation

10.1 Linear polarisierte Wellen

Ist die Schwingungsebene einer Transversalwelle längs einer Wellennormalen (Strahl) unveränderlich, so nennt man die Welle linear polarisiert.

10.2 Zirkular polarisierte Wellen

Bei einer zirkular polarisierten Welle beschreiben die schwingenden Teilchen (bzw. die Feldvektoren bei einer elektromagnetischen Welle) Kreise in einer zur Wellennormalen senkrechten Ebene.

10.3 Elliptisch polarisierte Wellen

Bei einer elliptisch polarisierten Welle sind die Kreise von SW 10.2 zu Ellipsen verzerrt.

10.4 Zusammensetzung polarisierter Wellen

Von besonderer Bedeutung sind die folgenden Fälle:

10.4.1 Zusammensetzung zweier linear polarisierter Wellen gleicher Amplitude, deren Schwingungsebenen aufeinander senkrecht stehen

Man betrachtet die Schwingung eines Teilchens, das von beiden Teilwellen erfasst wird. Stellen $\left\{\begin{matrix} x = A \sin\omega t \\ y = A \sin\omega t \end{matrix}\right\}$ die beiden Schwingungen dar (Ausbreitung der Welle in der z-Richtung), so erhält man wieder eine *linear polarisierte* Welle, deren Schwingungsebene unter 45° gegen die x-z-Ebene geneigt ist.

Ist eine der beiden linear polarisierten Wellen um $\frac{\pi}{2}$ in der Phase verschoben, sind also $\left\{\begin{matrix} x = A \cos\omega t \\ y = A \sin\omega t \end{matrix}\right\}$ die beiden Teilschwingungen, so erhält man eine *zirkular polarisierte* Welle.

Bei anderen Phasenverschiebungen und bei ungleicher Amplitude der linear polarisierten Teilwellen ergibt sich in der Regel eine elliptisch polarisierte Welle.

10.4.2 Die Zusammensetzung zweier entgegengesetzt zirkular polarisierter Wellen gleicher Amplitude führt zu einer linear polarisierten Welle

Aus: ① $x = A\cos\omega t$, $y = A\sin\omega t$ und: ② $x = A\cos\omega t$, $x = -A\sin\omega t$ folgt: ③ $x = 2A\cos\omega t$, $y = 0$

AKUSTIK

A 1 Schallwellen

Schallwellen sind mechanische Wellen im Frequenzbereich des menschlichen Hörens (16 Hz ... 20 000 Hz).

Bei Frequenzen unter 16 Hz spricht man von Infraschall, bei Frequenzen über 20 000 Hz von Ultraschall.

Für Schallwellen gelten die *allgemeinen Gesetze der Wellenlehre* (► SW 6 ... 9) insbesondere das Reflexionsgesetz, das Brechungsgesetz, die Gesetze der Interferenz und Beugung.

A 2 Ausbreitungsgeschwindigkeit des Schalles

Schallwellen können sich nur im materieerfüllten Raum ausbreiten. Sie entstehen durch elastische Verformung der Materie zwischen Schallquelle und Empfänger. In festen Stoffen können es Längs- und Querwellen sein. In Flüssigkeiten und Gasen gibt es nur Längswellen, weil in diesen Stoffen die elastischen Schubkräfte fehlen (Schubmodul $G = 0$).

Die Ausbreitungsgeschwindigkeit c aller Schallwellen ist:

$$c = f\lambda = \frac{\lambda}{T}$$

f ist die Frequenz,
λ die Wellenlänge und
T die Periodendauer.

Zusätzlich kann man für die verschiedenen Fälle besondere Gleichungen für die Ausbreitungsgeschwindigkeit angeben.

2.1 Querwellen in Drähten (Saiten)

In einem Draht ist die Ausbreitungsgeschwindigkeit des Schalles:

$$c = \sqrt{\frac{p}{\varrho}}$$

ϱ ist die Dichte,
p die Spannung des Drahtes.

2.2 Längswellen in elastischen Körpern (Stäben)

In elastischen Körpern (Stäben) ist die Ausbreitungsgeschwindigkeit des Schalles (► T22.1:

$$c = \sqrt{\frac{E}{\varrho}}$$

E ist der Elastizitätsmodul (► T5.3.1.1; T12.1)

2.3 Längswellen in Flüssigkeiten

In einer Flüssigkeit ist die Ausbreitungsgeschwindigkeit des Schalles (► T22.2):

$$c = \sqrt{\frac{K}{\varrho}}$$

K ist der Kompressionsmodul (► T12.2)

2.4 Längswellen in Gasen

In einem Gas der Dichte ϱ mit dem Gasdruck p ist die Ausbreitungsgeschwindigkeit des Schalles (► T22.2):

$$c = \sqrt{\frac{\varkappa p}{\varrho}}$$

Wegen der großen Geschwindigkeit der Druckänderungen handelt es sich um adiabatische

Zustandsänderungen (► W5.4) mit $\varkappa = c_p / c_v$.

Diese Formel lässt sich unter Verwendung der Zustandsgleichung des idealen Gases umformen (► W3.2):

$$p\,V = n\,R\,T; \quad \frac{p\,V}{m} = \frac{n}{m}\,R\,T; \quad \frac{p}{\varrho} = \frac{R\,T}{M_\mathrm{m}}$$

$$c = \sqrt{\frac{\varkappa\,R\,T}{M_\mathrm{m}}}$$

A 3	Schallquellen

3.1 Saiten (Drähte)

Saiten (Drähte) schwingen in Form stehender Querwellen

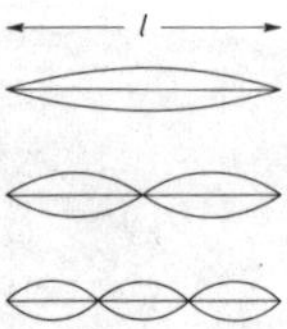

Grundschwingung	$l = \frac{\lambda_0}{2}$	$f_0 = \frac{c}{2\,l}$
1. Oberschwingung	$l = 2\,\frac{\lambda_1}{2}$	$f_1 = \frac{2\,c}{2\,l}$
2. Oberschwingung	$l = 3\,\frac{\lambda_2}{2}$	$f_2 = \frac{3\,c}{2\,l}$
k-te Oberschwingung	$l = (k+1)\,\frac{\lambda_k}{2}$	$f_k = (k+1)\,\frac{c}{2\,l}$

3.2 Luftsäulen (Pfeifen)

Luftsäulen (Pfeifen) schwingen in Form stehender Längswellen (in der Abb. als Querwellen gezeichnet).

3.2.1 Offene Pfeifen (*beid*seitig offene Röhren)

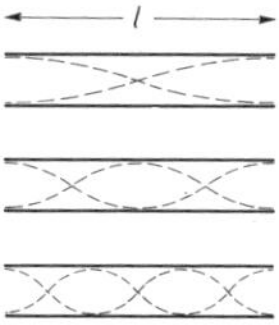

Grundschwingung	$l = \frac{\lambda_0}{2}$	$f_0 = \frac{c}{2\,l}$
1. Oberschwingung	$l = 2\,\frac{\lambda_1}{2}$	$f_1 = \frac{2\,c}{2\,l}$
2. Oberschwingung	$l = 3\,\frac{\lambda_2}{2}$	$f_2 = \frac{3\,c}{2\,l}$
k-te Oberschwingung	$l = (k+1)\,\frac{\lambda_k}{2}$	$f_k = (k+1)\,\frac{c}{2\,l}$

3.2.2 Gedeckte Pfeifen (*ein*seitig offene Röhren)

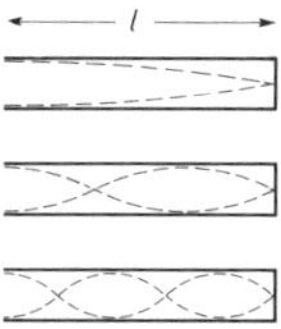

Grundschwingung	$l = \frac{\lambda_0}{4}$	$f_0 = \frac{c}{4\,l}$
1. Oberschwingung	$l = 3\,\frac{\lambda_1}{4}$	$f_1 = \frac{3\,c}{4\,l}$
2. Oberschwingung	$l = 5\,\frac{\lambda_2}{4}$	$f_2 = \frac{5\,c}{4\,l}$
k-te Oberschwingung	$l = (2\,k+1)\,\frac{\lambda_k}{4}$	$f_k = (2\,k+1)\,\frac{c}{4\,l}$

A 4 Tonfrequenzen und Tonleitern

4.1 Tonhöhe

Die **Tonhöhe** hängt von der Frequenz ab. Je *größer* die Frequenz ist, desto *höher* ist der Ton. – Die Frequenz des Norm-Stimmtons ist 440 Hz.

4.2 Einfache Tonintervalle (reine Stimmung)

Großer Ganzton	kleiner Ganzton	großer Halbton	kleiner Halbton
9 : 8	10 : 9	16 : 15	25 : 24

Oktave	Septime		Sexte		Quinte
	große	kleine	große	kleine	
2 : 1	15 : 8	9 : 5	5 : 3	8 : 5	3 : 2

Quarte	Terz		Sekunde	
	große	kleine	große	kleine
4 : 3	5 : 4	6 : 5	9 : 8	16 : 15

4.3 Relative Schwingungszahlen der reinen (diatonischen) Dur-Tonleiter

c	d	e	f	g	a	h	c′
1	$\frac{9}{8}$	$\frac{5}{4}$	$\frac{4}{3}$	$\frac{3}{2}$	$\frac{5}{3}$	$\frac{15}{8}$	2

4.4 Relative Schwingungszahlen der reinen (diatonischen) Moll-Tonleiter

c	d	es	f	g	as	b	c′
1	$\frac{9}{8}$	$\frac{6}{5}$	$\frac{4}{3}$	$\frac{3}{2}$	$\frac{8}{5}$	$\frac{9}{5}$	2

4.5 Temperierte Stimmung

Das Oktavenintervall wird in 12 gleiche Halbtonintervalle geteilt; ist x das Intervall für einen solchen Halbton, so ist $x^{12} = 2$. Daher ist die Frequenz jedes Halbtons das $\sqrt[12]{2}$fache (= 1,0595fache) der Frequenz des vorhergehenden Tones.

A5 Schallfeld

Das Schallfeld ist der von Schallwellen durchsetzte Raum.

5.1 Schallschnelle

Die *Schallschnelle* ist der Augenblickswert der Wechselgeschwindigkeit v der schwingenden Luftteilchen.

Bei einem *einfachen* Ton machen die Luftteilchen eine Sinusschwingung (► SW 1.2): $s = A \sin \omega t$.
Die Geschwindigkeit ist $v = v_m \cos \omega t = A\,\omega \cos \omega t$.

$$v = v_m \cos \omega t$$

Die Geschwindigkeit v der Teilchen darf nicht mit der Ausbreitungsgeschwindigkeit c der Welle verwechselt werden.

Der Effektivwert der Schallschnelle ist $v_{eff} = \frac{v_m}{\sqrt{2}}$ (► SW 1.2).

5.2 Energiedichte des Schallfeldes

Die *Schallenergie* ist die Schwingungsenergie der Luftteilchen.

Diese setzt sich aus kinetischer und potentieller Energie zusammen. Beim *Durchgang* durch die Ruhelage ist nur *kinetische*, an den *Umkehrpunkten* jedoch nur *potentielle* Energie vorhanden (► SW 7.5).

Die maximale kinetische Energie ist:

$$E_{\text{kin}} = \frac{1}{2} m v_{\text{m}}^2 = \frac{1}{2} \varrho V v_{\text{m}}^2 .$$

Daraus ergibt sich die Energiedichte:

$$\frac{E}{V} = \frac{1}{2} \varrho v_{\text{m}}^2$$

Die maximale potentielle Energie ist:

$$E_{\text{pot}} = \frac{1}{2} \frac{p_{\text{m}}^2}{\varrho c^2} V \text{ (ohne Ableitung).}$$

Dabei ist p_{m} die Amplitude des Wechseldruckes $p = p_{\text{m}} \cos \omega t$, der sich bei sinusförmiger Schwingung der Teilchen dem Luftdruck überlagert.

Dann folgt als *zweite* Formel für die Energiedichte:

$$\frac{E}{V} = \frac{1}{2} \frac{p_{\text{m}}^2}{\varrho c^2}$$

5.3 Schalldruck

Der *Schalldruck* ist der Wechseldruck (► A 5.2).

Setzt man die beiden Ausdrücke für die *Energiedichte* des Schallfeldes einander gleich, so ist $\varrho v_{\text{m}}^2 = \frac{p_{\text{m}}^2}{\varrho c^2}$.

$$p_{\text{m}} = \varrho c v_{\text{m}}$$

Unter dem Effektivwert des Schalldrucks versteht man bei einer sinusförmigen Welle den Wert $p_{\text{eff}} = \frac{p_{\text{m}}}{\sqrt{2}}$ (► SW 1.2).

Als Einheit des Schalldrucks verwendet man üblicherweise:
1 Mikrobar = 1 μb = 0,1 N m⁻² = 0,1 Pa

5.4 Schallstärke oder Schallintensität *J*

Schallstärke $J = \frac{\text{Schall-Leistung } P}{\text{Fläche } S}$. Aus A 5.2 folgt:

(► auch SW 7.5).

$$J = \frac{1}{2} \varrho v_{\text{m}}^2 c$$

$$J = \frac{1}{2} \frac{p_{\text{m}}^2}{\varrho c}$$

$$J = \frac{1}{2} p_{\text{m}} v_{\text{m}}$$

5.5 Schallpegel

Schallfeldgrößen gibt man häufig nicht absolut an, sondern vergleicht sie mit einer Bezugsgröße gleicher Art. Man logarithmiert das Verhältnis von Größe und Bezugsgröße und nennt diesen Ausdruck einen Schallpegel (Level).

Zur Kennzeichnung eines Pegels verwendet man den Zusatz „Dezibel".

Dezibel und ebenso *Phon* (► A5.6) sind keine Einheiten physikalischer Größen. Sie weisen nur darauf hin, dass es sich um die Angabe eines Pegels handelt.

5.5.1 Schallstärke – (Schallintensitäts-)Pegel L_J

Als Bezugsschallstärke hat man festgelegt:

$J_0 = 1\ \text{pW m}^{-2}$

$$L_J = 10 \lg \frac{J}{J_0} \quad \text{Dezibel}$$

5.5.2 Schalldruckpegel L_p

Als Bezugsschalldruck hat man festgelegt:

$p_0 = 20\ \mu\text{Pa}$

$$L_p = 20 \lg \frac{p}{p_0} \quad \text{Dezibel}$$

Da $J \sim p^2$ ist, erscheint bei L_p der Faktor 20 statt wie bei L_J der Faktor 10.

5.6 Lautstärkepegel

Die Empfindlichkeit des Ohres ist frequenzabhängig. Die maximale Empfindlichkeit liegt bei 1000 Hz ... 2000 Hz. Die untere Hörschwelle (d. h. eben noch wahrnehmbarer Ton) liegt für 1000 Hz bei einer Schallstärke $J_s = 10^{-12}\ \text{W m}^{-2}$ und einem effektiven Druck $p_s = 20\ \mu\text{Pa}$.

Man vergleicht subjektiv (d. h. mit dem Ohr) die Stärke eines zu messenden Tones (oder eines Geräusches) mit einem Ton der Frequenz $f = 1000$ Hz (Normalton) und bezeichnet als Lautstärkepegel:

$$L_N = 10 \lg \frac{J_x}{J_S} = 20 \lg \frac{p_x}{p_S} \quad \text{Phon}$$

J_S und p_S sind die oben genannten Schwellenwerte. J_x und p_x sind die Werte des Normaltons ($f = 1000$ Hz), wenn dieser ebenso laut eingestellt ist wie der zu messende Ton.

5.7 Schalldämm-Maß

J_1 ist die Schallstärke *ohne* den schalldämmenden Körper (Wand),
J_2 ist die Schallstärke *mit* dem schalldämmenden Körper (Wand).

$$D = 10 \lg \frac{J_1}{J_2} = 20 \lg \frac{p_1}{p_2} \quad \text{Dezibel}$$

Handelt es sich um einen Ton der Frequenz 1000 Hz, so kann man die Lautstärke L (in Phon) einführen:

$$D = 10 \lg \left(\frac{J_1}{J_S} : \frac{J_2}{J_S} \right) = 10 \lg \left(\frac{J_1}{J_S} \right) - 10 \lg \left(\frac{J_2}{J_S} \right).$$

Daraus folgt: $\boxed{D = L_1 - L_2}$ Phon

Diese Gleichung kann näherungsweise auch für Frequenzen in der Nähe von 1000 Hz verwendet werden.

A 6 Akustischer Doppler-Effekt

Bei ruhendem Sender und ruhendem Empfänger ist die Frequenz f der Schallwelle:

$$\boxed{f = \frac{c}{\lambda}}$$

c ist die Schallgeschwindigkeit,
λ die Wellenlänge des Schalls.

6.1 Bewegter Empfänger, ruhender Sender

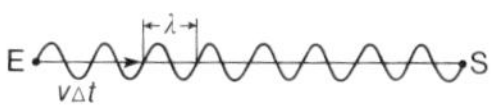

Bewegt sich der Empfänger mit der Geschwindigkeit v auf den ruhenden Sender zu bzw. von ihm fort, so nimmt der Empfänger im Zeitintervall Δt mehr bzw. weniger Schwingungen auf als zuvor, nämlich $\pm\, v\, \Delta t / \lambda$ (► Abb.). Dann ist die empfangene Frequenz f' um v / λ größer bzw. kleiner als f.

Also ist $f' = f \pm \dfrac{v}{\lambda} = f \pm \dfrac{v f}{c}$ oder:

$$\boxed{f' = f \left(1 \pm \frac{v}{c} \right)}$$

6.2 Bewegter Sender, ruhender Empfänger

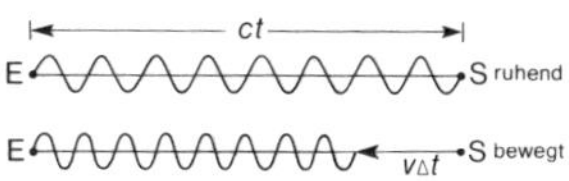

Bewegt sich der Sender mit der Geschwindigkeit v auf den ruhenden Empfänger zu bzw. von ihm fort, so ist die empfangene Wellenlänge um v/f kleiner bzw. größer als die ursprüngliche Wellenlänge λ. Also ist:

$$\lambda' = \lambda \mp \frac{v}{f} = \frac{c \mp v}{f} \text{ und } f' = \frac{c}{\lambda'} = \frac{c f}{c \mp v} \text{ oder: } \quad \boxed{f' = f \frac{1}{1 \mp \frac{v}{c}}}$$

6.3 Zusammenfassung beider Fälle

Ist $v/c \ll 1$, so ist im Fall 6.2 f' etwa ebenso groß wie im Fall 6.1; denn mit der mathematischen Näherungsformel $\frac{1}{1+x} \approx 1 - x$ ergibt sich aus der letzten Gleichung für f':

$$\boxed{f' \approx f\left(1 \pm \frac{v}{c}\right)}$$

In den Formeln gilt jeweils das obere Vorzeichen, wenn sich Sender und Empfänger einander nähern, das untere Vorzeichen, wenn sie sich voneinander entfernen.

A 7 Bewegung einer Schallwelle mit Überschallgeschwindigkeit

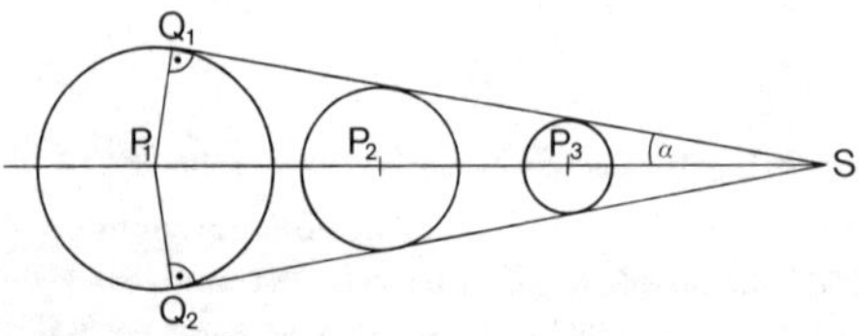

Bewegt sich eine Schallquelle auf der Geraden P_1S (► Abb.) mit der Geschwindigkeit v, die größer als die Schallgeschwindigkeit c ist ($v > c$), so überlagern sich Schallwellen, die zu verschiedenen Zeiten ausgesandt werden, in einem Kegelraum (MACH-Kegel).

Aus der Abbildung folgt: $\overline{P_1S} = v\,\Delta t$; $\overline{P_1Q_1} = c\,\Delta t$;

Δt ist das Zeitintervall.

$$\sin\alpha = \frac{\overline{P_1Q_1}}{\overline{P_1S}} = \frac{c\,\Delta t}{v\,\Delta t} = \frac{c}{v}.$$

Für den halben Öffnungswinkel α des MACH-Kegels gilt:

$$\boxed{\sin\alpha = \frac{c}{v} = \frac{1}{M}}$$

$M = v/c$ bezeichnet man als MACH-Zahl.

ELEKTRIZITÄTSLEHRE

E 1	Einige elektrische Größen und Zusammenhänge

1.1 Elektrische Ladung Q

Das kleinste Quantum elektrischer Ladung Q nennt man *Elementarladung e*. Jedes Elektron besitzt eine negative Elementarladung. Ein neutrales Atom hat in seiner Hülle so viele Elektronen, wie sein Kern positive Elementarladungen besitzt.

Die SI-Einheit der Ladung ist

1 Coulomb = 1 C (= 1 Ampere-Sekunde = 1 A s; ► E 1.2; T 2.2).

1 Coulomb = $6{,}241\,506 \cdot 10^{18}$ Elementarladungen. Daher ist

1 Elementarladung = $1\,e = 1{,}602\,177\,33(49) \cdot 10^{-19}$ C (► T 4).

1.2 Elektrische Stromstärke I

$$\text{Stromstärke } I = \frac{\text{Ladung } \Delta Q \text{, die durch den Querschnitt fließt}}{\text{dazu benötigte Zeit } \Delta t} \qquad \boxed{I = \frac{\Delta Q}{\Delta t}}$$

Ist $I(t)$ eine Funktion der Zeit t, so gilt:

$$I(t) = \lim_{\Delta t \to 0} \frac{\Delta Q(t)}{\Delta t} \text{ oder: } \qquad \boxed{I(t) = \frac{\mathrm{d}Q(t)}{\mathrm{d}t}}$$

Die SI-Einheit der Stromstärke ist 1 Ampere = 1 A = 1 C s^{-1} (► T 2.1).

1.3 Elektrische Feldstärke $\vec{E}$

Elektrische Ladungen üben Kräfte auf andere elektrische Ladungen aus. Haben die Ladungen gleiche Vorzeichen, so stoßen sie sich ab, haben sie verschiedene Vorzeichen, so ziehen sie sich an. Die Kräfte wirken auch im materiefreien Raum. Den mit elektrischen Kraftwirkungen erfüllten Raum nennt man elektrisches Feld.

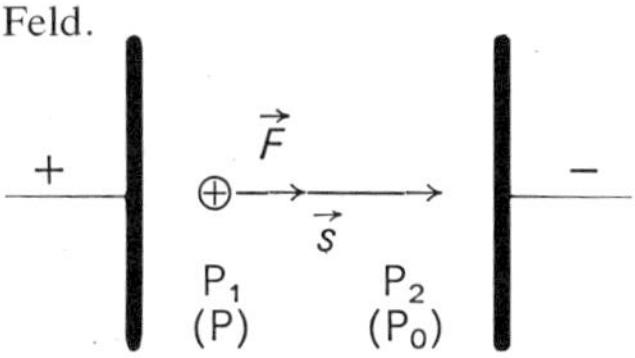

So existiert z. B. im Raum zwischen den geladenen Platten eines Kondensators ein elektrisches Feld (► Abb.). Es ist – abgesehen von den Randgebieten – homogen.

Um die Stärke des Feldes zu charakterisieren, definiert man als elektrische Feldstärke:

$$\vec{E} = \frac{\vec{F}}{Q}$$

$\vec{F}$ ist die Feldkraft, die auf eine positive Punktladung Q wirkt. $\vec{E}$ ist ein Vektor; er hat die gleiche Richtung wie $\vec{F}$.

Die SI-Einheit der elektrischen Feldstärke ist:

$$1\,\mathrm{N\,C^{-1}} = 1\,\mathrm{V\,m^{-1}}$$

1.4 Arbeit W_{12} der elektrischen Feldkraft $\vec{F}$

Bewegt eine konstante elektrische Feldkraft $\vec{F} = \vec{E}\,Q$ die positive Punktladung Q längs eines geraden Weges $\vec{s}$ vom Punkt P_1 zum Punkt P_2, so verrichtet die Feldkraft die Arbeit $\vec{F} \circ \vec{s}$ oder:

$$W_{12} = Q\,\vec{E} \circ \vec{s}$$

Spezialfall: Um die positive Punktladung Q von einer Platte eines Kondensators zur anderen Platte im Abstand d zu bringen, muss die Feldkraft die Arbeit verrichten:

$$W_{12} = Q\,E\,d$$

1.5 Elektrische Spannung U und elektrisches Potential φ

1.5.1 Elektrische Spannung U_{12}

Die elektrische Spannung U_{12} zwischen zwei Punkten P_1 und P_2 wird mit Hilfe der Arbeit W_{12} der Feldkraft definiert:

$$U_{12} = \frac{W_{12}}{Q}$$

Mit $W_{12} = Q\,\vec{E} \circ \vec{s}$ folgt:

$$U_{12} = \vec{E} \circ \vec{s}$$

Spezialfall: Bei einem Plattenkondensator gilt:

$$U_{12} = E\,d$$

Diese drei Gleichungen für U_{12} gelten im homogenen Feld. Im allgemeinen Fall ist:

$$U_{12} = \int_1^2 \vec{E} \circ \mathrm{d}\vec{s}$$

$\mathrm{d}\vec{s}$ ist das Linienelement der Wegkurve von P_1 nach P_2.

Die elektrische Spannung U_{21} von P_2 nach P_1 ist:

$$U_{21} = -U_{12}$$

Die SI-Einheit der elektrischen Spannung ist:

1 Volt = 1 V = 1 $\mathrm{J\,C^{-1}}$ = 1 $\mathrm{N\,m\,C^{-1}}$ (► T2.2).

1.5.2 Elektrisches Potential φ_P eines Feldpunktes P

In elektrischen Feldern, bei denen die Arbeit W_{12} der Feldkraft $\vec{F}$ vom Weg unabhängig ist, kann man jedem Feldpunkt P ein elektrisches Potential φ_P zuordnen. Man wählt zu diesem Zweck einen beliebigen Punkt P_0 des Feldes als Bezugspunkt mit dem Potential $\varphi_0 = 0$.

Ist $W_{P,0}$ die Arbeit, die von der Feldkraft $\vec{F}$ an einer positiven Punktladung Q auf dem Weg von P nach P_0 verrichtet wird, so definiert man als elektrisches Potential von P:

$$\varphi_P = \frac{W_{P,0}}{Q}$$

Die SI-Einheit des Potentials ist wie die der Spannung 1 Volt = 1 V.

1.5.3 Zusammenhang zwischen elektrischer Spannung U und elektrischem Potential φ

Wegen der vorausgesetzten Unabhängigkeit der Arbeit vom Weg gilt: $W_{10} + W_{02} = W_{12}$

Daraus folgt für die Potentialdifferenz $\varphi_1 - \varphi_2 = \dfrac{W_{12}}{Q}$ oder: $U_{12} = \varphi_1 - \varphi_2$

Also ist $U_{12} > 0$, wenn $\varphi_1 > \varphi_2$ ist.

1.6 Elektrische Ladungsdichte σ und elektrische Flussdichte $\vec{D}$

1.6.1 Elektrische Influenz

Bringt man einen elektrisch neutralen Körper in ein elektrisches Feld, so werden die Ladungen im Innern des Körpers verschoben. Man nennt diesen Vorgang *elektrische Influenz*.

a)

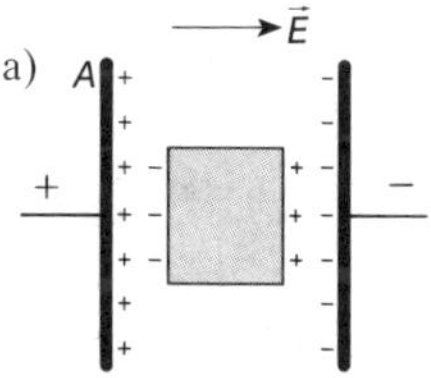

In einem *Leiter* bewegen sich Ladungen entsprechend ihrem Vorzeichen bis zur Oberfläche des Körpers (► Abb.).

b)

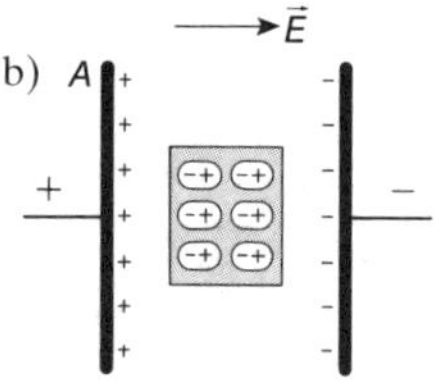

In einem *Nichtleiter* werden die Moleküle zu elektrischen Dipolen. Damit wird der Körper als Ganzes zu einem Dipol (► Abb.).

1.6.2 Elektrische Ladungsdichte σ

Befindet sich die elektrische Ladung Q auf der Oberfläche A eines Leiters, so definiert man als Ladungsdichte:

$$\sigma = \frac{Q}{A}$$

Die SI-Einheit der Ladungsdichte ist $1\ \mathrm{C\,m^{-2}}$.

1.6.3 Elektrische Flussdichte $\vec{D}$

Ein elektrisches Feld wird durch seine Feldstärke $\vec{E}$ charakterisiert. Man kann das Feld außerdem mit Hilfe der Ladungsdichte σ_i kennzeichnen, die durch Influenz auf einem geeigneten Probekörper hervorgerufen wird. Der Probekörper besteht aus zwei kleinen dünnen ungeladenen Metallscheiben. Diese werden an Isoliergriffen aneinander gelegt und in das Feld eingebracht (► Abb.). Bei maximaler Influenzwirkung hat die Flächennormale der Metallscheiben die gleiche Richtung wie die Feldstärke $\vec{E}$.

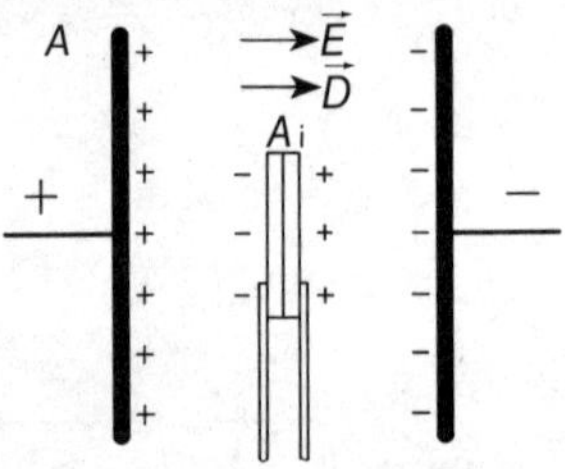

Die influenzierte Ladungsdichte σ_i ist dann:

$$\sigma_i = \frac{Q_i}{A_i}$$

Q_i ist die influenzierte Ladung,
A_i die Fläche der Metallscheibe.

Die Flussdichte $\vec{D}$ des elektrischen Feldes definiert man folgendermaßen: Der Betrag des Vektors ist $D = \sigma_i$:

$$D = \frac{Q_i}{A_i}$$

Die Richtung des Vektors $\vec{D}$ ist gleich der Richtung des Vektors $\vec{E}$.

Wenn man die Richtung von $\vec{E}$ nicht kennt, so kann man die Richtung von $\vec{D}$ experimentell bestimmen:
Man bringt die Metallscheiben an der Messstelle nacheinander in drei verschiedene Stellungen, so dass die Richtungen ihrer Flächennormale ein rechtwinkliges Koordinatensystem bilden. Die drei influenzierten Flächenladungsdichten ergeben die drei Koordinaten des Vektors $\vec{D}$.

Die SI-Einheit der elektrischen Flussdichte ist $1\ \mathrm{C\,m^{-2}}$.

1.7 Grundgleichung des elektrischen Feldes

Die elektrische Feldstärke $\vec{E}$ und die elektrische Flussdichte $\vec{D}$ charakterisieren dasselbe Feld. Es ist daher verständlich, dass die einfache Beziehung gilt:

$$\vec{D} = \varepsilon_0\, \vec{E}$$

Man nennt sie *Grundgleichung des elektrischen Feldes.*
ε_0 ist die elektrische Feldkonstante; $\varepsilon_0 = 8{,}854\,187\,817 \cdot 10^{-12}\,\mathrm{F\,m^{-1}}$ (► T 2.2; T 4).

Die angegebene Form der Grundgleichung gilt im Vakuum (und annähernd in Luft). Im materieerfüllten Raum sind im Allgemeinen die Verhältnisse komplizierter (► E 2).

1.8 Radialsymmetrisches Feld einer Punktladung

Das elektrische Feld einer Punktladung Q ist radialsymmetrisch. Im Abstand $\vec{r}$ hat die Flussdichte $\vec{D}$ dieses Feldes den Betrag:

$$D = \frac{Q}{4\,\pi\,r^2}$$

Die Feldstärke $\vec{E}$ hat den Betrag:

$$E = \frac{1}{4\,\pi\,\varepsilon_0}\,\frac{Q}{r^2}$$

1.9 Kraft zwischen zwei Punktladungen; Coulomb-Gesetz

Die Feldstärke um Q_1 hat den Betrag $E = \dfrac{1}{4\,\pi\,\varepsilon_0} \cdot \dfrac{|Q_1|}{r^2}$.

Die Feldkraft auf die Ladung Q_2 hat den Betrag $F = E\,|Q_2|$ oder:

$$F = \frac{1}{4\,\pi\,\varepsilon_0} \cdot \frac{|Q_1\,Q_2|}{r^2}$$

E 2 Materie im elektrischen Feld

2.1 Grundgleichung des elektrischen Feldes mit Materie

Bringt man in den Zwischenraum eines Plattenkondensators einen den Zwischenraum vollständig ausfüllenden Isolator (Dielektrikum), so gilt folgendes:

1. Fall: Wenn der Kondensator ohne Dielektrikum auf die Spannung U_0 aufgeladen und *von der Stromquelle getrennt* ist $\left(\text{Feldstärke } E_0 = \dfrac{U_0}{d}\right)$, so bleibt die Flussdichte $\vec{D} = \varepsilon_0\,\vec{E}_0$ beim Einbringen des Dielektrikums erhalten, d. h. $\vec{D} = \varepsilon\,\vec{E}_\mathrm{m}$; dagegen sinkt die Spannung von U_0 auf U_m und die Feldstärke von E_0 auf E_m; also gilt:
$$\vec{E}_\mathrm{m} = \frac{\vec{D}}{\varepsilon} = \frac{\varepsilon_0\,\vec{E}_0}{\varepsilon} = \frac{\vec{E}_0}{\varepsilon_\mathrm{r}} \quad \text{mit} \quad \varepsilon_\mathrm{r} = \frac{\varepsilon}{\varepsilon_0} \quad \text{oder:} \quad \vec{D} = \varepsilon_\mathrm{r}\,\varepsilon_0\,\vec{E}_\mathrm{m}\,.$$

2. Fall: Wenn der Kondensator ohne Dielektrikum auf die Spannung U_0 aufgeladen ist und *mit der Stromquelle verbunden* bleibt, so bleibt beim Einbringen des Dielektrikums die Spannung U_0 und damit auch die Feldstärke E_0 erhalten. Die Flussdichte steigt von $\vec{D}_0$ auf $\vec{D}_m$:

$\vec{D}_0 = \varepsilon_0 \vec{E}_0$; $\vec{D}_m = \varepsilon_r \varepsilon_0 \vec{E}_0$.

In beiden Fällen ist der Zusammenhang zwischen der Flussdichte des mit Materie ausgefüllten Kondensators und der dabei im Dielektrikum herrschenden Feldstärke:

$$\boxed{\vec{D} = \varepsilon_r \varepsilon_0 \vec{E} = \varepsilon \vec{E}}$$

ε_0 ist die elektrische Feldkonstante,
ε die Permittivität und $\varepsilon_r = \varepsilon / \varepsilon_0$ die Permittivitätszahl (► T 25).

Stoffe, bei denen ε und damit auch ε_r konstant sind, heißen lineare Dielektrika. Ihre Permittivität wird Dielektrizitätskonstante, ihre Permittivitätszahl wird Dielektrizitätszahl genannt.

2.2 Elektrische Polarisation $\vec{P}$

Die elektrische Flussdichte $\vec{D}$ im stofferfüllten Raum kann man in zwei Anteile aufspalten: In die elektrische Flussdichte $\vec{D}_0$, die sich ohne Materie bei gleicher Feldstärke ergäbe, und die elektrische Polarisation $\vec{P}$:

$$\boxed{\vec{D} = \vec{D}_0 + \vec{P}}$$

Die Polarisation des Dielektrikums kommt zustande durch die Ausrichtung von Molekülen, die bereits elektrische Dipole sind, oder durch Ladungsverschiebung innerhalb der Moleküle, die so zu Dipolen werden, und deren Ausrichtung im elektrischen Feld. Während sich im Inneren des Dielektrikums positive und negative Ladungen gegenseitig kompensieren, werden an den vom Feld durchsetzten Begrenzungsflächen Ladungen influenziert, deren Flächenladungsdichte gleich der Polarisation P ist.

Aus $\vec{P} = \varepsilon_0 \varepsilon_r \vec{E} - \varepsilon_0 \vec{E} = \varepsilon_0 (\varepsilon_r - 1) \vec{E} = \varepsilon_0 \chi_e \vec{E}$
ergibt sich: $\varepsilon_r \vec{E} - \chi_e \vec{E} = \vec{E}$;

$$\boxed{\chi_e = \varepsilon_r - 1}$$

χ_e heißt elektrische Suszeptibilität.

2.3 Elektrisches Moment $\vec{M}_{el}$ eines Dipols

Das elektrische Moment eines Dipols, dessen Ladungen $+Q$ und $-Q$ den Abstand l haben, ist ein Vektor des Betrages:

$$\boxed{M_{el} = Q\,l}$$

Seine Richtung ist die von der negativen zur positiven Ladung.

Beachtet man, dass P die Flächendichte der an den Begrenzungsflächen des Dielektrikums influenzierten Ladung ist, so ergibt sich, wegen $Q = P A$, $Q l = P A l = P V$.

$$\boxed{P = \frac{M_{el}}{V}}$$

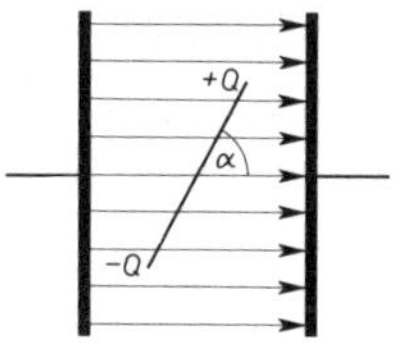

In einem homogenen Feld $\vec{E}$ wird auf einen elektrischen Dipol ein Drehmoment $\vec{M}$ ausgeübt:

$$M = M_{el}\, E \sin\alpha$$

Allgemein vektoriell:

$$\vec{M} = \vec{M}_{el} \times \vec{E}$$

2.4 Ferroelektrische Stoffe

Es gibt Stoffe, bei denen der Betrag D der elektrischen Flussdichte nicht linear vom Betrag E der elektrischen Feldstärke abhängt. Die wichtigsten dieser nichtlinearen Dielektrika sind die ferroelektrischen Stoffe (Ferroelektrika).

2.4.1 Spontane elektrische Polarisation P_s

Ferroelektrische Körper bestehen aus molekularen Dipolen. Spontan, d. h. ohne äußeres elektrisches Feld bilden sich Kristallbereiche (Domänen), in denen die molekularen elektrischen Dipole parallel gerichtet sind. Die Richtungen der Dipolmomente in den verschiedenen Domänen sind statistisch verteilt, so dass der Körper trotz seiner spontanen Polarisation P_s nach außen neutral erscheint.

Einen durch ein elektrisches Feld polarisierten ferroelektrischen Körper kann man durch Erwärmen über die Curietemperatur vollständig entpolarisieren. Bei der Abkühlung unter die Curietemperatur gewinnt der Körper zwar durch Domänenbildung wieder die spontane Polarisation; die Richtungen der Dipolmomente der Domänen sind aber regellos verteilt, wenn dabei kein elektrisches Feld anliegt.

2.4.2 CURIE-Temperatur

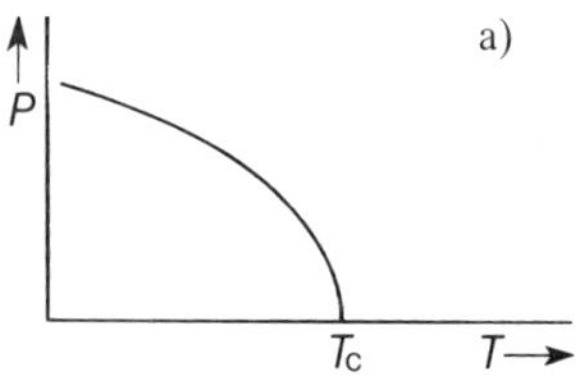

a)

Die spontane elektrische Polarisation P_s (► Abb. a) eines ferroelektrischen Körpers gibt es nur unterhalb einer für die einzelnen Ferroelektrika charakteristischen Temperatur T_C, genannt CURIE-Temperatur (► T 23).

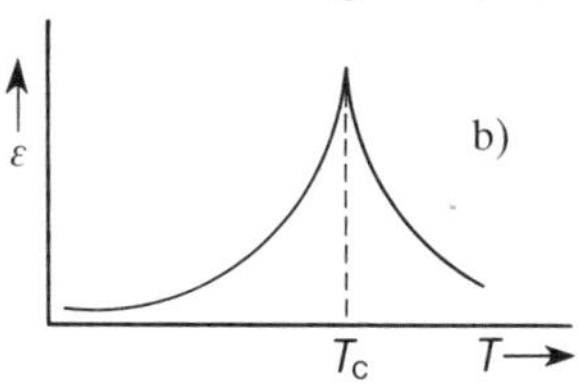

b)

In der Nähe der CURIE-Temperatur hat die Permittivität ein Maximum (► Abb. b). Oberhalb der CURIE-Temperatur verhalten sich die Ferroelektrika wie lineare Dielektrika mit polaren Molekülen.

2.4.3 Zusammenhang zwischen elektrischer Feldstärke $\vec{E}$ und Polarisation $\vec{P}$

Wird der zunächst nach außen neutrale Körper ($P = 0$ bei $E = 0$) einem elektrischen Feld ausgesetzt, so wächst seine Polarisation P mit dem Feld E auf der „Neukurve". Bei entsprechend großem E nimmt P nur noch schwach zu. Wird anschließend E wieder verkleinert, so geht P nicht auf der Neukurve, sondern oberhalb derselben zurück, so dass bei $E = 0$ eine Polarisation P_r übrigbleibt, die man *Remanenz* nennt. Erst durch ein Gegenfeld der Stärke $-E_c$, *Koerzitivfeldstärke* genannt, wird $P = 0$. Vergrößert man das Gegenfeld, so erhält P negative Werte, die sich schließlich nur noch wenig ändern. Geht man mit dem Gegenfeld wieder zurück bis $E = 0$, so ändert sich P bis zu $-P_r$. Lässt man E wieder in der positiven Richtung wachsen, so schließt sich die zum Koordinatenursprung symmetrische Kurve, *Hystereseschleife* genannt.

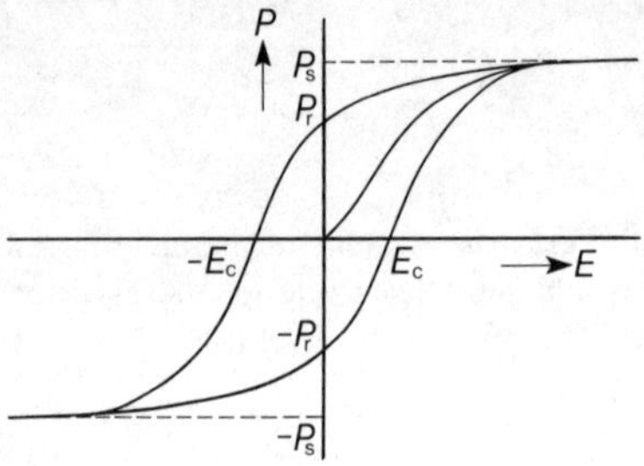

2.5 Antiferroelektrische Stoffe

Bei antiferroelektrischen Körpern bilden sich unterhalb ihrer CURIE-Temperatur T_c (► T 23) spontan Domänen, in denen jeweils das elektrische Dipolmoment eines Moleküls antiparallel zu den gleich großen Dipolmomenten seiner Nachbarmoleküle steht. Daher ist das resultierende Dipolmoment jeder Domäne Null. Antiferroelektrika haben demnach die spontane Polarisation $P_s = 0$. In der Nähe ihrer CURIE-Temperatur T_c hat aber die Permittivität ε ein deutliches Maximum.

2.6 Elektrostriktion und Piezoelektrizität

Alle dielektrischen Körper erfahren in einem elektrischen Feld mechanische Deformationen. Die Volumenänderung ist dabei im allgemeinen klein. Man nennt diese Erscheinung *Elektrostriktion*.

Bei sämtlichen ferroelektrischen und einigen anderen Festkörpern (z. B. Quarz) tritt auch der umgekehrte Effekt auf. Eine mechanische Längenänderung des Körpers durch Zug oder Druck ruft eine elektrische Polarisation hervor, die sich in einer Oberflächenladung zeigt, ohne dass ein äußeres Feld angelegt wird. Man bezeichnet diese Erscheinung als *Piezoelektrizität*.

E 3 Kondensatoren

3.1 Kapazität eines Kondensators

Das Verhältnis der Ladung des Kondensators zur angelegten Spannung ist meist konstant.

$$\frac{Q}{U} = C$$

C heißt Kapazität des Kondensators.

Die SI-Einheit der Kapazität ist das Farad; $1\ \mathrm{F} = 1\ \mathrm{C\,V^{-1}}$ (► T 2.2).

3.1.1 Plattenkondensator

$D = \varepsilon_r \varepsilon_0 E$; $\quad D = \frac{Q}{A}$ und $\frac{U}{d}$

A ist die Fläche einer Platte des Kondensators,
d ist der Plattenabstand.

$$C = \frac{\varepsilon_r \varepsilon_0 A}{d}$$

3.1.2 Kugelkondensator

R_i ist der Radius der inneren Kugel,
R_a ist der Radius der äußeren Kugel.

$$C = 4\pi\, \varepsilon_r \varepsilon_0 \frac{R_a R_i}{R_a - R_i}$$

3.1.3 Kugelkonduktor in Luft

R ist der Radius der Kugel.

$$C = 4\pi\, \varepsilon_0 R$$

3.1.4 Koaxiale Zylinder

R_i ist der Radius des inneren Zylinders,
R_a der Radius des äußeren Zylinders und
l die Länge der Zylinder.

$$C = \frac{2\pi\, \varepsilon_r \varepsilon_0 l}{\ln \frac{R_a}{R_i}}$$

3.1.5 Doppeldrahtleitung

$r_1 = r_2 = r \ll d$

r_1 und r_2 sind die Radien der Drähte,
d ihr Achsenabstand,
l ihre Länge.

$$C = \frac{\pi\, \varepsilon_r \varepsilon_0 l}{\ln \frac{d}{r}}$$

3.2 Energieinhalt eines Kondensators

Arbeit beim Transport der Ladung ΔQ von der einen Platte eines Plattenkondensators zur anderen: $\Delta W = U \Delta Q$.

Die *Gesamtarbeit* für den *Transport der Ladung* Q ist

$$W = \int_0^Q U \, \mathrm{d}Q.$$

Mit $U = \frac{Q}{C}$ ist $W = \frac{1}{C} \int_0^Q Q \, \mathrm{d}Q = \frac{1}{C} \frac{1}{2} Q^2$.

$$W = \frac{1}{2} \frac{Q^2}{C}$$

oder:

$$W = \frac{1}{2} Q U$$

oder:

$$W = \frac{1}{2} C U^2$$

Die Energiedichte in einem Plattenkondensator ist:

$$\frac{W}{V} = \frac{1}{2} \frac{\varepsilon_r \varepsilon_0 A E^2 d^2}{\mathrm{d} V} \quad \text{oder} \quad \frac{W}{V} = \frac{1}{2} \varepsilon_r \varepsilon_0 E^2$$

$$\frac{W}{V} = \frac{1}{2} E D$$

Für inhomogene Felder gilt angenähert:

$$\frac{\Delta W}{\Delta V} = \frac{1}{2} \vec{E} \circ \vec{D}$$

3.3 Kraft zwischen den Platten eines Plattenkondensators

Die Arbeit bei der Annäherung der Platten um Δs ist $\Delta W = F \Delta s$.

Die Abnahme des Energieinhalts ist $\Delta W = \frac{1}{2} E D A \Delta s$.

Die Kraft F ist also:

$$F = \frac{1}{2} E D A$$

3.4 Schaltung von Kondensatoren

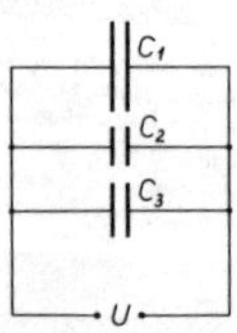

Parallelschaltung
Gesamtkapazität C:

$$C = C_1 + C_2 + \ldots C_n$$

Reihenschaltung
Gesamtkapazität C aus:

$$\frac{1}{C} = \frac{1}{C_1} + \frac{1}{C_2} + \ldots \frac{1}{C_n}$$

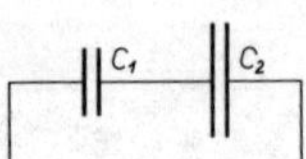

Bei n gleichen Kondensatoren (C_0) Parallelschaltung:

$$C = n C_0$$

Reihenschaltung:

$$C = \frac{C_0}{n}$$

E 4 Gleichstrom

4.1 Elektrischer Widerstand R und elektrischer Leitwert G

Der elektrische Widerstand R eines Leiters wird definiert als Quotient aus der angelegten Spannung U und der Stromstärke I:

$$R = \frac{U}{I}$$

Die SI-Einheit des elektrischen Widerstandes ist
1 Ohm = 1 Ω = 1 V A^{-1} (► T 2.2).

Den reziproken Wert des elektrischen Widerstandes nennt man elektrischen Leitwert G:

$$G = \frac{1}{R} = \frac{I}{U}$$

Die SI-Einheit des elektrischen Leitwerts ist:
1 Siemens = 1 S = 1 Ω^{-1} = 1 A V^{-1} (► T 2.2).

4.2 Gesetz von Ohm

Es gibt Leiter, deren elektrischer Widerstand R bei Änderung der angelegten elektrischen Spannung U konstant bleibt:

$$R = \text{const.}$$

Mit der elektrischen Spannung U ändert sich also die elektrische Stromstärke I, so dass der Quotient U/I gleich bleibt. Dieses Gesetz von Ohm gilt z. B. für metallische Leiter, wenn ihre Temperatur konstant bleibt (► E 11.1).

4.3 Spezifischer elektrischer Widerstand ϱ und elektrische Leitfähigkeit γ

Der elektrische Widerstand R eines Leiters vom Querschnitt A und der Länge l ist:

$$R = \varrho \frac{l}{A}$$

ϱ heißt spezifischer elektrischer Widerstand des Leiters. (► T 5.3.1.2, T 24 und T 25).

Die SI-Einheit von ϱ ist 1 Ω m.

Den reziproken Wert von ϱ nennt man elektrische Leitfähigkeit γ:

$$\gamma = \frac{1}{\varrho}$$

4.4 Temperaturabhängigkeit des elektrischen Widerstandes

Die relative Änderung des spezifischen Widerstandes $\frac{\Delta\varrho}{\varrho}$ ist zur Temperaturänderung ΔT proportional:

$$\frac{\Delta\varrho}{\varrho} = \alpha\,\Delta T$$

α ist der Temperaturkoeffizient des spezifischen elektrischen Widerstandes (► T 5.3.1.2 und T 24).

Daraus:

$$\varrho_2 = \varrho_1\,(1 + \alpha\,\Delta T)$$

und:

$$R_2 = R_1\,(1 + \alpha\,\Delta T)$$

4.5 Schaltung von Widerständen

4.5.1 Reihenschaltung

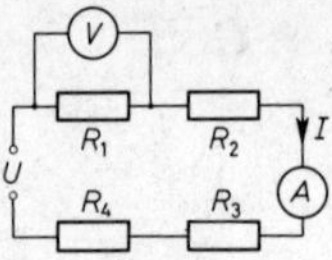

Der Strom durch jedes Leiterstück ist I.

Teilspannungen: $U_1 = IR_1,\ U_2 = IR_2,\ \ldots\ U_n = IR_n$:	$U_1 : U_2 : \ldots U_n = R_1 : R_2 : \ldots R_n$
Gesamtspannung U:	$U = U_1 + U_2 + \ldots U_n$
Gesamtwiderstand R:	$R = R_1 + R_2 \ldots R_n$

4.5.2 Parallelschaltung

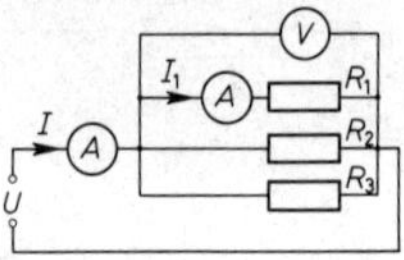

Die Spannung an jedem Zweig ist U.

Teilströme: $I_1 = \frac{U}{R_1},\quad I_2 = \frac{U}{R_2}, \ldots\quad I_n = \frac{U}{R_n}$; daraus:	$\frac{I_m}{I_k} = \frac{R_k}{R_m}$
Gesamtstrom I:	$I = I_1 + I_2 + \ldots I_n$
Gesamtwiderstand (Ersatzwiderstand) R aus:	$\frac{1}{R} = \frac{1}{R_1} + \frac{1}{R_2} + \ldots \frac{1}{R_n}$
Gesamtleitwert G:	$G = G_1 + G_2 + \ldots G_n$

4.5.3 Spannungsteilerschaltung

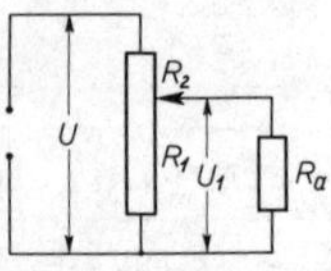

$$I = \frac{U}{R_1 + R_2} + \frac{U_1}{R_2};\quad \text{wenn } R_a \gg R_1 .$$

Wenn also R_a praktisch stromlos ist, gilt:

$$U_1 = \frac{R_1}{R_1 + R_2}\,U$$

4.6 Schaltung von Strom- und Spannungsmessern

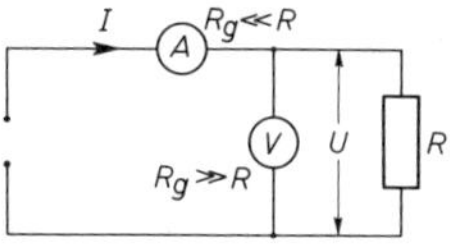

Die Abb. zeigt die Schaltung von Strommesser (Amperemeter) und Spannungsmesser (Voltmeter). R_g ist jeweils der Gerätewiderstand.

Erweiterung des Messbereichs:

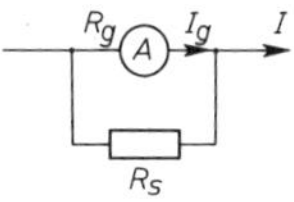

Strommesser:

Aus: $I = I_g + I_s$ und $I_s R_s = I_g R_g$

R_s ist der Nebenwiderstand (Shunt) und

I_g die Stromstärke im Messgerät.

$$I = \frac{R_s + R_g}{R_s} I_g$$

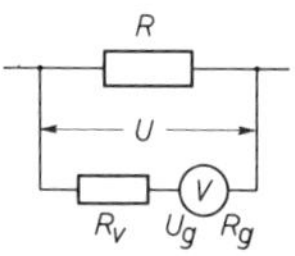

Spannungsmesser:

Aus: $I = I_g = I_v$; $U = I(R_g + R_v)$; $U_g = I R_g$

R_v ist der Vorwiderstand und

U_g die Spannung am Messgerät.

$$U = \frac{R_v + R_g}{R_g} U_g$$

4.7 Schaltung von Stromquellen

Die Spannung U_0 zwischen den Polen einer unbelasteten Stromquelle heißt elektromotorische Kraft (EMK).

R_i ist der innere Widerstand der Stromquelle,
U_{Kl} die Klemmenspannung.

$$U_{Kl} = U_0 - I R_i$$

4.7.1 Reihenschaltung

Bei *Reihenschaltung* von n gleichartigen Stromquellen der Spannung (EMK) U_0 gilt:

$$U = n U_0$$

$I = \dfrac{n U_0}{R_a + n R_i}$; R_a ist der äußere Widerstand. Daraus:

$$I = \frac{U_0}{\frac{R_a}{n} + R_i}$$

4.7.2 Parallelschaltung

Bei *Parallelschaltung* von n gleichartigen Stromquellen der Spannung (EMK) U_0 gilt:

$$U = U_0$$

$$I = \frac{U_0}{R_a + \frac{R_i}{n}}$$

4.8 Zeitlich veränderliche Vorgänge

4.8.1 Stromstoß bei der Entladung eines Kondensators

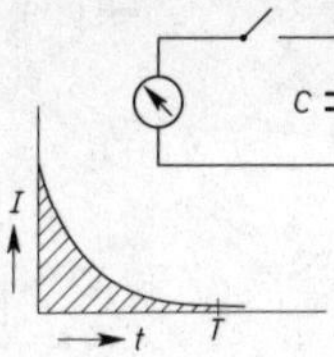

Q ist die gesamte Ladung des Kondensators, wenn in der Zeit T die Entladung praktisch abgeklungen ist.

$$\int_0^T I \, \mathrm{d}t = Q$$

4.8.2 Aufladung eines Kondensators

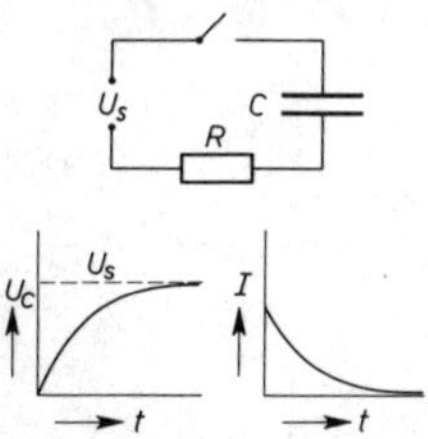

Aus $\quad U_\mathrm{s} = U_C + U_R$

folgt: $\quad U_\mathrm{s} = \dfrac{Q}{C} + IR$

oder, da $\dfrac{\mathrm{d}Q}{\mathrm{d}t} = I$,

nach Differentiation:

$I + R\dfrac{\mathrm{d}I}{\mathrm{d}t} = 0;$

oder durch Trennung der Variablen: $\dfrac{\mathrm{d}I}{I} = -\dfrac{1}{RC}\,\mathrm{d}t.$

$$I = \frac{U_\mathrm{s}}{R}\,\mathrm{e}^{-\frac{t}{RC}}$$

$$U_C = U_\mathrm{s}\left(1 - \mathrm{e}^{-\frac{t}{RC}}\right)$$

4.8.3 Entladung eines Kondensators

Die Beziehung: $0 = U_C + U_R$ führt zur gleichen Differentialgleichung wie bei E 4.8.2.

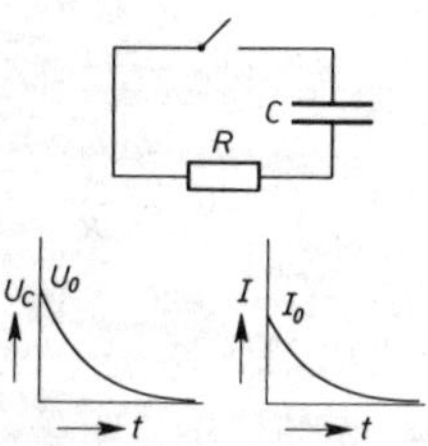

Das Produkt $RC = \tau$ bezeichnet man als *Zeitkonstante* des Entladungskreises. τ bestimmt die Zeit, während der die Ladung und die Spannung des Kondensators auf den e-ten Teil absinken.

$$I = I_0\,\mathrm{e}^{-\frac{t}{RC}}$$

$$U_C = U_0\,\mathrm{e}^{-\frac{t}{RC}}$$

$$\text{mit: } I_0 = \frac{U_0}{R}$$

4.9 Kirchhoff-Regeln

4.9.1 Knotenpunktregel

Für jeden Verzweigungspunkt ist die Summe der zufließenden Ströme gleich der Summe der wegfließenden Ströme.

4.9.2 Maschenregel

Für jeden geschlossenen Stromkreis (Masche) eines Netzes ist die Summe der Teilspannungen an den Widerständen gleich der Summe der elektromotorischen Kräfte der eingeschalteten Stromquellen.

Es muss ein Umlaufsinn, in dem die Masche durchlaufen wird, festgelegt werden. Ströme, die mit diesem gleichsinnig fließen und Spannungen, die gleichsinnige Ströme hervorrufen, sind positiv zu nehmen.

4.10 Stromarbeit und Stromleistung

4.10.1 Stromarbeit *W*

In einem Gleichstrom der Stärke I fließt während der Zeit t die Ladung $Q = It$. Dann ist die Stromarbeit $W = UQ$ oder:

$$W = UIt$$

Die Stromarbeit erhöht die innere Energie und damit die Temperatur des Leitungswiderstandes.

Die SI-Einheit der Stromarbeit ist 1 Joule (J).

Es gilt: 1 J = 1 VAs = 1 Nm (► T2.2).

4.10.2 Stromleistung *P*

Aus $W = Pt$ folgt mit E 4.10.1

$$P = UI$$

Umformungen mit Hilfe des OHM-Gesetzes (► E4.2):

$$P = I^2 R = \frac{U^2}{R}$$

Die SI-Einheit der Leistung ist 1 Watt (W) (► T2.2).

E5 Magnetisches Feld

Der Raum in der Nähe von Magneten oder stromdurchflossenen Leitern, in dem auf andere Magnete Kräfte ausgeübt werden, heißt magnetisches Feld.

5.1 Magnetische Feldstärke $\vec{H}$

Die *magnetische Feldstärke* $\vec{H}$ ist ein Vektor, dessen Betrag und Richtung im Allgemeinen ortsabhängig sind. Im Innern einer lang gestreckten Strom durchflossenen Spule ist die magnetische Feldstärke unabhängig vom Ort; das Feld ist homogen.

In einem solchen Magnetfeld ist der Betrag H das Produkt aus Stromstärke und Windungsdichte:

$$H = I \frac{N}{l}$$

N ist die Windungszahl,
l ist die Länge der Spule und $\frac{N}{l}$ die Windungsdichte.

Die Richtung von $\vec{H}$ fällt mit der Richtung der auf einen magnetischen Nordpol ausgeübten Kraft zusammen.

Die SI-Einheit der magnetischen Feldstärke ist: $1\ \mathrm{A\,m^{-1}}$.

5.2 Berechnung der magnetischen Feldstärke $\vec{H}$ mit dem Durchflutungsgesetz

Das Durchflutungsgesetz gibt den Zusammenhang der magnetischen Feldstärke $\vec{H}$ mit dem elektrischen Strom I als Ursache des Magnetfeldes an.

Als elektrische Durchflutung einer Fläche bezeichnet man die Summe der Stromstärken aller durch die Fläche tretenden Ströme (Vorzeichen beachten!). Ist die magnetische Feldstärke längs des Randes s der Fläche konstant, so gilt:

$$H s = \sum I$$

Ist $\vec{H}$ längs des Randes ortsabhängig, so ist allgemein:

$$\oint \vec{H} \circ \mathrm{d}\vec{s} = \sum I$$

5.2.1 Feld einer Ringspule

Bei *kleinem* Windungsdurchmesser $2r$ im Vergleich zum *mittleren* Durchmesser $2R$ des Ringes ist das Feld der Spule:

$$H = \frac{I N}{2 \pi R}$$

5.2.2 Feld eines geraden Leiters

r ist der Abstand vom Leiter in einer zum Leiter senkrechten Ebene und a der Radius des Leiters.
Außerhalb des Leiters, also für $r \geqq a$, ist $2 \pi r H = I$:

$$H = \frac{I}{2 r \pi}$$

Im Leiter, also für $r \leqq a$, ist der durch einen zum Draht koaxialen Kreis fließende Strom $\frac{I}{a^2 \pi} r^2 \pi = I \frac{r^2}{a^2}$; daraus folgt $2 r \pi H = I \frac{r^2}{a^2}$:

$$H = \frac{I r}{2 a^2 \pi}$$

5.2.3 Feldstärke in der Mitte einer kurzen Zylinderspule

r ist der Windungsradius,
l die Länge,
N die Windungszahl der Spule.

$$H = \frac{I\,N}{l}\,\frac{l}{\sqrt{4\,r^2 + l^2}}$$

5.2.4 Feldstärke im Mittelpunkt eines einzelnen Kreisringes

($l = 0$)

$$H = \frac{I}{2\,r}$$

5.3 Magnetische Flussdichte $\vec{B}$; Grundgleichung des Magnetfeldes

Wie beim elektrischen Feld (► E 1.7) verwendet man auch beim Magnetfeld zwei Größen zur Charakterisierung des Feldes. Neben der magnetischen Feldstärke $\vec{H}$ (► E 5.1) ist dies die magnetische Flussdichte $\vec{B}$.

Es gibt Fälle, in denen es günstiger ist $\vec{H}$ zu verwenden, und Fälle, in denen es besser ist $\vec{B}$ zu nehmen.

Die beiden Größen unterscheiden sich im Vakuum (und auch annähernd in Luft) nur durch einen international vereinbarten Faktor μ_0.

Es gilt die Grundgleichung des Magnetfeldes:

$$\vec{B} = \mu_0\,\vec{H}$$

Die Vektoren $\vec{B}$ und $\vec{H}$ haben die selbe Richtung.

μ_0 heißt magnetische Feldkonstante; es ist:

$\mu_0 = 4\,\pi \cdot 10^{-7}\ \mathrm{V\,s\,A^{-1}\,m^{-1}}$ (► T 4)

Die SI-Einheit der magnetischen Flussdichte ist:

$1\ \mathrm{V\,s\,A^{-1}\,m^{-1}} \cdot 1\ \mathrm{A\,m^{-1}} = 1\ \mathrm{V\,s\,m^{-2}} = 1$ Tesla $= 1$ T (► T 2.2).

5.4 Magnetischer Fluss Φ

Der Flächenvektor $\vec{A}$ hat den Betrag A und die Richtung der Flächennormalen. Durchsetzt ein Magnetfeld der Flussdichte $\vec{B}$ die Fläche $\vec{A}$, so definiert man als magnetischen Fluss Φ:

$$\Phi = \vec{B} \circ \vec{A}$$

Die SI-Einheit des magnetischen Flusses Φ ist 1 Weber (Wb).

Es ist: $1\ \mathrm{Wb} = 1\ \mathrm{T\,m^2} = 1\ \mathrm{V\,s}$ (► T 2.2).

5.5 Induktionsgesetz

5.5.1 Integrale Form des Induktionsgesetzes

Ändert sich in einer Spule (Induktionsspule) der Windungszahl N_i im Zeitabschnitt $\Delta t = t_2 - t_1$ der magnetische Fluss Φ um $\Delta\Phi$, so wird ein Spannungsstoß induziert:

$$\int_1^2 U\,\mathrm{d}t = -\,N_i\,\Delta\Phi$$

5.5.2 Differentielle Form des Induktionsgesetzes

Durch die zeitliche Änderung des magnetischen Flusses $\dot{\Phi} = \frac{d\Phi}{dt}$ wird in der Induktionsspule (Windungszahl N_i) die Spannung U_i induziert:

$$U_i = -N_i \dot{\Phi}$$

5.5.3 Regel von Lenz

In einem geschlossenen Stromkreis erzeugt die induzierte Spannung einen Strom, dessen Magnetfeld der Feldänderung entgegenwirkt.

5.6 Kraft auf eine in einem Magnetfeld bewegte Ladung (Lorentz-Kraft)

Auf eine senkrecht zu den Kraftlinien eines homogenen Magnetfeldes der magnetischen Flussdichte $\vec{B}$ mit der Geschwindigkeit $\vec{v}$ bewegte Ladung Q wird eine Kraft $\vec{F}$ ausgeübt:

$$F = B\,Q\,v$$

Die Richtung von $\vec{F}$ steht senkrecht auf der von $\vec{v}$ und $\vec{B}$, so dass $\vec{v}$, $\vec{B}$ und $\vec{F}$ ein Rechtssystem bilden (► V 2.5).

Für ein entsprechend angeordnetes stromdurchflossenes Leiterstück gilt:

$$F = B\,I\,l$$

l ist die Länge des Leiterstücks und I die Stromstärke.

Allgemein gilt in vektorieller Schreibweise:

$$\vec{F} = Q\,\vec{v} \times \vec{B}$$

5.7 Magnetisches Moment

5.7.1 Polstärke *p* eines Magneten

Die *Polstärke p eines Magneten* ist gleich dem magnetischen Fluss Φ desselben.

$$p = \Phi$$

5.7.2 Magnetisches Moment M_{mgn} eines Magneten

Das *magnetische Moment* M_{mgn} *eines Magneten*, dessen Pole den Abstand l haben, ist ein Vektor des Betrages:

$$M_{mgn} = \Phi\,l$$

Seine Richtung ist die vom Südpol zum Nordpol.

Da $\Phi = B\,A$ und das Volumen des Magneten $V = A\,l$ ist, gilt:

$$M_{mgn} = B\,V$$

5.7.3 Magnetisches Moment einer stromdurchflossenen Spule

Das *magnetische Moment einer stromdurchflossenen Spule* ist wegen $\Phi = \mu_0 H A = \mu_0 I \frac{N}{l} A$:

$$M_{\text{mgn}} = \mu_0 N I A$$

5.7.4 Drehmoment

In einem homogenen Feld H wird auf einen Magneten ein Drehmoment ausgeübt:

$$M = M_{\text{mgn}} H \sin \alpha$$

Allgemein vektoriell:

$$\vec{M} = \vec{M}_{\text{mgn}} \times \vec{H}$$

5.7.5 Periodendauer

Die Periodendauer eines im Magnetfeld $\vec{H}$ schwingenden Magneten ist für kleine Drehwinkel α und bei verschwindend kleiner Winkelrichtgröße der Aufhängung:

$$T = 2\pi \sqrt{\frac{J}{M_{\text{mgn}} H}}$$

J ist das Trägheitsmoment.

E 6 Materie im magnetischen Feld

6.1 Permeabilitätszahl μ_r

Füllt man das Innere einer Ringspule vollständig mit einem Stoff aus, so ist die magnetische Flussdichte:

$$\vec{B} = \mu_r \mu_0 \vec{H} = \mu \vec{H}$$

μ_0 ist die magnetische Feldkonstante (► E 5.3),
μ die Permeabilität und
$\mu_r = \mu / \mu_0$ die Permeabilitätszahl.

Es ist für Stoffe in

diamagnetischer Phase:	$\mu_r < 1$
paramagnetischer Phase:	$\mu_r > 1$
ferromagnetischer Phase:	$\mu_r \gg 1$

In den beiden ersten Fällen ist μ_r unabhängig von H, im 3. Fall besteht jedoch eine starke Feldabhängigkeit: $\mu_r = \mathrm{f}(H)$.

6.2 Magnetische Polarisation $\vec{J}$

Die magnetische Flussdichte im stofferfüllten Raum kann man in zwei Anteile aufspalten. $\vec{B}_0$ ist die magnetische Flussdichte, die sich bei gleicher Feldstärke ohne Materie ergäbe.
$\vec{J}$ ist die magnetische Polarisation, $J = M_{\text{magn}}\, V^{-1}$.

$$\vec{B} = \vec{B}_0 + \vec{J}$$

Aus $\vec{B} = \mu_0\, \vec{H} + \mu_0\, (\mu_r - 1)\, \vec{H}$ folgt:

$$\vec{B} = \mu_0\, (\vec{H} + \chi_m \vec{H})$$

mit der magnetischen Suszeptibilität: $\chi_m = \mu_r - 1$.

6.3 Ferromagnetische Stoffe

Eisen, Nickel und Kobalt sowie bestimmte Legierungen können als kristalline Festkörper in ferromagnetischer Phase existieren. Der Zusammenhang zwischen der magnetischen Feldstärke $\vec{H}$ und der magnetischen Flussdichte $\vec{B}$ ist dann nicht mehr linear.

6.3.1 Spontane Magnetisierung

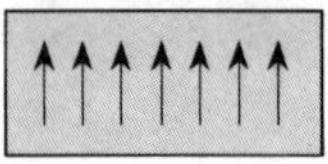

In der ferromagnetischen Phase bilden sich Kristallbereiche (Domänen oder WEISS-Bezirke) von 100 bis 10 000 Atomdurchmessern, in denen sich die magnetischen Momente der Elektronen spontan parallel stellen (Spontane Magnetisierung; ► Abb.).

Jeder WEISS-Bezirk kann als ein Elementarmagnet angesehen werden, dessen magnetisches Moment gleich der Summe der gleichgerichteten Momente der Elektronen ist. Die Magnetisierungsrichtungen der verschiedenen WEISS-Bezirke ist aber untereinander regellos verteilt, so dass der Körper trotz seiner spontanen Magnetisierung nach außen unmagnetisch erscheint.

6.3.2 CURIE-Temperatur

a)
b)

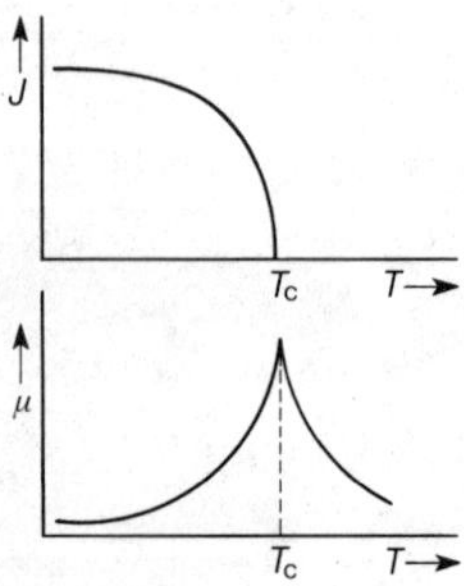

Die spontane Magnetisierung J verschwindet (► Abb. a) oberhalb einer für die einzelnen ferromagnetischen Stoffe charakteristischen Temperatur T_C, genannt CURIE-Temperatur (► T 5.2; T 26).

In der Nähe der CURIE-Temperatur hat die Permeabilität μ ein Maximum (► Abb. b). Oberhalb der CURIE-Temperatur sind die Stoffe paramagnetisch.

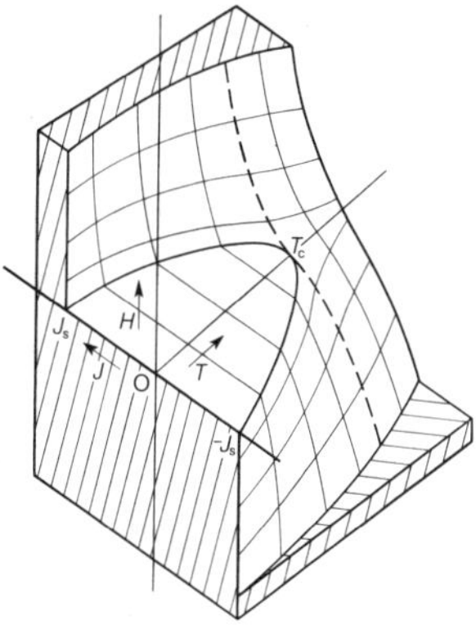

Die Abbildung zeigt den Zusammenhang der drei Größen:

Magnetische Polarisation J,

magnetische Feldstärke H und

Temperatur T.

J_S ist die Sättigungspolarisation und
T_C die CURIE-Temperatur.

6.3.3 Technische Magnetisierung

Bringt man ferromagnetische Körper in ein Magnetfeld, so wird die spontane Magnetisierung der WEISS-Bezirke mit wachsender Feldstärke mehr und mehr in die Feldrichtung orientiert (Technische Magnetisierung).

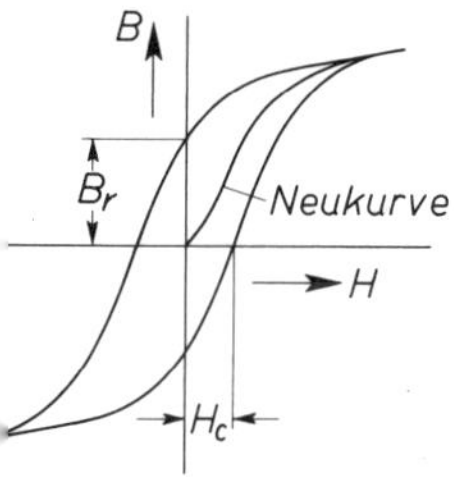

Man erhält die technische Magnetisierungskurve (B in Abhängigkeit von H, oder J in Abhängigkeit von H), wenn der ferromagnetische Stoff bis zur Sättigung (J_s = const) magnetisiert wird (Abb.).

B_r ist die remanente Flussdichte (Remanenz),
H_c ist die magnetische Koerzitivfeldstärke.

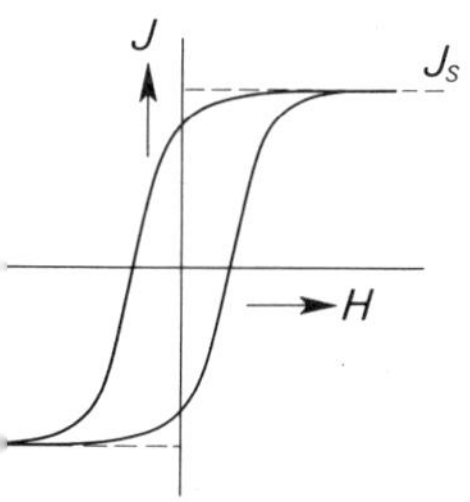

Die Fläche der Hystereseschleife $\oint B\,\mathrm{d}H$ ist gleich der beim einmaligen Durchlaufen der Schleife in innere Energie des Spulenkerns umgesetzten magnetischen Energie. Können Flussdichtemessungen nicht an Ringkernen im Innern einer Ringspule durchgeführt werden, sondern an nicht geschlossenen Werkstücken, so entstehen an den Enden Pole. Die von diesen ausgehenden Feldlinien stören das Spulenfeld H_s. Nur bei Probestücken von Ellipsoidform im homogenen Magnetfeld wird auch im Innern der Proben das die WEISS-Bezirke ausrichtende Feld H homogen; es ist aber kleiner als das Spulenfeld H_s. Wirksam wird:

$$H = H_s - \frac{N}{\mu_0} J.$$

N heißt Entmagnetisierungsfaktor und ist von der Form des Ellipsoids abhängig.

Bei der Messung erhält man J-Werte, die scheinbar zu H_s, in Wahrheit aber zu H gehören.

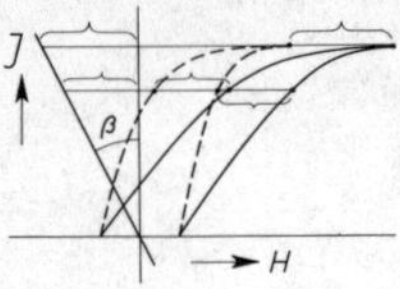

Aus der zunächst aufgezeichneten J-H_s-Kurve ermittelt man den wahren Verlauf von J in Abhängigkeit von H durch die sog. „Scherung“. Man zeichnet eine Gerade so, dass $\tan\beta = \left\{\frac{N}{\mu_0}\right\}$ (Abb.) und verschiebt jeden Punkt auf der gemessenen Kurve um den Betrag von $\frac{N}{\mu_0} J$ nach links.

6.4 Antiferro- und Ferrimagnetismus

In kristallinen Körpern gibt es auch die Möglichkeit, dass die magnetischen Momente der Atome denselben Betrag haben und sich paarweise antiparellel stellen (Abb.). Derartige Körper nennt man *antiferromagnetisch.* Nach außen wirken sie diamagnetisch.

Auch die antiferromagnetischen Körper verlieren oberhalb einer für die einzelnen Körper charakteristischen Temperatur, der sogenannten NEEL-Temperatur T_N, ihre spontane Magnetisierung (► T 5.2; T 26). Bei T_N hat die Permeabilität μ ein Maximum.

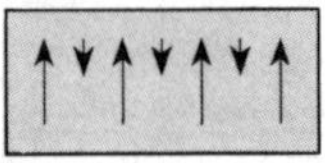

Kristalle, bei denen die magnetischen Momente der Atome ebenfalls antiparallel stehen, aber verschiedene Beträge haben (Abb.), nennt man *ferrimagnetische* Körper oder *Ferrite.* Bei diesen bleibt ein resultierendes magnetisches Moment übrig, so dass ihr Verhalten weitgehend dem der ferromagnetischen Körper entspricht (► T 5.2; T 26).

Ferrite bestehen z. B. aus zusammengesinterten Gemischen aus Oxiden von Eisen, Nickel, Mangan, Zink und Kupfer. Sie haben einen sehr viel größeren spezifischen elektrischen Widerstand als die ferromagnetischen Metalle und Legierungen.

6.5 Selbstinduktion

6.5.1 Induktivität

Durch die Änderung des magnetischen Flusses wird nicht nur in einer *anderen* Spule (Induktionsspule) eine elektrische Spannung induziert (► E 5.5), sondern auch in der das Magnetfeld erzeugenden Spule *selbst*, wenn sich in dieser die Stromstärke ändert.

Die Änderung des magnetischen Flusses $\dot{\Phi} = \frac{d\Phi}{dt}$ ist in diesem Fall proportional zur Änderung der Stromstärke $\dot{I} = \frac{dI}{dt}$.

Die Selbstinduktionsspannung U ist:

$$U = -L\,\frac{dI}{dt}$$

Das negative Vorzeichen entspricht der Regel von LENZ (► E 5.5.3).
L nennt man *Induktivität* der Spule.

Die SI-Einheit der Induktivität ist:

$1\ \mathrm{V\,s\,A^{-1}} = 1$ Henry $= 1\ \mathrm{H}$ (► T 2.2).

6.5.2 Beispiele von Induktivitäten

Die Induktivität einer eisenfreien Ringspule ist:

$$L = \mu_0\,\frac{N^2}{l}\,A$$

Dies folgt aus $H = I\,\frac{N}{l}$ (► E 5.1) und $\Phi = \mu_0 H A$ (► E 5.3; 5.4);

l ist die mittlere Länge,
A der Querschnitt der Spule.

Den gleichen Wert erhält man für eine lang gestreckte Spule.
Die Induktivität einer Eisen gefüllten Spule ist:

$$L = \mu_r \mu_0\,\frac{N^2}{l}\,A$$

Die *Induktivität* einer *Doppeldrahtleitung* ist:

$r_1 = r_2 = r \ll d$

$$L = \mu_0\,\frac{l}{\pi}\left(\ln\left\{\frac{d}{r}\right\} + \frac{1}{4}\right)$$

r_1 und r_2 sind die Radien der Drähte,
d ihr Achsenabstand,
l ihre Länge.

Für hohe Frequenzen gilt: $L = \mu_0\,\frac{l}{\pi}\ln\left(\frac{d}{r}\right)$.

6.5.3 Schaltung von *n* Spulen der Induktivitäten $L_1, L_2 \ldots L_n$

Reihenschaltung; Gesamtinduktivität L:

$$L = L_1 + L_2 + \ldots L_n$$

Parallelschaltung; Gesamtinduktivität L aus:

$$\frac{1}{L} = \frac{1}{L_1} + \frac{1}{L_2} + \ldots \frac{1}{L_n}$$

6.5.4 Einschaltvorgang (Gleichspannung)

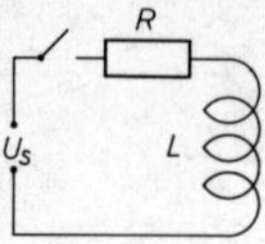

Aus: $U_S = L \frac{dI}{dt} + R I$ folgt nach Trennung der Variablen die Differentialgleichung:

$$\frac{1}{L} dt = \frac{dI}{U_S - R I}$$

$$I = \frac{U_S}{R}\left(1 - e^{-\frac{R t}{L}}\right)$$

6.5.5 Ausschaltvorgang

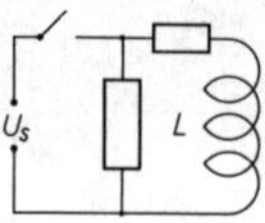

Aus: $0 = L \frac{dI}{dt} + R I$ folgt nach Trennung der Variablen die Differentialgleichung:

$$\frac{R}{L} dt = -\frac{dI}{I}$$

$$I = I_0 \, e^{-\frac{R t}{L}}$$

$\frac{L}{R}$ heißt *Zeitkonstante* (► E 4.8.3).

6.6 Energiegehalt einer stromdurchflossenen Spule

Zum Aufbau des magnetischen Feldes einer Spule (Ringspule oder langgestreckten Zylinderspule) ist die aufgewendete Stromarbeit:

$$W_{mgn} = \frac{1}{2} L I^2$$

$\Delta W = U I \Delta t = L \frac{\Delta I}{\Delta t} I \Delta t$ und damit: $\Delta W = L I \Delta I$

$W_{mgn} = L \int_0^I I \, dI = \frac{1}{2} L I^2$. Setzt man $L = \mu_r \mu_0 \frac{N^2}{l} A$

$$W_{mgn} = \frac{1}{2} B H V$$

ein, so ergibt sich mit $V = A l$ (Volumen des Feldes) die Energiedichte eines homogenen Magnetfeldes:

$$\frac{W}{V} = \frac{1}{2} B H$$

Für *inhomogene* Magnetfelder gilt angenähert:

$$\frac{\Delta W}{\Delta V} = \frac{1}{2} \vec{B} \circ \vec{H}$$

6.7 Tragkraft eines Magneten

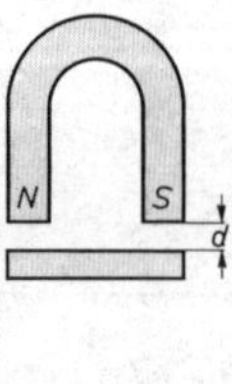

Die Feldenergie in einem engen Luftspalt der Breite d zwischen den Polen des Magneten und dem Anker ist:

$W_{mgn} = 2 \cdot \frac{1}{2} H B A d$.

Diese nimmt, wenn d um Δd vermindert wird, um den Betrag $\Delta W = H B A \Delta d$ ab; dabei entsteht die Hubarbeit $F \Delta d$.

$$F = H B A$$

A ist die Stirnfläche vor *einem* Pol.

E 7 Wechselstromkreis

Bei Drehung der Spule (Abb.) mit der Winkelgeschwindigkeit ω ist der magnetische Fluss durch die Spule zeitabhängig.

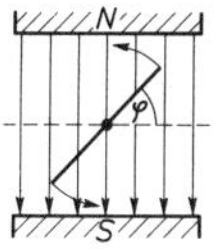

Mit $\Phi_m = B\,A_m$ ist:

$$\Phi = \Phi_m \cos \omega t$$

ω ist die Kreisfrequenz,
T die Periodendauer,
f die Frequenz,

$$f = \frac{1}{T};\quad \omega = 2\pi f;\quad \omega = \frac{2\pi}{T}$$

Aus dem Induktionsgesetz $U = -N\,\frac{d\Phi}{dt}$ (► E 5.5.2) folgt:

$$U = U_m \sin \omega t$$

$U = N\omega\,\Phi_m \sin \omega t$, oder mit $U_m = N\omega\,\Phi_m$.

7.1 Wechselstromkreis mit reinem Leitungswiderstand

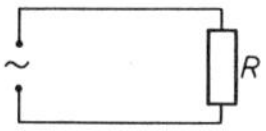

I ist die Stromstärke,
I_m die Scheitelstromstärke und
U_R die Spannung an dem Leitungswiderstand R.

$$I = I_m \sin \omega t$$

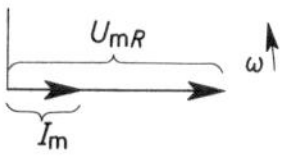

Es ist $U_R = R\,I_m \sin \omega t$.
$U_{mR} = I_m R$ ist die Scheitelspannung.

$$U_R = U_{mR} \sin \omega t$$

Wechselstromgrößen stellt man zweckmäßig durch *Zeiger* dar (► SW 5.1).

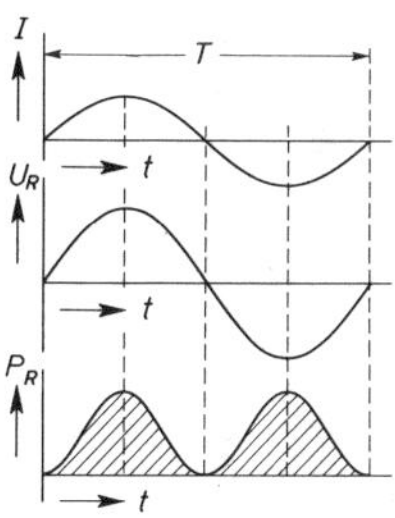

P_R ist die momentane Leistung.

$$P_R = I_m\,U_{mR} \sin^2 \omega t$$

Die Durchschnittsleistung oder Wirkleistung P ist definiert durch:

$$P = \frac{1}{T}\int_0^T P_R\,dt$$

$$P = \frac{1}{2}\,I_m^2\,R$$

7.2 Wechselstromkreis mit induktivem Widerstand

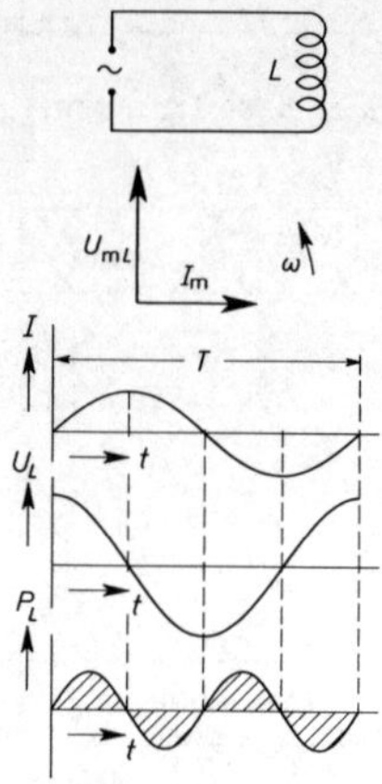

I ist die Stromstärke,
I_m die Scheitelstromstärke.

$$I = I_m \sin \omega t$$

Wegen $U_L = L \dfrac{dI}{dt}$ ist die Spannung an der Spule:

$$U_L = I_m \omega L \cos \omega t = I_m \omega L \sin\left(\omega t + \frac{\pi}{2}\right),$$

$U_{mL} = I_m \omega L$ ist die Scheitelspannung

$$U_L = U_{mL} \sin\left(\omega t + \frac{\pi}{2}\right)$$

Der Wechselstromwiderstand X_L (Blindwiderstand) ist:

$$X_L = \omega L$$

P_L ist die momentane Leistung:

$$P_L = I_m U_{mL} \sin \omega t \sin\left(\omega t + \frac{\pi}{2}\right)$$

P ist die Wirkleistung:

$$P = \frac{1}{T} \int_0^T P_L \, dt = 0$$

7.3 Wechselstromkreis mit kapazitivem Widerstand

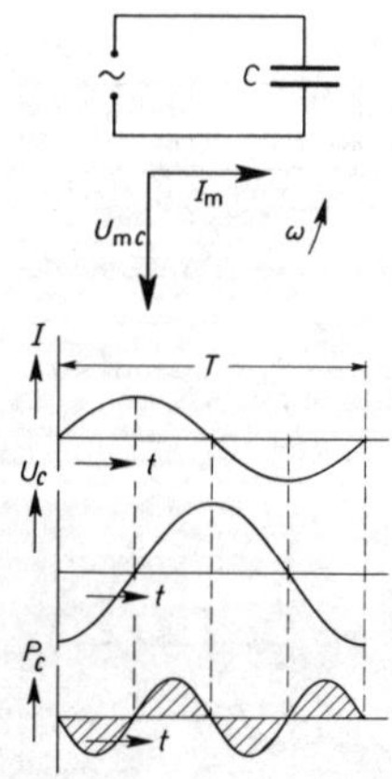

I ist die Stromstärke,
I_m die Scheitelstromstärke.

$$I = I_m \sin \omega t$$

Wegen $Q = C U$, $\dfrac{dQ}{dt} = C \dfrac{dU}{dt}$ und $I = C \dfrac{dU}{dt}$ ist

$$\int dU = \frac{1}{C} I_m \int \sin \omega t \, dt + \text{const.}$$

Mit const = 0 wird:

$$U_C = -\frac{I_m}{\omega C} \cos \omega t = \frac{I_m}{\omega C} \sin\left(\omega t - \frac{\pi}{2}\right)$$

$$U_C = U_{mC} \sin\left(\omega t - \frac{\pi}{2}\right)$$

$U_{mC} = \dfrac{I_m}{\omega C}$ ist die Scheitelspannung.

E

Der Wechselstromwiderstand X_C (Blindwiderstand) ist:

$$X_C = \frac{1}{\omega C}$$

P_C ist die momentane Leistung:

$$P_C = I_m\, U_{mC} \sin\omega t \sin\left(\omega t - \frac{\pi}{2}\right)$$

P ist die Wirkleistung:

$$P = \frac{1}{T}\int_0^T P_C\, dt = 0$$

7.4 Reihenschaltung von Leitungswiderstand, induktivem und kapazitivem Widerstand

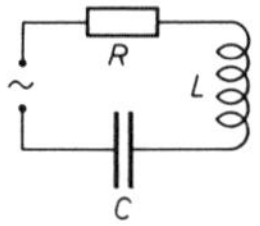

I ist die Stromstärke,
I_m die Scheitelstromstärke.

$$I = I_m \sin\omega t$$

U_R, U_L und U_C sind die Teilspannungen an R, L und C:

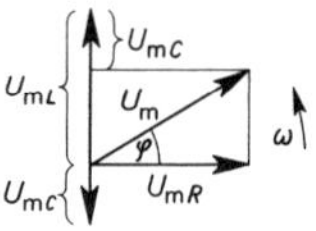

$$U_R = U_{mR} \sin\omega t$$

$$U_L = U_{mL} \sin\left(\omega t + \frac{\pi}{2}\right)$$

$$U_C = U_{mC} \sin\left(\omega t - \frac{\pi}{2}\right)$$

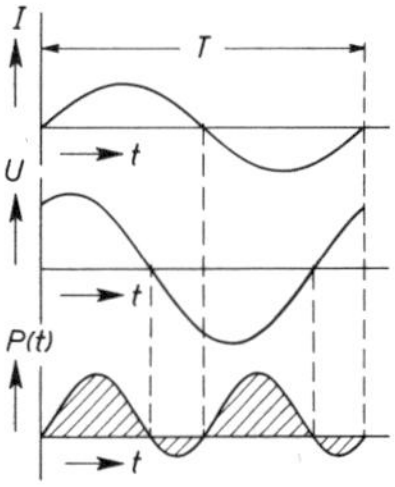

Die Gesamtspannung ist

$U = U_R + U_L + U_C$

(► E 4.5.1)

$$U = U_m \sin(\omega t + \varphi)$$

U_m ist die Scheitelspannung. U_m findet man mit Hilfe eines Zeigerdiagramms.

$$U_m = I_m \sqrt{R^2 + \left(\omega L - \frac{1}{\omega C}\right)^2}$$

Dividiert man sämtliche Pfeillängen des Spannungszeigerdiagramms durch I_m, so erhält man Widerstandszeiger zur Ermittlung des Scheinwiderstandes Z.

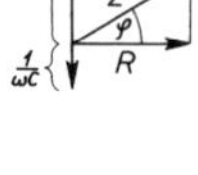

Z ist von der Zeit unabhängig; die Widerstandszeiger rotieren nicht!

φ ist die Phasenverschiebung zwischen Strom und Spannung.

$$Z = \sqrt{R^2 + \left(\omega L - \frac{1}{\omega C}\right)^2}$$

$$\tan \varphi = \left(\omega L - \frac{1}{\omega C}\right) : R$$

$P(t)$ ist die momentane Leistung:

$$P(t) = I_m U_m \sin \omega t \sin(\omega t + \varphi)$$

P ist die Wirkleistung:

$$P = \frac{1}{T} \int_0^T P(t)\, dt = \frac{1}{2} I_m U_m \cos \varphi$$

Zur Ermittlung des Scheinwiderstandes Z einer Reihenschaltung werden die *Einzel*widerstände *geometrisch* addiert; dabei werden die Widerstandszeiger in den Richtungen der zugehörigen Teilspannungen angetragen.

Wegen der Phasenverschiebung der Teilspannung an der Spule um $\frac{\pi}{2}$, am Kondensator um $-\frac{\pi}{2}$, ist die komplexe Schreibweise anwendbar.

Mit $j = \sqrt{-1}$ ist der „komplexe Scheinwiderstand" $Z_i = R + jX_L - jX_C$ oder:

$$Z_i = R + j\omega L + \frac{1}{j\omega C}$$

Der absolute Betrag Z der komplexen Größe Z_i ist der Scheinwiderstand.
Ihr Argument ist der Phasenwinkel φ.
Der Scheinwiderstand ändert seinen Wert mit der Kreisfrequenz ω.
Er erreicht sein Minimum, wenn $\omega L - \frac{1}{\omega C} = 0$.

Daraus folgt die Bedingung für Reihenresonanz:

$$\omega^2 = \frac{1}{LC}$$

7.5 Parallelschaltung von Leitungswiderstand, kapazitivem und induktivem Widerstand

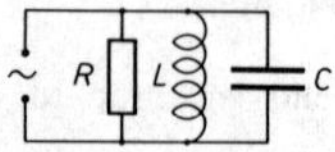

U ist die Spannung,
U_m die Scheitelspannung.

$$U = U_m \sin \omega t$$

E

Die *Teil*ströme sind:

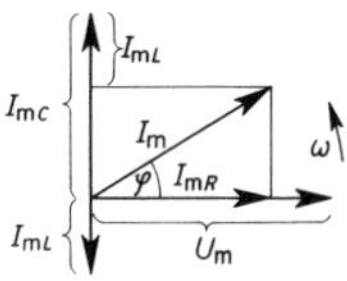

$I_R = G\,U_m \sin \omega t$ mit $G = \frac{1}{R}$

$I_C = B_C\,U_m \sin\left(\omega t + \frac{\pi}{2}\right)$ mit $B_C = \omega C$

$I_L = B_L\,U_m \sin\left(\omega t - \frac{\pi}{2}\right)$ mit $B_L = \frac{1}{\omega L}$

} Blindleitwerte

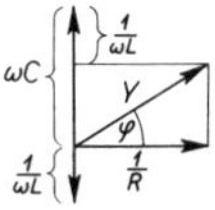

Der Gesamtstrom

$I = I_R + I_C + I_L$

(► E 4.5.2)

$$I = I_m \sin(\omega t + \varphi)$$

I_m ist die Scheitelstromstärke.

$$I_m = U_m \sqrt{\frac{1}{R^2} + \left(\omega C - \frac{1}{\omega L}\right)^2}$$

Durch Division sämtlicher Pfeillängen des Stromzeigerdiagramms durch U_m erhält man Leitwertzeiger zur Ermittlung des Scheinleitwerts Y.

Y ist von der Zeit unabhängig; die Leitwertzeiger rotieren nicht!

φ ist die Phasenverschiebung zwischen Spannung und Strom.

$$Y = \frac{1}{Z} = \sqrt{\frac{1}{R^2} + \left(\omega C - \frac{1}{\omega L}\right)^2}$$

$$\tan\varphi = R\left(\omega C - \frac{1}{\omega L}\right)$$

Komplexe Schreibweise (mit $j = \sqrt{-1}$):

$$Y_i = G + j\omega C + \frac{1}{j\omega L}$$

Der absolute Betrag Y der komplexen Größe Y_i ist der Scheinleitwert; ihr Argument ist der Phasenwinkel φ.

Der Scheinleitwert ändert seinen Wert mit der Kreisfrequenz ω.

Er erreicht sein Minimum für: $\omega C - \frac{1}{\omega L} = 0$

Daraus folgt die Bedingung für Parallelresonanz:

$$\omega^2 = \frac{1}{LC}$$

7.6 Effektivwerte von Strom und Spannung; Wirkleistung

Als *Effektivstromstärke* I_{eff} eines Wechselstromes bezeichnet man die Stromstärke eines Gleichstromes, der in einem OHM-Widerstand die gleiche Erwärmung hervorruft, wie der Wechselstrom; also:

$I_{\mathrm{eff}}^2 R\, T = \frac{1}{2} I_{\mathrm{m}}^2 R\, T$ (► E 7.1 und SW 1.2).

$$I_{\mathrm{eff}} = \frac{I_{\mathrm{m}}}{\sqrt{2}}$$

T ist die Periodendauer des Wechselstromes.

Das Entsprechende gilt für die *effektive Spannung* U_{eff}:

$$U_{\mathrm{eff}} = \frac{U_{\mathrm{m}}}{\sqrt{2}}$$

Die Durchschnittsleistung oder *Wirkleistung* P ist bei einer Phasenverschiebung φ zwischen Strom und Spannung wegen $P = \frac{1}{2} I_{\mathrm{m}} U_{\mathrm{m}} \cos\varphi$ (► E 7.4) gleich:

$$P = I_{\mathrm{eff}}\, U_{\mathrm{eff}} \cos\varphi$$

P ist um so größer, je mehr sich der *Leistungsfaktor* $\cos\varphi$ dem Wert 1, φ selbst dem Wert 0 nähert. Für $\varphi = \frac{\pi}{2}$ und $\varphi = -\frac{\pi}{2}$ ist $P = 0$.

Das Produkt $I_{\mathrm{eff}}\, U_{\mathrm{eff}}$ heißt *Scheinleistung*.

7.7 OHM-Gesetz für den Wechselstromkreis

Z ist der Scheinwiderstand.

$$\frac{U_{\mathrm{m}}}{I_{\mathrm{m}}} = \frac{U_{\mathrm{eff}}}{I_{\mathrm{eff}}} = Z$$

7.8 Transformator

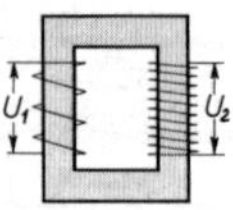

Wegen der gleichen Kraftflussänderung $\frac{\mathrm{d}\Phi}{\mathrm{d}t}$ in der Primär- und der Sekundärspule gilt für die Spannungen:

$U_1 = N_1 \frac{\mathrm{d}\Phi}{\mathrm{d}t}$ und $U_2 = N_2 \frac{\mathrm{d}\Phi}{\mathrm{d}t}$

$$U_1 : U_2 = N_1 : N_2$$

Bei Vernachlässigung von Wirk- und Streuverlusten ist die im Primärkreis aufgenommene Wirkleistung gleich der vom Sekundärkreis verbrauchten Wirkleistung (Energieerhaltungssatz):

$$U_{1\,\mathrm{eff}} I_{1\,\mathrm{eff}} \cos\varphi_1 = U_{2\,\mathrm{eff}} I_{2\,\mathrm{eff}} \cos\varphi_2$$

Ist der Transformator unbelastet (Sekundärkreis offen), so ist:

$\varphi_1 = \frac{\pi}{2}$; $\cos\varphi_1 = 0$. Es wird keine Wirkleistung aufgenommen.

Ist $\varphi_1 = \varphi_2$, so gilt:

$$U_{1\,\mathrm{eff}} : U_{2\,\mathrm{eff}} = I_{2\,\mathrm{eff}} : I_{1\,\mathrm{eff}} = N_1 : N_2$$

Daraus folgt:

$$Z_1 : Z_2 = N_1^2 : N_2^2$$

E 8 Elektrische Schwingungen

8.1 Ungedämpfte Sinus-Schwingung

U_L ist die Spannung an der Spule der Induktivität L,
U_C die Spannung am Kondensator der Kapazität C.

$$U_L = L \frac{dI}{dt}$$

$$U_C = \frac{1}{C} Q$$

Wenn $U_C + U_L = 0$, gilt: $L \frac{dI}{dt} + \frac{1}{C} Q = 0$.

Mit der Definition der Stromstärke: $I = \frac{dQ}{dt}$ (► E 1.2) ist $\frac{dI}{dt} = \frac{d^2Q}{dt^2} = \ddot{Q}$

Daher ist die Differentialgleichung der Schwingung:

$$L \ddot{Q} + \frac{1}{C} Q = 0$$

8.1.1 Vergleich zwischen mechanischer und elektrischer Schwingung

Der *Vergleich mit der Differentialgleichung* der harmonischen mechanischen Schwingung lehrt (► SW 1.2.2), dass einander entsprechen:

Mechanik:		Elektrizitätslehre:	
Masse:	m	Induktivität:	L
Richtgröße:	D	reziproke Kapazität:	$\frac{1}{C}$
Auslenkung:	s	Ladung des Kondensators:	Q
Geschwindigkeit:	$v = \dot{s}$	Stromstärke:	$I = \dot{Q}$
Beschleunigung:	$a = \ddot{s}$	zeitliche Änderung von I:	$\ddot{Q}$

8.1.2 Thomson-Gleichung

Ersetzt man die *mechanischen* Größen durch die ihnen entsprechenden *elektrischen*, so erhält man die Thomson-Gleichung für die Periodendauer:

$$T = 2\pi \sqrt{LC}$$

Lösungen der Schwingungsgleichung mit den Anfangsbedingungen:

① für $t = 0$, $Q(0) = 0$, ist $Q = Q_m \sin \omega t$ oder mit C gekürzt: $U = U_m \sin \omega t$
$\dot{Q} = I = I_m \cos \omega t$
mit $I_m = Q_m \omega$

② für $t = 0$, $Q(0) = Q_m$, ist $Q = Q_m \cos \omega t$ oder mit C gekürzt: $U = U_m \cos \omega t$
$\dot{Q} = I = -I_m \sin \omega t$
mit $I_m = Q_m \omega$

Q_m, U_m, I_m sind die Maximalwerte der Größen Q, U, I.

Die der *kinetischen* Energie der *mechanischen* Schwingung entsprechende *magnetische* Energie der *elektrischen* Schwingung ist für Fall ①:

$$E_{\text{mgn}} = \frac{L}{2} I^2 = \frac{L}{2} Q_{\text{m}}^2 \, \omega^2 \cos^2 \omega t$$

Die der *potentiellen* Energie der *mechanischen* Schwingung entsprechende *elektrische* Energie der *elektrischen* Schwingung ist für Fall ①:

$$E_{\text{el}} = \frac{1}{2} \frac{1}{C} Q^2 = \frac{L}{2} Q_{\text{m}}^2 \, \omega^2 \sin^2 \omega t$$

Die gesamte Schwingungsenergie $E_{\text{s}} = E_{\text{mgn}} + E_{\text{el}}$ ist nach Anwendung der Formel $\sin^2 \alpha + \cos^2 \alpha = 1$:

$$E_{\text{s}} = \frac{L}{2} Q_{\text{m}}^2 \, \omega^2$$

Im Fall ② sind die Werte für E_{mgn} und E_{el} gegenüber ① vertauscht.

8.2 Gedämpfte Schwingung (► SW 3)

Ursache der Dämpfung ist der OHM-Widerstand R. Die Teilspannung an R ist: $U_{\text{R}} = R I = R \dot{Q}$

Differentialgleichung der gedämpften Schwingung:

$$L \ddot{Q} + R \dot{Q} + \frac{1}{C} Q = 0$$

Die Ladung des Kondensators lässt sich darstellen:

$$Q = Q_{\text{m}} \, \mathrm{e}^{-\delta t} \cos \omega t$$

Q_{m} ist die Ladung zur Zeit $t = 0$ und

$\delta = \frac{R}{2L}$.

Die Kreisfrequenz ω der gedämpften Schwingung ist $\omega = \sqrt{\omega_0^2 - \delta^2}$,

das Verhältnis $k = \frac{Q_n}{Q_{n+1}} = \frac{Q(t)}{Q(t+T)} = \mathrm{e}^{\delta T}$

und das logarithmische Dekrement $\Lambda = \delta T$.

Für schwache Dämpfung ist $\omega \approx \omega_0$; daher $T \approx T_0$ und $\Lambda = R \pi \sqrt{\frac{C}{L}}$.

ω_0 und T_0 sind die ω und T entsprechenden Größen der zugehörigen ungedämpften Schwingung.

E 9 Elektrische Wellen längs Drähten

9.1 Ausbreitungsgeschwindigkeit einer fortschreitenden Spannungswelle

Wird an eine Doppeldrahtleitung eine sinusförmige Wechselspannung $U = U_m \sin \omega t$ gelegt, so breitet sich auf ihr eine Spannungswelle

$U = U_m \sin \omega \left(t - \frac{x}{c}\right)$ aus.

c ist die Ausbreitungsgeschwindigkeit bei verlustfreier Leitung,
L' die Induktivität der Leitung pro Länge,
C' die Kapazität der Leitung pro Länge.

$$c = \frac{1}{\sqrt{L' C'}}$$

Mit $L' = \frac{\mu_r \mu_0}{\pi} \ln\left(\frac{d}{r}\right)$ (gültig für hohe Frequenzen)

und $C' = \frac{\varepsilon_r \varepsilon_0 \pi}{\ln\left(\frac{d}{r}\right)}$ (► E 6.5.2 und E 3.1.5) ist:

$$c = \frac{1}{\sqrt{\varepsilon_r \varepsilon_0 \mu_r \mu_0}}$$

d ist der Drahtabstand,
r der Drahtradius.

Befindet sich die Leitung im Vakuum, so ist wegen $\mu_r = \varepsilon_r = 1$:

$$\frac{1}{\sqrt{\varepsilon_0 \mu_0}} = c_0$$

c_0 ist die Lichtgeschwindigkeit im Vakuum.

In einem Dielektrikum (ε_r) ist:
$\mu_r = 1$

$$c = \frac{c_0}{\sqrt{\varepsilon_r}}$$

9.2 Wellenwiderstand

Zu der längs einer Doppeldrahtleitung fortschreitenden Spannungswelle gehört eine in gleicher Richtung fortschreitende Stromwelle:

$I = I_m \sin \omega \left(t - \frac{x}{c}\right).$

Das Verhältnis $\Gamma = \frac{U}{I}$ bezeichnet man als den Wellenwiderstand der Leitung.

Bei verlustfreier Leitung gilt:

$$\Gamma = \sqrt{\frac{L'}{C'}}$$

Wellenwiderstand im Vakuum ► T 4.

Mit den Werten für L' und C' (► E 9.1) ist:

$$\Gamma = \frac{1}{\pi}\sqrt{\frac{\mu_r \mu_0}{\varepsilon_r \varepsilon_0}} \ln\left(\frac{d}{r}\right)$$

Befindet sich die Leitung im Vakuum,
so ist wegen $\mu_r = \varepsilon_r = 1$ und $\varepsilon_0 = \frac{1}{\mu_0 c_0^2}$

$$\Gamma = \frac{c_0 \mu_0}{\pi} \ln\left(\frac{d}{r}\right)$$

In einem Dielektrikum (ε_r) ist:
$\mu_r = 1$

$$\Gamma = \frac{c_0}{\sqrt{\varepsilon_r}} \frac{\mu_0}{\pi} \ln\left(\frac{d}{r}\right)$$

9.3 Lecher-System

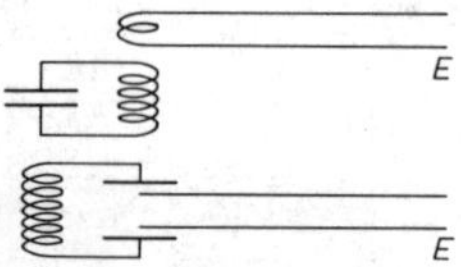

Bei Kopplung eines Senders mit einer Doppeldrahtleitung (Abb.) der Länge l breitet sich längs der Drähte eine Spannungswelle $U = U_m \sin \omega \left(t - \frac{x}{c}\right)$ aus. Am Ende E wird bei verlustfreier Leitung eine Spannungswelle gleicher Amplitude reflektiert, und zwar bei offenem Ende ($R = \infty$) ohne Phasensprung, bei kurzgeschlossenem Ende ($R = 0$) mit dem Phasensprung π.

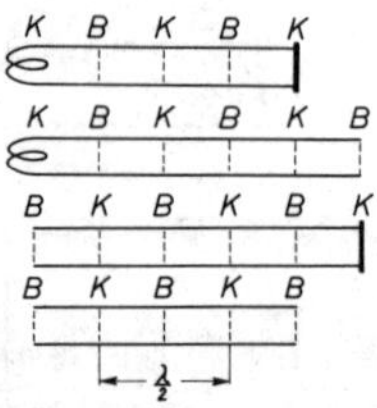

An beiden Enden geschlossen:	$l = k \frac{\lambda}{2}$
An einem Ende geschlossen:	$l = (2k - 1) \frac{\lambda}{4}$
An beiden Enden offen:	$l = k \frac{\lambda}{2}$

mit $k = 1, 2, 3, \ldots$

K sind Spannungsknoten (Stellen unveränderter Ladungsdichte).
B sind Spannungsbäuche (Stellen größter Änderung der Ladungsdichte).
Bei K befinden sich Strombäuche, bei B Stromknoten.

λ ist die Wellenlänge, die sich aus $\lambda = \frac{c}{f}$ berechnet; f ist die Frequenz des Senders.

Bei geeigneter Länge l der Leitung entsteht durch Überlagerung der fortschreitenden und der reflektierten Welle eine stehende Welle (► SW 8.2). Wird die Leitung bei E mit einem Widerstand, der gleich dem Wellenwiderstand Z ist, abgeschlossen, so erfolgt keine Reflexion; es entsteht keine stehende Welle.

9.4 Schwingungen eines Dipols (Näherung für dünne Drähte)

Wird ein Stab der Länge l durch einen angekoppelten Sender zu elektrischen Schwingungen erregt, so bildet sich auf ihm eine stehende Welle aus, die an den Enden des Stabes Spannungsbäuche besitzt.

Der Stab befindet sich in Resonanz mit der Senderfrequenz, wenn gilt:

$$l = k\,\frac{\lambda}{2}$$

mit $k = 1, 2, 3, \ldots$

Für $k = 1$ ergibt sich die Grundschwingung, für $k > 1$ die Oberschwingungen des Dipols.

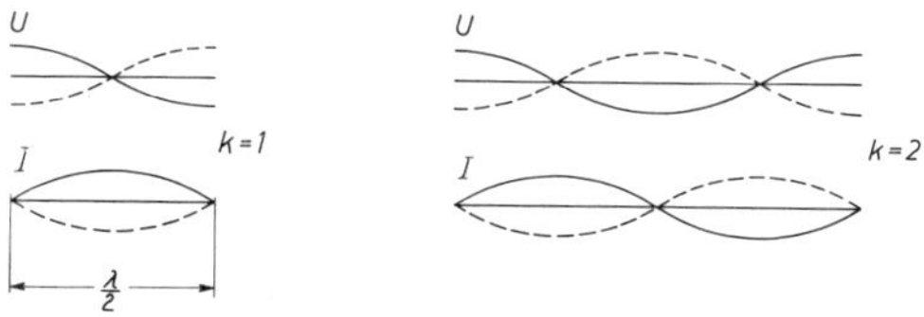

E 10 Freie elektromagnetische Wellen

10.1 Wellengleichungen

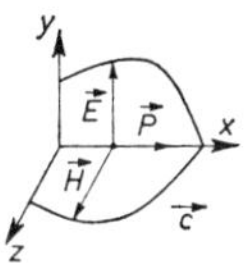

Eine sich in der x-Richtung mit der Geschwindigkeit c ausbreitende ebene elektromagnetische Welle, deren elektrischer Vektor in der x-, y-Ebene liegt, kann dargestellt werden durch die Gleichungen:

$$E_y = E_m \sin\omega\left(t - \frac{x}{c}\right)$$

$$H_z = H_m \sin\omega\left(t - \frac{x}{c}\right)$$

$$c = \frac{1}{\sqrt{\varepsilon_0\,\varepsilon_r\,\mu_0\,\mu_r}}$$

Für ein Dielektrikum (ε_r) ist $c = \dfrac{c_0}{\sqrt{\varepsilon_r}}$ (► E 9.1)

Im Vakuum ist $c = c_0$

Bei elektromagnetischen Wellen ist die Energiedichte des elektrischen und des magnetischen Feldes gleich groß.

$$\frac{W_{el}}{V} = \frac{1}{2}\,\varepsilon_r\,\varepsilon_0\,E^2 = \frac{W_{mgn}}{V} = \frac{1}{2}\,\mu_r\,\mu_0\,H^2$$

(► E 3.2 und E 6.6)

In der x-Richtung wird durch den Querschnitt A die Leistung

$P = \dfrac{c}{V}\,(W_{el} + W_{mgn})\,A$ übertragen.

$$P = E_m\,H_m\,A\,\sin^2\omega\left(t - \frac{x}{c}\right)$$

$\frac{1}{V}(W_{el} + W_{mgn}) = \varepsilon_r \varepsilon_0 E^2$, die Multiplikation mit c ergibt:

$$P = \sqrt{\frac{\varepsilon_r \varepsilon_0}{\mu_r \mu_0}} E^2 A = E H A$$

Der zeitliche Mittelwert $\bar{P} = \frac{1}{T} \int_0^T P \, dt$

$$\bar{P} = \frac{1}{2} E_m H_m A$$

Das Verhältnis $\frac{E}{H} = \Gamma$ heißt Wellenwiderstand des Nichtleiters.

$$\Gamma = \sqrt{\frac{\mu_r \mu_0}{\varepsilon_r \varepsilon_0}}$$

Der Wellenwiderstand des Vakuums ist:
(► T 4)

$$\Gamma_0 = \sqrt{\frac{\mu_0}{\varepsilon_0}} = \mu_0 c_0$$

10.2 Übersicht über das elektromagnetische Spektrum

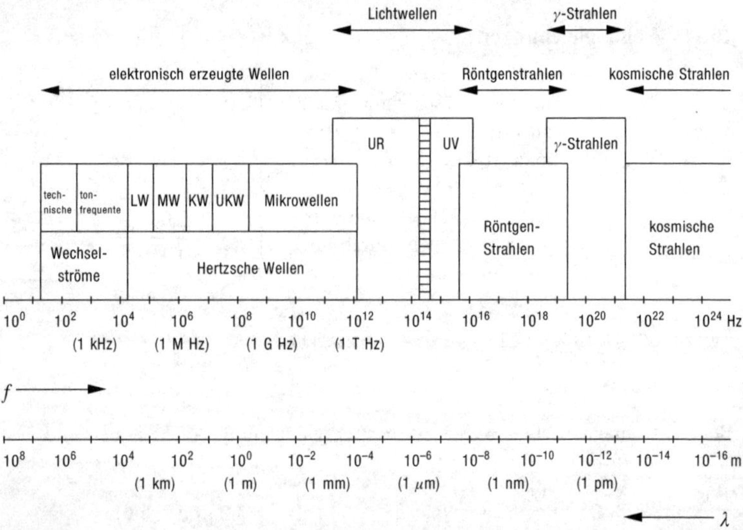

f ist die Frequenz und λ die Wellenlänge; die HERTZ-Wellen kann man unterteilen in Langwellen (LW), Mittelwellen (MW), Kurzwellen (KW), Ultrakurzwellen (UKW) und Mikrowellen; beim Licht unterscheidet man ultrarotes (UR), sichtbares (schraffiert) und ultraviolettes (UV) Licht.

E 11 Leitungsvorgänge

Für das Fließen eines elektrischen Stromes müssen in der Regel freie Ladungsträger vorhanden sein. In besonderen Fällen, z. B. bei sehr dünnen Isolatorschichten zwischen einzelnen Leitern, kann jedoch ein Strom infolge des Tunneleffektes (► 11.2) fließen.

11.1 Elektrizitätsleitung in Metallen

Der elektrische Strom in Metallen ist ein Strom von Elektronen.
Pro Atom ist durchschnittlich 1 Leitungselektron frei beweglich.

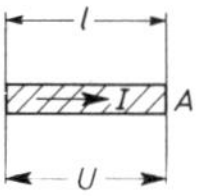

N ist die Zahl der Leitungselektronen,
V das Volumen,
$n = N/V$ die Elektronendichte,
A der Querschnitt des Leiters,
v die Geschwindigkeit der Elektronen und
e die Elementarladung.
ΔQ ist die in der Zeit Δt transportierte Ladung.

$$\Delta Q = n\,e\,v\,A\,\Delta t;\quad I = \frac{\Delta Q}{\Delta t}.$$

$$\boxed{I = n\,e\,v\,A}$$

Die Bewegung erfolgt unter dem Einfluss der Reibung so, dass die Geschwindigkeit proportional zur wirksamen Kraft ist:

$v \sim F$ oder $v = k'\,E$ (E ist die Feldstärke),

also $I = n\,e\,k'\,\dfrac{U}{l}\,A$:

$$\boxed{I = \gamma\,\frac{A}{l}\,U}$$

l ist die Länge des Leiters,
U die angelegte Spannung,
γ die Leitfähigkeit und
R der elektrische Widerstand.

oder:

$$\boxed{I = \frac{U}{R}}$$

Da n bei Metallen konstant ist, ist γ eine Materialkonstante (Gültigkeit des OHM-Gesetzes). (► T 5.3.1.2; $\gamma = \dfrac{1}{\varrho}$)

11.2 Tunneleffekt

Beim Tunneleffekt können Teilchen mit der Energie $E \leq V_0$ einen Potentialwall der Höhe V_0 „durchtunneln". Der Tunneleffekt ist ein Effekt, der auf der Welleneigenschaft der Elektronen (► WQ 9.2) beruhend nur quantenmechanisch erklärt werden kann. Er wird möglich, wenn die Breite des Potentialwalls, z. B. die Dicke einer Isolatorschicht, in die Größenordnung der DE BROGLIE-Wellenlänge der Elektronen (► WQ 9.2.2) kommt.

Der Tunneleffekt wird angewandt u. a. bei Transistoren, supraleitenden Bauelementen (► E 11.3), der Feldmission (► E 11.7.2) und dem Raster-Tunnel-Mikroskop (► E 11.8).

11.3 Elektrizitätsleitung in Supraleitern

In manchen Metallen und Verbindungen tritt bei tiefen Temperaturen eine quantenmechanische Kondensation von Leitungselektronen zu Elektronenpaaren (COOPER-Paaren) auf. Makroskopisch macht sich dieser Effekt dadurch bemerkbar, dass unterhalb einer kritischen Temperatur T_c (► T 5.2 und T 27) der elektrische Widerstand nahezu Null wird; d. h. man bekommt widerstandslose Leiter.

Wie Elektronen zwischen zwei Metallen, getrennt durch eine dünne Isolatorschicht, hindurchtunneln können (► E 11.2), so können auch COOPER-Paare zwischen zwei Supraleitern, getrennt durch eine dünne Schicht eines Normalleiters, hindurchtunneln (JOSEPHSON-Effekt).

11.4 Elektrizitätsleitung in Halbleitern

Halbleiter sind kristalline Körper aus bestimmten Stoffen z. B. Germanium, Silizium, Gallium-Arsenid oder Kupfer-I-oxid.

Der elektrische Strom in Halbleitern ist ein Strom von Elektronen und Löchern. Die Verhältnisse sind aber verwickelter als bei Metallen. Man unterscheidet Eigenleitung und Störstellenleitung.

11.4.1 Eigenleitung

Durch thermische Anregung entstehen freie Elektronen und „Löcher" (Defektelektronen). Die Anzahl N_n der freien Elektronen ist dabei gleich der Anzahl N_p der Löcher:

$$N_n = N_p$$

Legt man an den Halbleiter eine elektrische Spannung U, so wandern im elektrischen Feld $\vec{E}$ die freien Elektronen zur Anode (negativer Elektronenstrom). Gleichzeitig werden durch das Feld zuvor noch gebundene Elektronen gelockert. Diese wandern in Richtung zur Anode und füllen dabei benachbarte Löcher auf. Das wirkt sich so aus, als ob sich positive Ladungsträger in entgegengesetzter Richtung, also auf die Kathode zu, bewegten (positiver „Löcher"-Strom).

11.4.2 Störstellenleitung

Durch den Einbau von Fremdatomen in das Kristallgitter eines Halbleiters entstehen Störstellen. Durch diese werden die Leitereigenschaften wesentlich beeinflusst.

Haben die Fremdatome mehr Elektronen als die Halbleiteratome, so wird die Anzahl N_n der freien Elektronen größer als die Anzahl N_p der Löcher (n-Leiter). Solche Fremdatome heißen *Donatoren*.

$$N_n > N_p$$

Haben umgekehrt die Fremdatome weniger Elektronen als die Halbleiteratome, so wird die Anzahl N_p der Löcher größer als die Anzahl N_n der Elektronen (p-Leiter). Solche Fremdatome heißen *Akzeptoren*.

$$N_p > N_n$$

Oft sind beide Störstellenarten in ein und demselben Halbleiter gleichzeitig vorhanden. In diesem Fall wird der Leitertyp (n- oder p-Leiter) durch das Überwiegen einer der beiden Störstellenarten bestimmt. Durch Einbau von Fremdatomen in geeigneter Dosis kann der Leitertyp eingestellt werden.

11.5 Elektrizitätsleitung in Flüssigkeiten (Elektrolyten)

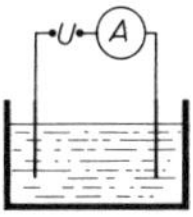

Der elektrische Strom in Elektrolyten ist ein Ionenstrom. Die Ladungsträger befinden sich als positive Kationen und negative Anionen in der wässrigen Lösung. Sie sind dissoziiert.

Elektrolyte →	in	Kationen (+)	und	Anionen (–)
Säuren →		Wasserstoffionen		Säurerestionen
Salze →		Metallionen		Säurerestionen
Basen →		Metallionen		Radikal OH

Fließt der Gleichstrom I, so ist die in der Zeit t transportierte Ladung $Q = I\,t$; zu dieser ist die transportierte Masse m proportional.

I. FARADAY-Gesetz:

$$m = k\,I\,t$$

Die Konstante k heißt elektrochemisches Äquivalent.

II. FARADAY-Gesetz:

$$k_1 : k_2 = \left(\frac{M_1}{z_1}\right) : \left(\frac{M_2}{z_2}\right)$$

Für ein z-wertiges Ion, das Träger von z Elementarladungen (e) ist, gilt $m_i = k\,e\,z$; m_i ist die Masse des Ions.

Wegen $m_i = \frac{1}{N_A} M_m$ (► W 2.6) folgt $k = \frac{M_m}{N_A\,e\,z}$.

Die Konstante $N_A e = F$ heißt FARADAY-Konstante:
ihr Wert ist $F = 9{,}648\,530\,9\,(29) \cdot 10^7$ C kmol^{-1} (► T 4).

Für zwei verschiedene Ionenarten gilt: $k_1 = \dfrac{M_{m,1}}{F z_1}$; $k_2 = \dfrac{M_{m,2}}{F z_2}$.

Wegen $M_{m,1} : M_{m,2} = M_1 : M_2$ erhalten wir das Ergebnis von oben.

Für Elektrolyte gilt das OHM-Gesetz.

Ableitung: In der Volumeneinheit seien n einwertige Kationen (Ladung $+e$) und ebensoviele Anionen (Ladung $-e$), Geschwindigkeit der Kationen v_K und Geschwindigkeit der Anionen v_A. Wegen der gleichförmigen Bewegung unter dem Einfluss der Reibung sind beide Geschwindigkeiten der Feldstärke proportional.

$$v_K = b_K \frac{U}{d}; \quad v_A = b_A \frac{U}{d}; \quad I = n e A (v_K + v_A) = n e A (b_K + b_A) \frac{U}{d}.$$

Die Leitfähigkeit ist also: $\boxed{\gamma = n e (b_K + b_A)}$

b_K und b_A heißen Beweglichkeit der Kationen bzw. Anionen.
Die Gültigkeit des OHM-Gesetzes besagt, dass n, b_K und b_A spannungsunabhängig sind.

11.6 Elektrizitätsleitung in Gasen

11.6.1 Unselbständige Entladung

Es werden dazu laufend Ionen erzeugt, z. B. durch Flammengase, Röntgenstrahlen, ultraviolettes Licht oder radioaktive Strahlen.

11.6.2 Selbständige Entladung

Die Ladungsträger in Gasen sind Ionen und Elektronen; ein solches ionisiertes Gas nennt man Plasma.
Bei Normaldruck spricht man von Spitzen-, Bogen- und Funkenentladung, bei vermindertem Druck von Glimmentladung.

11.7 Elektrizitätsleitung im Hochvakuum

Die Ladungsträger im Hochvakuum sind Elektronen. Diese werden zur Verfügung gestellt, indem Elektronen aus festen Stoffen durch Anwendung starker elektrischer Felder (Feldelektronen ► E 11.7.2), mit Hilfe des lichtelektrischen Effektes (Photoelektronen ► WQ 8.1) und vor allem durch Beheizen der Kathode (Glühelektronen ► E 11.7.1) emittiert werden.

11.7.1 Glühemission

Die Anzahl der aus einer Glühkathode austretenden Elektronen ist nur von der Kathodentemperatur und der Art und Beschaffenheit der Glühkathode, nicht aber von der angelegten Spannung abhängig solange keine Feldemission (► E 11.6.2) eintritt. Die Sättigungsstromstärke I_s wird erreicht, wenn die Feldstärke ausreicht, um alle an der Glühkathode entstehenden Elektronen auf die Anode zu bringen.

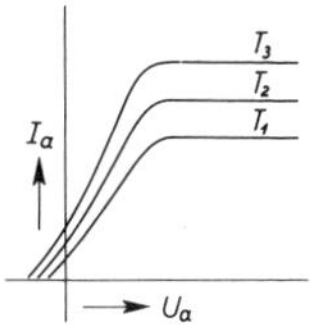

Nach RICHARDSON und DUSHMAN gilt:

$$I_s = C\,A\,T^2\,e^{-\frac{W}{kT}}$$

I_a ist die Anodenstromstärke,
U_a die Anodenspannung,
I_s die Sättigungsstromstärke,
A die emittierende Fläche,
T die abolute Temperatur,
W die Austrittsarbeit und
k die BOLTZMANN-Konstante (► T 4).

Für Wolfram ist: $C = 6 \cdot 10^5\ \mathrm{A\,m^{-2}\,K^{-2}}$; $W = 4{,}5\ \mathrm{eV}$

11.7.2 Feldemission

Durch Anlegen hoher elektrischer Felder (Feldstärken ca. 10^9 V/m) können Elektronen den Festkörper verlassen. Dabei wird der Potentialwall an der Oberfläche, der die Elektronen normalerweise am Verlassen des Festkörpers hindert, durch das angelegte Feld so schmal, dass die Elektronen diesen durchtunneln können (► E 11.2). Die Anzahl der austretenden Elektronen hängt von der Breite des Potentialwalls, also von der Höhe des angelegten Feldes ab.

In guter Näherung gilt bei der Temperatur $T = 0\mathrm{K}$:

$$j(E{,}0) = a\,W(0)^{-1}\,E^2\,e^{-\frac{b\,\cdot\,p\,(E)\,\cdot\,W^{3/2}(0)}{E}}$$

$j(E{,}0)$ ist die Sättigungsstromdichte bei der angelegten elektrischen Feldstärke E und der Temperatur $T = 0\mathrm{K}$,
$W(0)$ die Austrittsarbeit bei der Temperatur $T = 0\mathrm{K}$ und
$p(E)$ eine charakteristische Funktion von Höhe und Breite des Potentialwalls mit Werten zwischen 0 und 1;
a und b sind Konstanten.

11.8 Anwendungen

11.8.1 Raster-Tunnelmikroskop

Beim Raster-Tunnelmikroskop wird eine feine Metallspitze im Abstand von wenigen Atomdurchmessern zeilenweise über eine leitende Probe geführt. Bei diesen Abständen von etwa 1nm kann beim Anlegen eines Potentials ein Tunnelstrom (► E 11.2) zwischen Spitze und Probe fließen, dessen Stärke empfindlich vom Abstand zwischen beiden abhängt. In einfacher Näherung gilt für die Tunnel-

stromstärke I : $I \sim V/d\, e^{-W^{1/2}d}$. W ist die Austrittsarbeit der Probe, d der Abstand zwischen Spitze und Probe und V die angelegte Spannung.
Die experimentelle Auflösungsgrenze liegt bei dieser Nahfeld-Methode bei einigen 10^{-3} nm, die von keiner anderen mikroskopischen Methode erreicht wird.

11.8.2 Raster-Sondenmikroskopie

Unter dem Begriff Raster-Sondenmikroskopie fasst man all die Verfahren zusammen, die als Nahfeld-Methoden besonderen physikalischen Gesetzen unterliegen. Die Auflösungsgrenzen der im Folgenden aufgeführten Methoden sind jedoch etwas schlechter als die beim Raster-Tunnelmikroskop.
Das Raster-Kraftmikroskop nutzt die VAN DER WAALS-Wechselwirkung bei der Abbildung von Isolator-Oberflächen aus. Bei der magnetischen Kraftmikroskopie sind die abtastenden Spitzen magnetisch und reagieren folglich auf magnetische Strukturen (z. B. bei magnetischen Festplatten). Noch neuere Entwicklungen sind die nahfeldakustische und nahfeldoptische Rastermikroskopie.

E 12 Ablenkung von Strahlen geladener Teilchen im elektrischen und magnetischen Feld

12.1 Träger einer elektrischen Ladung im elektrischen Feld

12.1.1 Bewegungsrichtung des Teilchens parallel zu den Feldlinien

Das Teilchen erfährt die gleichmäßige Beschleunigung:

m ist die Masse,
q die Ladung des Teilchens,
E der Betrag der elektrischen Feldstärke.

$$a = \frac{q\,E}{m}$$

Nach Durchfallen der Spannung U ist
seine kinetische Energie $q\,U = \frac{m}{2}\,v^2$; daraus:

$$v = \sqrt{2\left|\frac{q}{m}\right| U}$$

Häufig wird die Energie geladener Teilchen in Elektronvolt angegeben.
1 eV = 1,6 · 10^{-19} Ws (► Energieeinheiten T3.5).

12.1.2 Bewegungsrichtung des Teilchens senkrecht zu den Feldlinien

(Vgl. den horizontalen Wurf ► M 5.1)

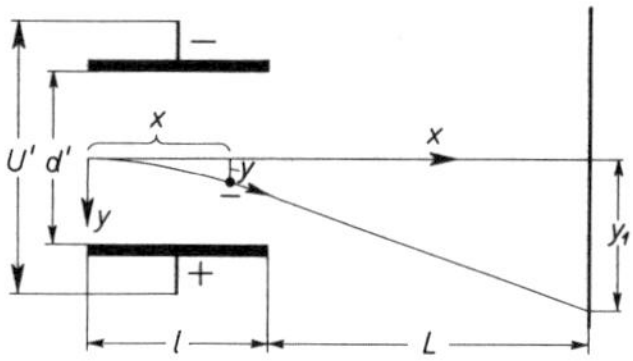

Im Ablenkkondensator:

$$x = v\,t$$

$$y = \frac{a}{2}\,t^2; \quad \text{mit } a = \frac{q\,E'}{m} = \frac{q\,U'}{m\,d'}$$

E' ist die Feldstärke im Ablenkkondensator.

Nach dem Verlassen des Ablenkkondensators:

Gleichförmige geradlinige Bewegung in der beim Verlassen erlangten Richtung:

Ablenkung auf dem Schirm: $y_1 = \frac{1}{2}\,\frac{U'}{d'}\,\frac{l}{U}\left(\frac{l}{2} + L\right)$.

Die Ablenkung aller Teilchen gleicher Beschleunigungsspannung U ist gleich groß, also unabhängig von der Masse.

12.2 Träger der elektrischen Ladung *q* im magnetischen Feld

Die Feldlinien stehen senkrecht zur Zeichenebene:

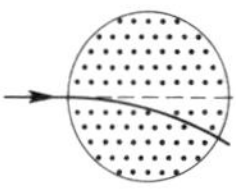

Der Betrag der Kraft auf die bewegte Ladung ist:

(► E 5.6; $\vec{F} = Q\,\vec{v} \times \vec{B}$)

$$\boxed{F = q\,B\,v}$$

F ist konstant und wirkt stets senkrecht zur Bewegungs- und zur Feldlinienrichtung. Das Teilchen wird auf eine Kreisbahn gezwungen, wenn es senkrecht zu den Feldlinien fliegt. Der Radius r muss so groß sein, dass die Zentralkraft gleich der Ablenkkraft ist.

Bei der Bewegungsrichtung des geladenen Teilchens schräg zu den Feldlinien wird das Teilchen auf eine Schraubenbahn gelenkt.

Aus $F = \frac{m\,v^2}{r}$ und $F = q\,B\,v$ folgt

für die Bewegungsgröße des Teilchens:

$$\boxed{m\,v = q\,B\,r}$$

Mit $v = \sqrt{2\left|\frac{q}{m}\right|U}$ erhält man

für die spezifische Ladung:

$$\boxed{\frac{q}{m} = \frac{2\,U}{B^2\,r^2}}$$

12.3 Anwendungen

12.3.1 Massenspektrograph

Bei der Ablenkung gleich geladener Teilchen durch ein elektrisches und anschließend ein magnetisches Feld kann man mit geeigneter Anordnung und Stärke der Felder erreichen, dass Teilchen gleicher spezifischer Ladung Q/m sich an derselben Stelle treffen (Massenspektrograph).

12.3.2 Elektrische und magnetische Linsen

Linsen sind Vorrichtungen, die von einem Punkt ausgehende Strahlen wieder in einem Punkt vereinigen. Elektrische und magnetische Linsen werden zur Bündelung von Strahlen elektrisch geladener Teilchen verwendet. Durch das Anlegen geeigneter Wechselspannungen können diese abgelenkt und gerastert werden. Solche Linsen werden durch geeignete Kombination von Plattenkondensatoren (elektrische Linsen) oder durch geeignete Konstruktion von Magnetspulen (magnetische Linsen) gebaut (z. B. für Elektronenmikroskope).

E 13 Halbleiter-Schaltelemente

13.1 Halbleiterdiode als Gleichrichter

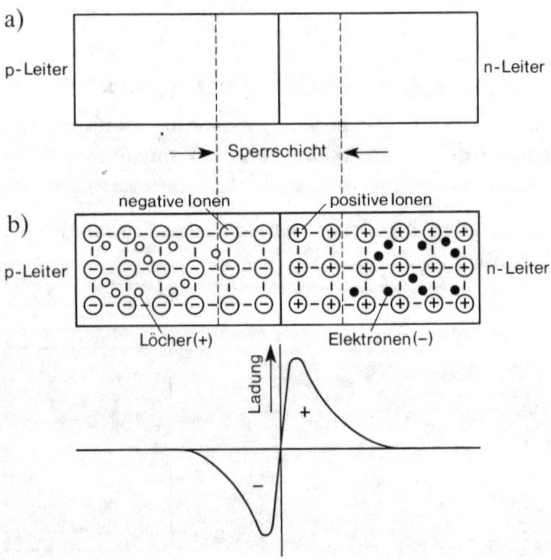

Eine Halbleiterdiode besteht aus der Kombination eines p-Leiters mit einem n-Leiter (► Abb. a; ► E 11.4).

Am pn-Übergang entsteht eine Sperrschicht von etwa 0,01 mm Dicke. In der Sperrschicht bilden sich positive und negative Raumladungen aus (► Abb. b).

c)

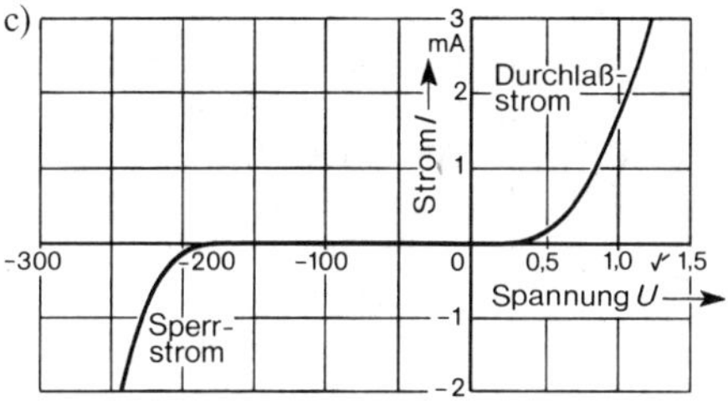

Legt man an den p-Leiter den Pluspol einer Spannungsquelle und an den n-Leiter ihren Minuspol, so treibt die angelegte Spannung die Leitungselektronen von der Seite des n-Leiters und die Löcher von der Seite des p-Leiters auf die Sperrschicht zu. Diese wird dadurch abgebaut, so dass durch die Halbleiterdiode ein Durchlassstrom fließen kann (► Abb. c; Kennlinie einer Halbleiterdiode).

Legt man umgekehrt an den p-Leiter den Minuspol und an den n-Leiter den Pluspol der Spannungsquelle, so wird die Sperrschicht vergrößert. Mit wachsender Spannung wird die Sperrschicht immer breiter. Bei genügend großer Spannung können jetzt aber Valenzelektronen aus den Gitterbindungen in der Sperrschicht frei gemacht werden, so dass neue Leitungselektronen und neue Löcher entstehen. Dadurch fließt ein „Sperrstrom" (► Abb. c).

13.2 Transistor

a)

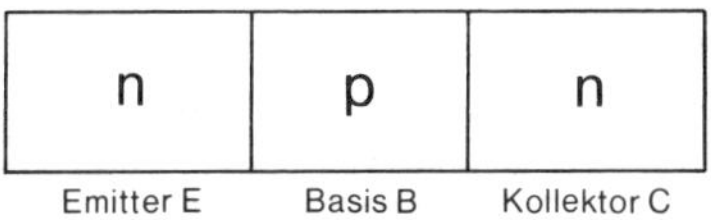

b)

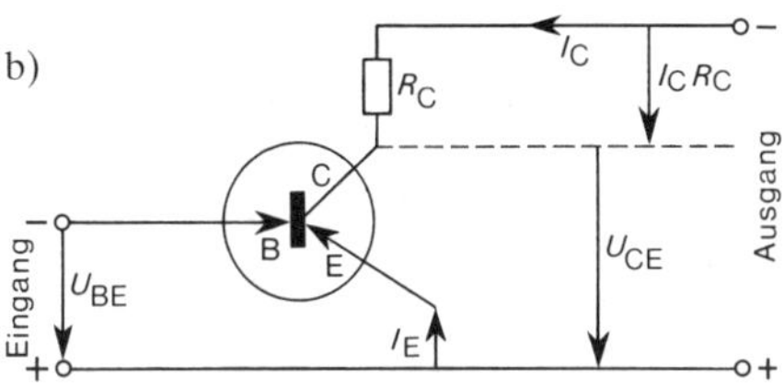

Transistoren werden zum Verstärken und Schalten elektrischer Signale verwendet. Wir betrachten den am meisten gebrauchten npn-Flächentransistor (► Abb. a). Je nachdem, welcher Teil des Transistors sowohl am Eingang als auch am Ausgang liegt, unterscheidet man drei Schaltungsarten: Basis-, Emitter- und Kollektorschaltung. Am häufigsten wird die Emitterschaltung verwendet (► Abb. b). Sie liefert sowohl eine Spannungs- als auch eine Stromverstärkung und damit auch eine Leistungsverstärkung.

Die Kennlinien eines Transistors zeigen die Abhängigkeiten seiner Größen voneinander. Man muss beachten, dass es üblich ist, in den verschiedenen Quadranten eines Koordinatensystems verschiedene Abhängigkeiten darzustellen.

c)

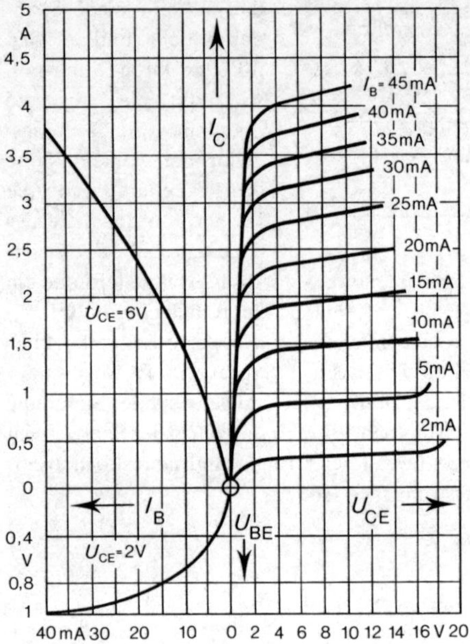

► Abb. c) bringt ein Beispiel für die Emitterschaltung eines pnp-Transistors:
1. Quadrant:
I_C als Funktion von U_{CE}
2. Quadrant:
I_C als Funktion von I_B
3. Quadrant:
U_{BE} als Funktion von I_B

I_B ist die Basisstromstärke,
I_C die Kollektorstromstärke,
U_{CE} die Spannung zwischen Kollektor und Emitter,
U_{BE} die Spannung zwischen Basis und Emitter.

E 14 — HALL-Effekt

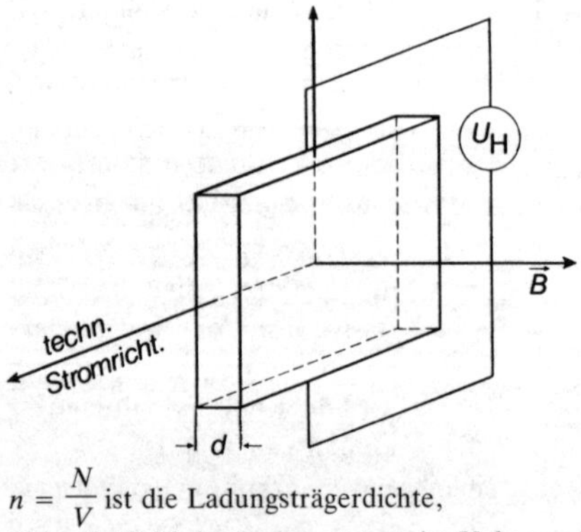

Ein Streifen der Dicke d werde senkrecht von einem Magnetfeld der Flussdichte $\vec{B}$ durchsetzt. Fließt in der Längsrichtung des Streifens ein elektrischer Strom der Stärke I, so entsteht in der Querrichtung die HALL-Spannung U_H:

$$U_H = \frac{1}{ne}\,\frac{IB}{d}$$

$n = \frac{N}{V}$ ist die Ladungsträgerdichte,
N ist die Zahl der Ladungsträger im Volumen V; e ist die Elementarladung.

Über die HALL-Spannung U_H kann man die magnetische Flussdichte $\vec{B}$ messen (HALL-Sonde), sowie Ladungsträgerdichten (Elektronen und Löcher).

GEOMETRISCHE OPTIK

Das Licht ist elektromagnetische Strahlung im Empfindungsbereich des menschlichen Auges, das ist etwa im Frequenzbereich $4 \cdot 10^{14} \ldots 8 \cdot 10^{14}$ Hz (sichtbares Spektrum).
Für Lichtwellen gelten die allgemeinen Gesetze der Wellenlehre (► SW).

GO 1 Frequenz und Farbe

Die verschiedenen Frequenzen des sichtbaren Spektrums vermitteln dem Auge verschiedene Farbeindrücke (Spektralfarben).

Spektralfarbe	Frequenz in Hz	Wellenlänge im Vakuum in nm
Rot	$4{,}0 \ldots 4{,}7 \cdot 10^{14}$	750 ... 640
Orange	$4{,}7 \ldots 5{,}0 \cdot 10^{14}$	640 ... 600
Gelb	$5{,}0 \ldots 5{,}4 \cdot 10^{14}$	600 ... 555
Grün	$5{,}4 \ldots 6{,}2 \cdot 10^{14}$	555 ... 485
Blau	$6{,}2 \ldots 7{,}0 \cdot 10^{14}$	485 ... 430
Violett	$7{,}0 \ldots 7{,}9 \cdot 10^{14}$	430 ... 380

Das Auge hat den Eindruck von Weiß, wenn es eine geeignete Mischung aus allen Spektralfarben empfängt.

GO 2 Lichtgeschwindigkeit

Im Vakuum ist die Lichtgeschwindigkeit für alle Frequenzen (Spektralfarben) *gleich* groß, nämlich $c_0 = 2{,}997\,924\,58 \cdot 10^8 \text{ m s}^{-1}$ (► T 4).
In durchsichtigen Körpern ist die Lichtgeschwindigkeit c kleiner als im Vakuum und hängt von der Frequenz ab. Dadurch ist die *Dispersion des Lichtes* bedingt (► GO 6 und WQ 3.3).

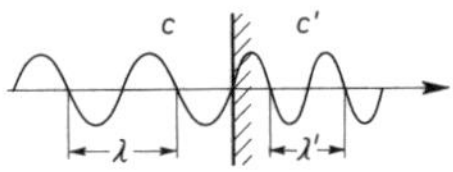

Beim Übergang von einem Medium (mit c) in ein anderes (mit c') bleibt die Frequenz f und damit die Farbe erhalten, aber es *ändert* sich proportional zur Lichtgeschwindigkeit die *Wellenlänge* λ. Denn aus $c = f\lambda$ und $c' = f\lambda'$ folgt:

$$c : c' = \lambda : \lambda'$$

GO 3 Reflexion des Lichtes

Man unterscheidet *diffuse Reflexion* (z. B. an weißen Wänden) und *gerichtete Reflexion* (z. B. an Metallspiegeln).

Bei der gerichteten Reflexion gilt das Reflexionsgesetz (► SW 7.3):

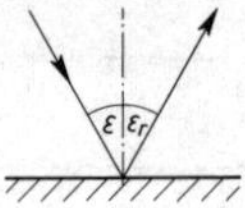

Einfallswinkel ε = Reflexionswinkel ε_r.

$$\varepsilon = \varepsilon_r$$

Der einfallende Strahl, die Normale zur Spiegelebene (= „Einfallslot") und der reflektierte Strahl liegen in *einer* Ebene.

GO 4 Spiegel

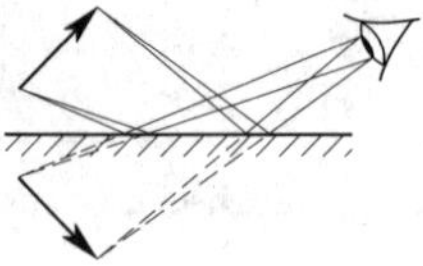

4.1 Ebener Spiegel

Gegenstand und Bild sind in Bezug auf die Spiegelebene symmetrisch. Das Bild liegt also ebenso weit hinter dem Spiegel, wie der Gegenstand davor. Das Spiegelbild ist nicht greifbar, es ist virtuell (= scheinbar).

4.2 Gekrümmte Spiegel

4.2.1 Hohlspiegel

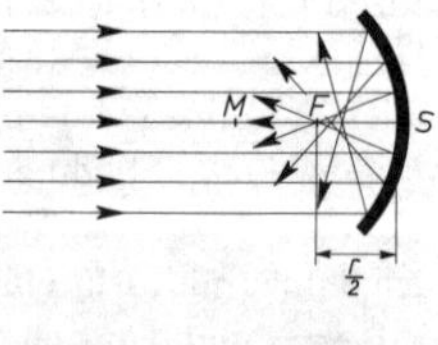

Ein Lichtbündel, das von einem „unendlich" weit entfernten leuchtenden Punkt der Achse M S aus auf einen *Kugel-Hohlspiegel* trifft (Parallel-Lichtbündel), wird nahezu in einem Punkt F, dem so genannten Brennpunkt, gesammelt. Der Brennpunkt liegt im Abstand $r/2$ vom Spiegelscheitel S.

Die Randstrahlen schneiden in zu kurzem Abstand vom Scheitel die Achse (sphärische Aberration). Ein *Paraboloid-Hohlspiegel* dagegen sammelt alle Strahlen eines Lichtbündels, das parallel zur Achse einfällt, exakt im Brennpunkt F.

4.2.2 Erhabener Kugelspiegel

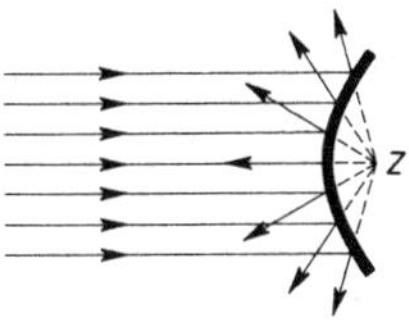

Die Strahlen eines parallel zur Achse auftreffenden Lichtbündels sind nach der Reflexion so gerichtet, als ob sie von einem Zerstreuungspunkt Z hinter dem Spiegel herkämen.

Die Abbildungsformeln für gekrümmte Spiegel ► GO 9.

GO 5 Brechung und Totalreflexion des Lichtes

5.1 Brechung des Lichtes

Trifft ein Lichtstrahl auf die Grenze zweier durchsichtiger Medien mit verschiedenen Lichtgeschwindigkeiten c und c', so wird ein Teil des Lichtes nach dem Reflexionsgesetz reflektiert. Der andere Teil tritt ins zweite Medium ein und ändert dabei seine Richtung, er wird „gebrochen". Einfallender, reflektierter und gebrochener Strahl liegen mit dem Einfallslot in einer Ebene und es gilt die Beziehung (► SW 7.4):

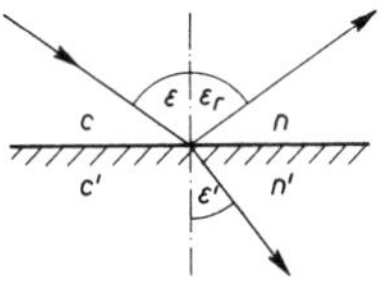

$$\sin\varepsilon : \sin\varepsilon' = c : c'$$

Man definiert als Brechzahl n eines Mediums:

$$n = \frac{c_0}{c}$$

c_0 ist die Lichtgeschwindigkeit im Vakuum.

Die Brechzahl n_0 des Vakuums ist also $n_0 = 1$.

Für zwei Medien (c, n bzw. c', n') gilt:

$$n' : n = c : c'$$

Dann lautet das Brechungsgesetz:

$$n \sin\varepsilon = n' \sin\varepsilon'$$

5.2 Totalreflexion

Geht ein Lichtstrahl vom optisch dünneren ins optisch dichtere Medium (d. h. $n < n'$), so wird er *zum* Einfallslot gebrochen. Beim Übergang vom optisch dichteren ins optisch dünnere Medium (d. h. $n > n'$) wird er entsprechend *vom* Lot gebrochen. In diesem Fall gehört zu dem Winkel $\varepsilon' = 90°$ ein Einfallswinkel $\varepsilon_g < 90°$. ε_g nennt man Grenzwinkel der Totalreflexion. Für alle Einfallswinkel, die größer als ε_g sind, existiert kein gebrochener Strahl, sondern das auftreffende Licht wird totalreflektiert.

Zur Berechnung von ε_g setzt man $\varepsilon' = 90°$, also $\sin\varepsilon' = 1$.

$$\sin\varepsilon_g = \frac{n'}{n}$$

5.3 Anwendungen

5.3.1 Planparallele Platte

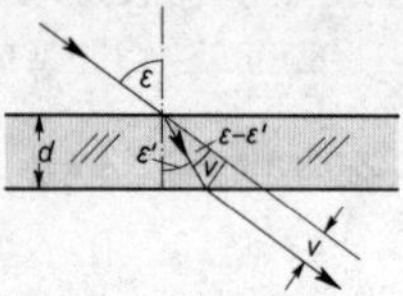

Der Lichtstrahl verlässt nach zweimaliger Brechung die Platte seitlich versetzt, aber parallel zur ursprünglichen Richtung.

Die Länge des Lichtstrahls in der Platte ist $\dfrac{d}{\cos\varepsilon'}$, die seitliche Verschiebung: $v = \dfrac{d}{\cos\varepsilon'}\sin(\varepsilon - \varepsilon')$.

5.3.2 Glasprisma (Keil) in Luft

Zur Durchrechnung des Strahlenweges dienen folgende 4 Formeln, in denen $n_{\text{Luft}} = 1$ und $n_{\text{Glas}} = n$ gesetzt sind:

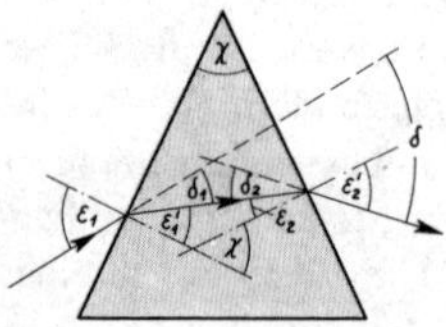

Brechungsgesetz für die 1. Prismenfläche:
$\sin\varepsilon_1 = n\sin\varepsilon_1'$ ①

Nach dem Außenwinkelsatz ist:
$\chi = \varepsilon_1' + \varepsilon_2$ ②

Brechungsgesetz für die 2. Prismenfläche:
$n\sin\varepsilon_2 = \sin\varepsilon_2'$ ③

Die Gesamtablenkung ist
$\delta = \delta_1 + \delta_2 = (\varepsilon_1 - \varepsilon_1') + (\varepsilon_2' - \varepsilon_2)$.

Daraus: $\delta = \varepsilon_1 + \varepsilon_2' - \chi$. ④

5.3.3 Spezialfälle

1. Das Minimum der Ablenkung ist gegeben, wenn der Strahl das Prisma symmetrisch durchsetzt.

   Dann ist $\varepsilon_1 = \varepsilon_2'$ und $\varepsilon_1' = \varepsilon_2$.

   Aus ② folgt $\varepsilon_1' = \dfrac{\chi}{2}$ und aus ④ $\varepsilon_1 = \dfrac{\delta + \chi}{2}$. Daher gibt ①: $n = \dfrac{\sin\dfrac{\delta+\chi}{2}}{\sin\dfrac{\chi}{2}}$

2. Dünner Keil und annähernd senkrechter Einfall des Lichtes.

   Aus ① folgt $\varepsilon_1 = n\,\varepsilon_1'$ und aus ③ $n\,\varepsilon_2 = \varepsilon_2'$. In ④ eingesetzt, gibt:

   $\delta = n\,\varepsilon_1' + n\,\varepsilon_2 - \chi = n\,(\varepsilon_1' + \varepsilon_2) - \chi$. Mit ② folgt: $\delta = (n-1)\,\chi$.

5.3.4 Totalreflexion bei Prismen

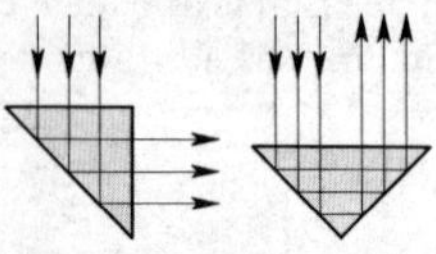

Der Grenzwinkel der Totalreflexion ist für den Übergang von Glas mit $n = 1{,}5$ nach Luft ($n' = 1$) ungefähr $\varepsilon_g = 42{,}5°$. Lichtstrahlen, die wie in den beiden gezeichneten Fällen unter $\varepsilon = 45°$ auftreffen, werden also totalreflektiert.

GO 6	Dispersion des Lichtes

In durchsichtigen Körpern ist die Lichtgeschwindigkeit c eine Funktion der Frequenz. Die daraus folgende Abhängigkeit der Brechzahl n eines Körpers von der Frequenz nennt man Dispersion. Ein weißer Lichtstrahl wird infolge der Dispersion beim Durchgang durch ein Prisma in seine Spektralfarben zerlegt, da diese zweimal verschieden stark gebrochen werden (Abb.). In der Regel wird violettes Licht stärker gebrochen als rotes (normale Dispersion).

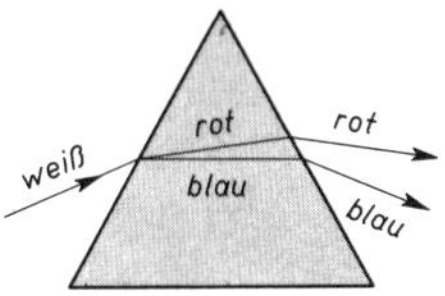

GO 7	Brennpunkte, Brennweiten und Brennebenen dünner Linsen in Luft

Optische Linsen sind Rotationskörper aus Glas oder Kunststoff, die in der Regel von Kugelflächen begrenzt sind.
Die Rotationsachse bezeichnet man als optische Achse.

7.1 Vorzeichenfestsetzung nach DIN 1335

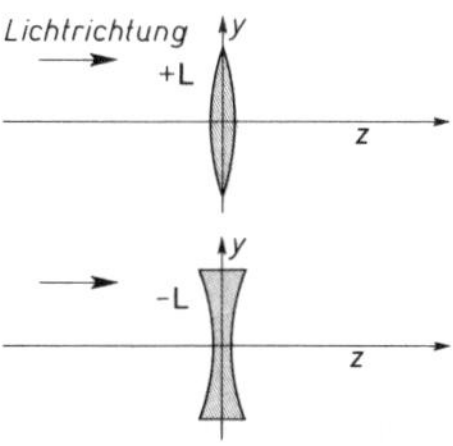

z-Achse ist die optische Achse, das ist die Verbindungslinie der zwei Kugelmittelpunkte der Linsenoberflächen.

y-Achse ist der Schnitt der „Linsenebene“ mit der Zeichenebene.

Die Lichtrichtung wählt man von links nach rechts.

Strecken ‖ zur z-Achse sind { positiv hinter der Linse, negativ vor der Linse.

Strecken ‖ zur y-Achse sind { positiv über der opt. Achse, negativ unter der opt. Achse.

7.2 Sammellinsen

Sammellinsen vereinigen Lichtstrahlen, die parallel zur optischen Achse einfallen, im bildseitigen Brennpunkt F′.

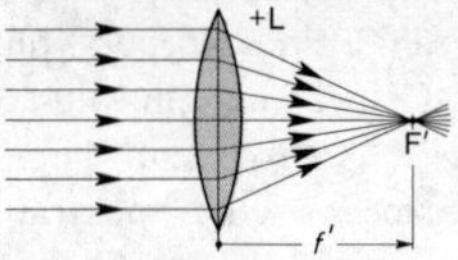

f' ist die bildseitige Brennweite. Diese ist bei Sammellinsen positiv: $f' > 0$.

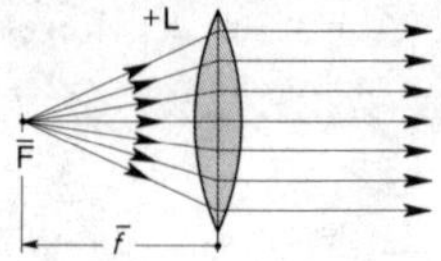

Vom dingseitigen Brennpunkt $\bar{F}$ ausgehende Lichtstrahlen werden durch die Linse parallel zur Achse gerichtet.

$\bar{f}$ ist die dingseitige Brennweite. Diese ist bei Sammellinsen negativ: $\bar{f} < 0$.

7.3 Zerstreuungslinsen

Zerstreuungslinsen zerstreuen Lichtstrahlen, die parallel zur Achse einfallen, so, als ob sie vom bildseitigen Brennpunkt F′ herkämen.

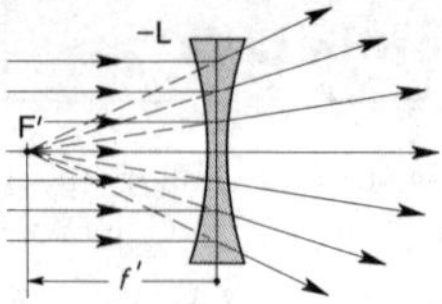

f' ist die bildseitige Brennweite. Diese ist bei Zerstreuungslinsen negativ: $f' < 0$.

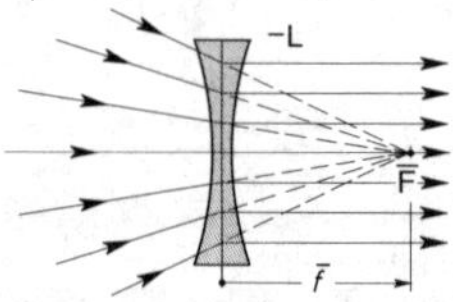

Auf den dingseitigen Brennpunkt $\bar{F}$ zugehende Lichtstrahlen werden durch Zerstreuungslinsen parallel zur Achse gerichtet.

$\bar{f}$ ist die dingseitige Brennweite. Diese ist bei Zerstreuungslinsen positiv: $\bar{f} > 0$.

7.4 Brennweiten dünner Linsen

Bei allen dünnen Linsen (Sammel- und Zerstreuungslinsen) ist:

$$\boxed{\bar{f} = -f'}$$

Berechnung der Brennweiten:

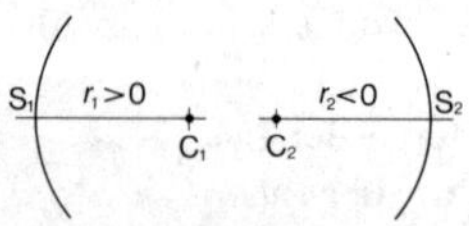

Als Scheitel der Linse bezeichnet man die Durchstoßpunkte der optischen Achse mit den Kugeloberflächen. Der Radius $\vec{r} = \overrightarrow{SC}$ ist positiv, wenn C rechts von S liegt.

$$\boxed{\frac{1}{f'} = -\frac{1}{\bar{f}} = (n-1)\left(\frac{1}{r_1} - \frac{1}{r_2}\right)}$$

n ist die Brechzahl des Glases.

7.5 Brennebenen

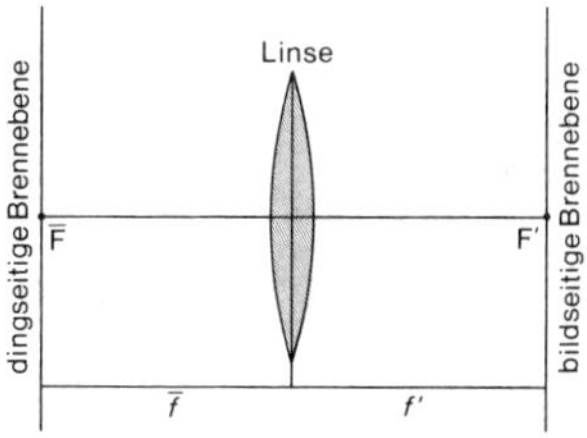

Die Brennebenen liegen parallel zur Linsenebene und enthalten jeweils den dingseitigen bzw. bildseitigen Brennpunkt. Man nennt sie dingseitige bzw. bildseitige Brennebene.

7.6 Brechkraft *D*

Den reziproken Wert der Brennweite bezeichnet man als Brechkraft D:

$$D = \frac{1}{f}$$

Die SI-Einheit der Brechkraft ist $1\ \text{m}^{-1}$.

In der Optik nennt man diese Einheit 1 Dioptrie.
Es ist also $1\ \text{m}^{-1} = 1$ Dioptrie $= 1$ dpt.

Oft ist es vorteilhaft mit der Brechkraft D statt mit der Brennweite f zu rechnen. Legt man z. B. 2 dünne Linsen möglichst nahe zusammen, so ist die Brechkraft dieses Systems: $D = D_1 + D_2$.
Dabei sind D_1 und D_2 die Brechkräfte der beiden Einzellinsen.

GO 8	Abbildung durch dünne Linsen

8.1 Abbildung ferner Gegenstände durch eine Sammellinse

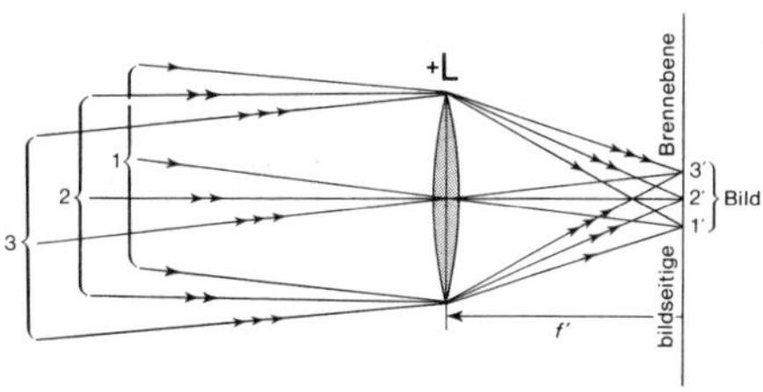

Fällt Licht von einem fernen Gegenstand, z. B. von der Sonne, auf eine Sammellinse, so entsteht in ihrer bildseitigen Brennebene ein reelles, umgekehrtes Bild. Von den drei fernen Punkten 1, 2 und 3 entstehen die drei Bildpunkte 1′, 2′ und 3′.

8.2 Abbildung naher Gegenstände durch dünne Linsen

8.2.1 Konstruktion der Bilder

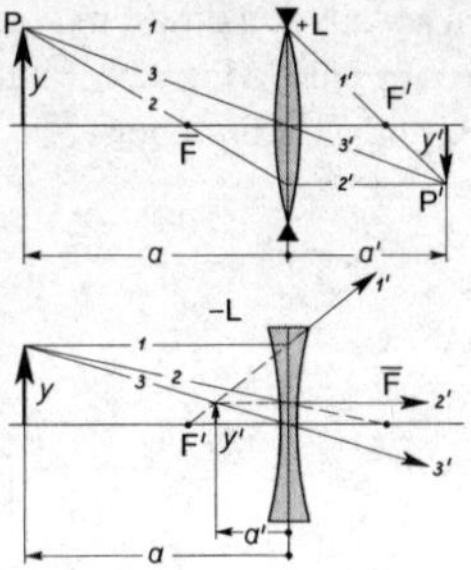

Man findet das Bild mit Hilfe von zwei der folgenden drei Konstruktionsstrahlen:

1. Ein Strahl parallel zur Achse wird Brennstrahl durch F′.

2. Ein Brennstrahl durch F̄ wird ein Strahl parallel zur Achse.

3. Mittelstrahl bleibt Mittelstrahl (Hauptstrahl).

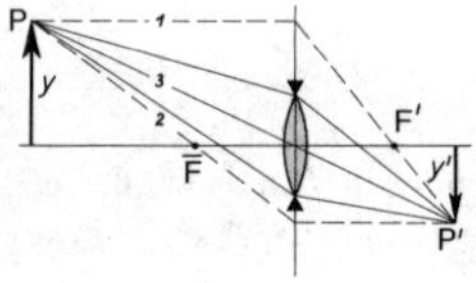

Die Konstruktionsstrahlen 1 und 2 gehören gelegentlich nicht zu den tatsächlich abbildenden Lichtstrahlen. Trotzdem kann man mit ihrer Hilfe Lage und Größe des Bildes finden.

8.2.2 Abbildungsgleichungen mit Dingweite und Bildweite

Das Abbildungsverhältnis (= Abbildungsmaßstab) β' ist (► Abb.):

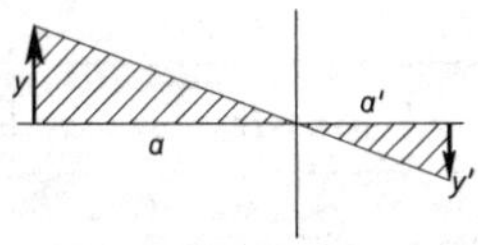

a ist die Dingweite
a' die Bildweite,

$$\beta' = \frac{y'}{y} = \frac{a'}{a}$$

Ding und Bild stehen bei $\begin{cases} \beta' > 0 \text{ gleichgerichtet,} \\ \beta' < 0 \text{ umgekehrt.} \end{cases}$

Lage von Ding und Bild:

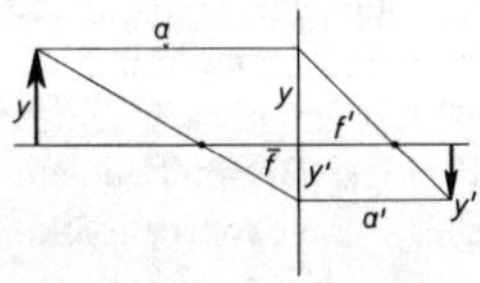

Nach dem Vierstreckensatz gilt (unter Berücksichtigung der Vorzeichen) für die Strecken

vor der Linse:

$$\frac{\bar{f}}{a} = \frac{-y'}{y + (-y')}$$

hinter der Linse:

$$\frac{f'}{a'} = \frac{y}{y + (-y')}$$

Addiert: $\dfrac{\bar{f}}{a} + \dfrac{f'}{a'} = 1$; mit $\bar{f} = -f'$ ergibt sich:

$$-\frac{1}{a} + \frac{1}{a'} = \frac{1}{f'}$$

8.2.3 Abbildungsgleichungen mit Brennpunktabständen (nach NEWTON)

Das Abbildungsverhältnis β':

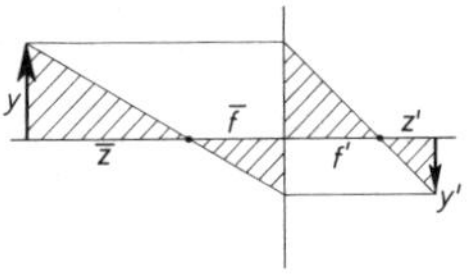

Aus den schraffierten Paaren von ähnlichen Dreiecken vor bzw. hinter der Linse kann man ablesen:

$$\beta' = \frac{y'}{y} = -\frac{\bar{f}}{\bar{z}} = -\frac{z'}{f'}$$

$\bar{z}$ ist der dingseitige Brennpunktabstand,
z' der bildseitige Brennpunktabstand.

Lage von Ding und Bild.

Aus $\frac{\bar{f}}{\bar{z}} = \frac{z'}{f'}$ folgt:

$$\bar{z}\, z' = \bar{f}\, f'$$

8.2.4 Überblick über die Lage von Gegenstand und Bild bei einer Sammellinse

Ein Gegenstand rückt aus weiter Ferne (Stellung 1) immer näher an die Linse (Stellungen 2, 3, 4, 5, 6). Die Bilder (1′, 2′, 3′, 4′, 5′) entstehen hinter der Linse (reell und umgekehrt). Das Bild 6′ liegt vor der Linse (virtuell, aufrecht und vergrößert).

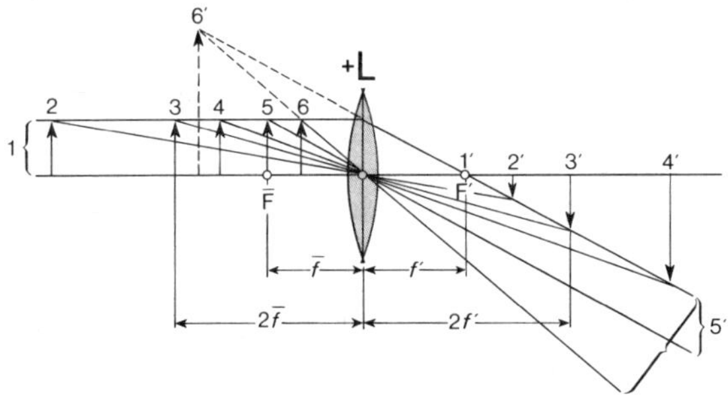

GO 9 Abbildungsgleichungen für Kugelspiegel

Bei der Reflexion ändert sich die Lichtrichtung. Man klappt deshalb für die Rechnung am besten den Strahlengang um die z-Achse um und nach der Rechnung wieder zurück. Dann hat man Abbildungsformeln wie unter GO 8.2.

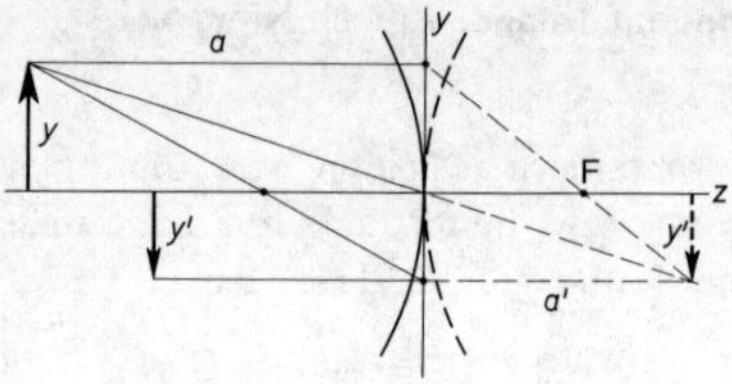

$\beta' = \frac{y'}{y} = \frac{a'}{a}$
$-\frac{1}{a} + \frac{1}{a'} = \frac{1}{f'}$
$f' = \frac{r}{2}$

(► GO 4.2)

Bei einem Hohlspiegel ist r positiv, bei einem erhabenen Spiegel ist r negativ zu setzen. – Ergibt die Rechnung einen positiven Wert für a', so liegt das Bild nach dem Zurückklappen vor dem Spiegel.

GO 10	Abbildungsgleichungen in der Schreibweise von Schulbüchern

10.1 Abbildungsgleichungen für dünne Linsen

Dingseitige und bildseitige Brennweite sind gleich groß.
Sie werden beide als „Brennweite" f bezeichnet.
f ist bei Sammellinsen positiv, bei Zerstreuungslinsen negativ.

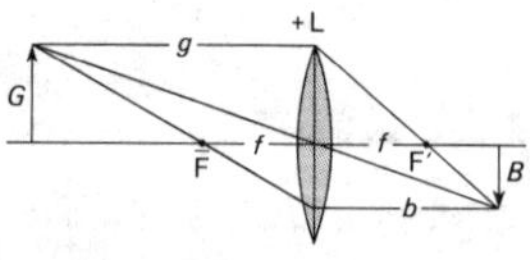

g ist die Gegenstandsweite,
b die Bildweite,
G die Gegenstandsgröße,
B die Bildgröße,
α der Abbildungsmaßstab und
D die Brechkraft.

$\alpha = \frac{B}{G} = \frac{b}{g}$
$\frac{1}{g} + \frac{1}{b} = \frac{1}{f}$
$\frac{1}{f} = D$

10.2 Abbildungsgleichungen für Kugelspiegel

r ist der Radius der Kugel, alle anderen Bezeichnungen wie unter GO 10.1.

Beim Hohlspiegel ist f positiv,
beim erhabenen Spiegel negativ.

$\alpha = \frac{B}{G} = \frac{b}{g}$
$\frac{1}{g} + \frac{1}{b} = \frac{1}{f} = D$
$f = \frac{r}{2}$

GO 11 Vergrößerung und Strahlengang optischer Instrumente

11.1 Vergrößerung optischer Instrumente

Man vergleicht den Sehwinkel ohne Instrument σ_0 mit dem Sehwinkel mit Instrument σ_m und nennt Vergrößerung:

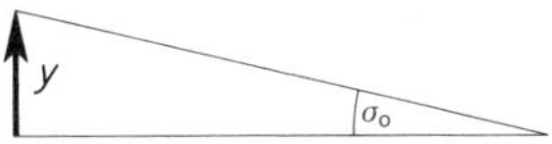

$$\Gamma' = \frac{\tan \sigma_m}{\tan \sigma_0}$$

11.2 Lupe (Leseglas)

Je näher ein Ding beim Auge ist, desto größer ist σ_0. Als „deutliche Sehweite" hat man den Abstand $d = 25$ cm festgelegt, da auf kürzere Entfernungen das normale Auge nur angestrengt akkommodieren kann.

Unterstützt man das Auge durch eine Lupe (Sammellinse), so ist eine Annäherung auf kleinere Abstände möglich. Bei richtiger Verwendung einer Lupe steht das Ding im Brennpunkt $\bar{F}$ der Lupe. Dann akkommodiert das Auge auf Unendlich (Abb.), ist also entspannt.

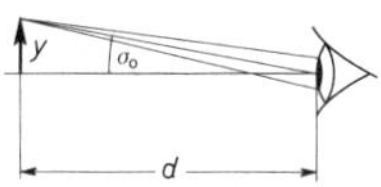

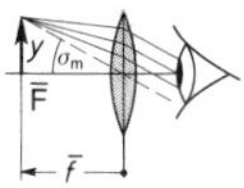

Betrachtung in günstigster Entfernung

ohne Lupe: $\tan \sigma_0 = \dfrac{y}{d}$

mit Lupe: $\tan \sigma_m = \left|\dfrac{y}{\bar{f}}\right| = \dfrac{y}{f'}$

Daher ist die Lupenvergrößerung:

$$\Gamma'_L = \frac{d}{f'}$$

11.3 Mikroskop

Das Objektiv L_1 entwirft ein reelles Zwischenbild y'_1 in vergrößertem Maßstab $|\beta'_1| > 1$. Das Zwischenbild wird anschließend mit einer Lupe als Okular L_2 betrachtet. Die Betrachtung ohne Mikroskop in günstigster Entfernung ergibt wie bei der Lupe: $\tan \sigma_0 = \dfrac{y}{d}$.

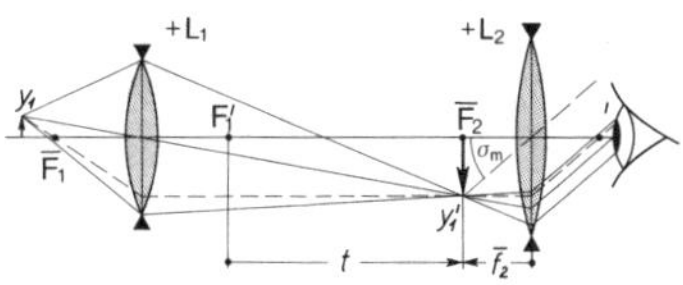

Der Sehwinkel mit Mikroskop berechnet sich aus (► Abb.)

$\tan \sigma_m = \dfrac{y'_1}{f'_2}$ und $y'_1 = \beta'_1 y$ zu

$$\tan \sigma_m = \frac{\beta'_1 y}{f'_2}.$$

Daher ist $\dfrac{\tan\sigma_\mathrm{m}}{\tan\sigma_0} = \dfrac{\beta_1' \, d}{f_2'}$ und die Mikroskopvergrößerung: $$\Gamma_\mathrm{M}' = \beta_1' \, \Gamma_\mathrm{L}'$$

(β_1' gilt nur für die vorgesehene Ding- und Bildweite!)

Man nennt optische Tubuslänge $t = \mathrm{F}_1' \, \overline{\mathrm{F}}_2$. Es ist $t = x_1'$.

Nach GO 8.2.3 ist dann $\beta_1' = -\dfrac{t}{f_1'}$, und damit: $$\Gamma_\mathrm{M}' = -\frac{t\,d}{f_1' \, f_2'}$$

Über das Auflösungsvermögen des Mikroskops ► WQ 3.2.

11.4 Fernrohre

11.4.1 Astronomisches Fernrohr (KEPLER)

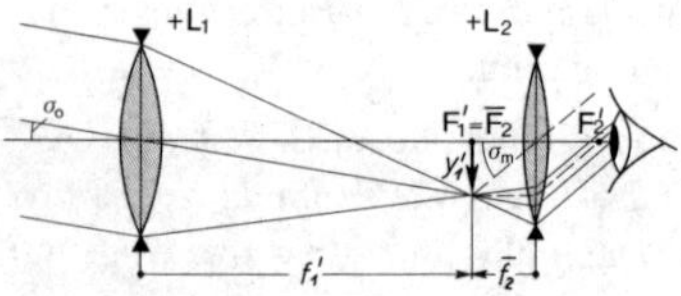

Es ist $\tan\sigma_0 = \dfrac{y_1'}{f_1'}$ und $\tan\sigma_\mathrm{m} = \dfrac{y_1'}{f_2'}$.

Daher ist die Fernrohrvergrößerung:

$$\Gamma_\mathrm{F}' = \left|\frac{f_1'}{f_2'}\right|$$

Die Baulänge ist $f_1' + f_2'$

11.4.2 Opernglas (GALILEI)

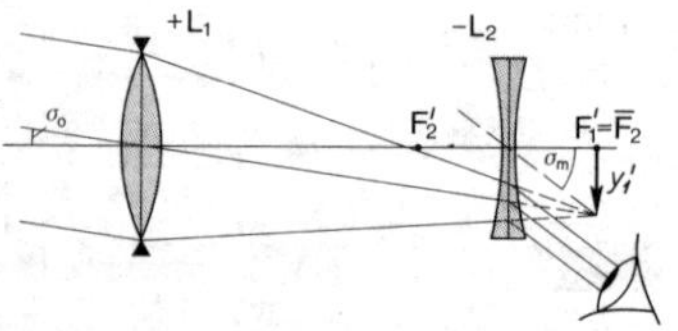

Es ist $\tan\sigma_0 = \dfrac{y_1'}{f_1'}$ und $\tan\sigma_\mathrm{m} = \left|\dfrac{y_1'}{f_2'}\right|$.

Daher ist die Fernrohrvergrößerung des Opernglases:

$$\Gamma_\mathrm{F}' = \left|\frac{f_1'}{f_2'}\right|$$

Die Baulänge ist $f_1' - |f_2'|$

Wellenoptik und Quantenphysik

WQ 1 Interferenzbedingungen – Kohärentes Licht

Die Lichtaussendung der Atome erfolgt in begrenzten Wellengruppen. Die Länge der Wellengruppen hängt von der Art der Lichtquelle ab. (Thermische Lichtquelle ► WQ 11.3, Laser ► WQ 11.4)

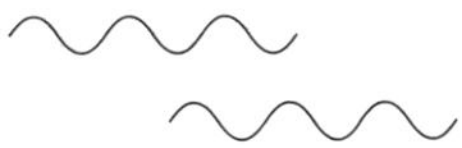

Damit ein zeitlich unveränderliches und damit beobachtbares Interferenzbild (SW 8) zu Stande kommt, müssen die ausgesandten Wellenzüge eine konstante Phasenbeziehung untereinander haben. Außerdem können Wellenzüge im Beobachtungsgebiet nur dann interferieren, wenn sie sich dort überlappen; d. h. der Gangunterschied muss kleiner als die Länge einer Wellengruppe sein.

Bei konventionellen Lichtwellen kann man diese Bedingungen einhalten, wenn man zwei (oder mehr) Wellenzüge überlagert, die von einer einzigen Lichtquelle stammen. Dann spricht man von *kohärentem Licht*. Solche Wellenzüge kann man herstellen durch Spiegelung und Beugung.

1.1 Spiegelung an zwei (oder mehr) reflektierenden Flächen

1.1.1 FRESNEL-Spiegel

Die Lichtquelle L wird an den beiden Spiegeln Sp_1 und Sp_2 gespiegelt, so dass die Lichtwellen nach der Reflexion die virtuellen Wellenzentren L_1 und L_2 haben.

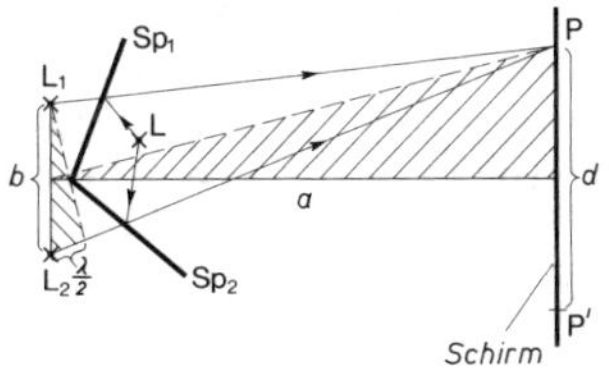

Mit den Bezeichnungen der Abb. folgt aus (annähernd) ähnlichen Dreiecken:

$$\frac{\lambda}{2} : b = \frac{d}{2} : a.$$

d ist der Abstand der ersten beiden seitlichen Minima.

Daher ist:

$$\boxed{\lambda = \frac{d\,b}{a}}$$

1.1.2 MICHELSON-Interferometer

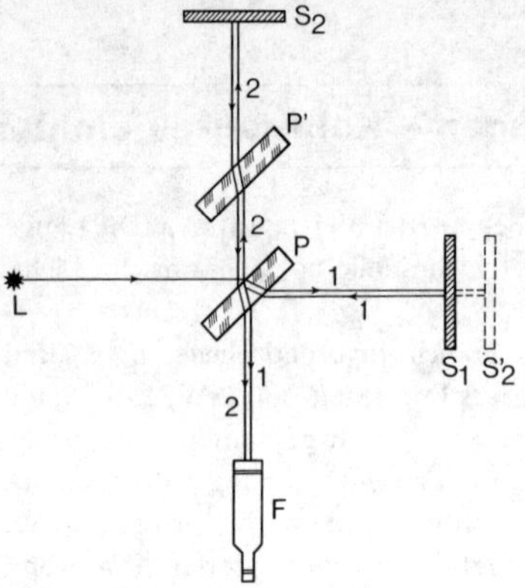

Das Licht der Lichtquelle L (► Abb.) wird an einer halbdurchlässig verspiegelten Platte teils durchgelassen, teils reflektiert. Die so entstandenen Teilwellen werden an den Spiegeln S_1 und S_2 reflektiert und überlagern sich im Unendlichen (im Fernrohr). Der bei der Reflexion auftretende Phasensprung (► WQ 2.2) wird durch die planparallele Platte P' kompensiert.

1.2 Beugung

Beispiele: Beugungsspalt (► SW 9.2), Beugungsgitter und YOUNG-Doppelspalt (► SW 9.3).

Im Übrigen gelten die allgemeinen Interferenzbedingungen (► SW 8 und SW 9).

WQ 2 Kurven gleicher Neigung und gleicher Dicke

2.1 Optische Dicke

Zur Berechnung des Gangunterschiedes verwendet man nicht die geometrische Dicke d, sondern die *optische Dicke $n\,d$.* Denn auf der geometrischen Dicke d liegen in einem Medium, dessen Brechungszahl n ist, n-mal soviel Wellenlängen wie in Luft (genauer Vakuum). Auf die *Zahl der Wellenlängen* kommt es beim Gangunterschied aber gerade an.

2.2 Phasensprung bei der Reflexion am dichteren Medium

Wird ein Lichtstrahl an der Grenze zweier durchsichtiger Medien reflektiert, so tritt ein *Phasensprung* um π (Verschiebung um $^1/_2\,\lambda$) ein, wenn die *Reflexion am dichteren Medium* erfolgt.

2.3 Reflexion an einer planparallelen Glasplatte

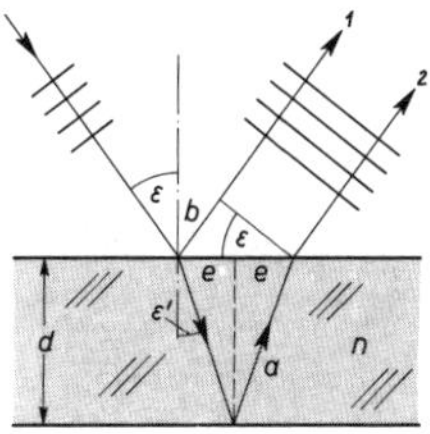

Ein Parallellichtbündel wird durch die Reflexion an der Vorderseite und an der Rückseite einer planparallelen Platte in zwei Teilbündel 1 und 2 zerlegt. Aus der Abb. ergibt sich für den Gangunterschied $\Delta_{12} = 2\,n\,a - b + \frac{\lambda}{2}$ (Phasensprung an der Vorderseite!). Es ist $a = \frac{d}{\cos \varepsilon'}$; $b = 2\,e \sin \varepsilon$ und $e = d \tan \varepsilon'$.

Mit $\sin \varepsilon = n \sin \varepsilon'$ und $\cos \varepsilon' = \sqrt{1 - \sin^2 \varepsilon'}$ ergibt sich:

$$\Delta_{12} = 2\,d \sqrt{n^2 - \sin^2 \varepsilon} + \frac{1}{2}\lambda$$

2.4 Kurven gleicher Neigung an einer planparallelen Glasplatte

Fällt einfarbiges Licht *verschiedener Neigung* ε auf eine vollkommen planparallele Platte (d = const), so erhält man mit wachsendem ε abwechselnd dunkle und helle Interferenzstreifen (Kurven gleicher Neigung).

Diese liegen im Unendlichen, da sie durch gleich geneigte Strahlen (Parallelbündel) erzeugt werden. Sie werden daher mit entspanntem Auge (Akkommodation auf Unendlich) oder mit einem auf Unendlich eingestellten Fernrohr beobachtet.

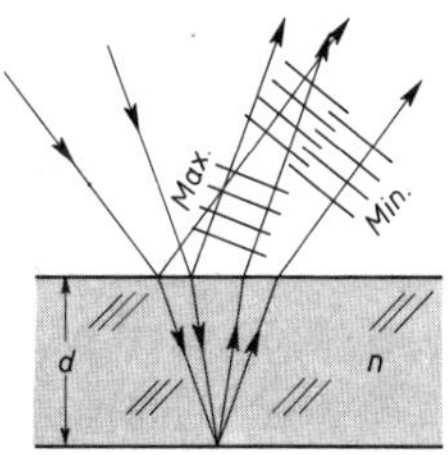

Man beobachtet

Maxima, wenn
$$\Delta_{12} = k\,\lambda$$

und

Minima, wenn
$$\Delta_{12} = \frac{2\,k - 1}{2}\,\lambda$$

mit $k = 1, 2, 3, \ldots$

Je größer die Dicke der Platte ist, desto kleiner ist der Winkelabstand der Maxima und Minima.

2.5 Kurven gleicher Dicke an einer Glasplatte

Verwendet man zur Betrachtung einer planparallelen Glasplatte einfarbiges Licht möglichst einer *einzigen Neigung* (ε = const), so erscheint das reflektierte Licht je nach der Plattendicke hell oder dunkel. Ist die Platte nicht einheitlich dick, so erscheint ihre Oberfläche dort hell, wo $2\,n\,d_1 + \frac{1}{2}\lambda = k\,\lambda$ und dunkel, wo $2\,n\,d_2 + \frac{1}{2}\lambda = (2\,k - 1)\,\frac{1}{2}\lambda$ für $\varepsilon \approx 0$.

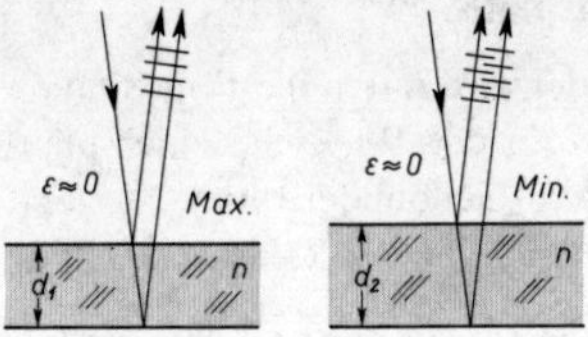

Daraus folgt:

Maxima, wenn $$n\,d_1 = k\,\frac{\lambda}{2} - \frac{\lambda}{4}$$

Minima, wenn $$n\,d_2 = (k-1)\,\frac{\lambda}{2}$$

mit $k = 1, 2, 3, \ldots$

Für gleich dicke Stellen der Platte ergeben sich Kurven gleicher Helligkeit (Kurven gleicher Dicke; Höhenlinien).

2.6 Farben dünner Plättchen

Mit weißem Licht beobachtet man bei dünnen Plättchen verschiedener Dicke statt heller und dunkler Streifen verschiedenfarbige Streifen. Im reflektierten Licht fehlt die Spektralfarbe, für die jeweils – entsprechend ihrem λ – ein Minimum vorliegt. Außerdem sind die benachbarten Spektralfarben geschwächt. Man sieht also Mischfarben.

2.7 Newton-Ringe

Kurven gleicher Dicke an einer Luftschicht zwischen einer Planglasplatte und einer Kugelfläche nennt man Newton-Ringe.

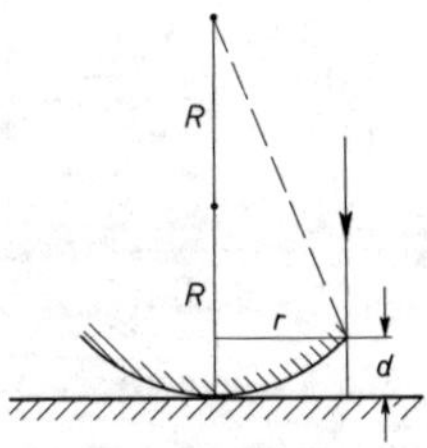

Setzt man $\varepsilon = 0$ und $n = 1$, so ist $\Delta_{12} = 2\,d + \dfrac{\lambda}{2}$ unter Berücksichtigung des Phasensprungs an der Rückseite der Luftschicht.

Die Kurven gleicher Dicke sind Kreise. Für die dunklen Kreise (Minima) gilt: $2\,d + \dfrac{\lambda}{2} = (2\,k-1)\,\dfrac{\lambda}{2}$ oder $2\,d = (k-1)\,\lambda$. Aus der Abb. ergibt sich $r^2 = d\,(2\,R - d) \approx 2\,R\,d$.

Für den m-ten dunklen Ring – die dunkle Mitte nicht gezählt – gilt dann:

$$\lambda = \frac{r^2}{m\,R}$$

WQ 3 Auflösungsvermögen optischer Instrumente

3.1 Fernrohr

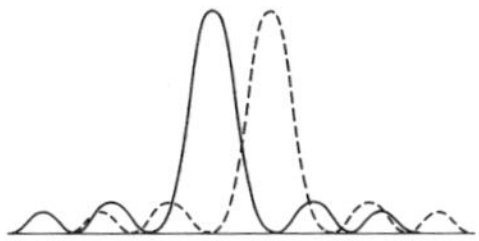

Die Bildpunkte sind Beugungsfiguren, wobei die Objektivöffnung als beugende Öffnung wirkt (► SW 9.2). Zwei Bildpunkte können noch getrennt wahrgenommen werden, wenn das Hauptmaximum des einen auf das 1. Minimum des andern fällt.

Dann ist der Winkelabstand von zwei solchen gerade noch auflösbaren Punkten (► SW 9.2.3):

$$\alpha_{\min} = 1{,}22\,\frac{\lambda}{D}$$

und der zugehörige lineare Abstand der Bildpunkte in der Brennebene:

$$y'_{\min} = 1{,}22\,\frac{\lambda f'}{D}$$

3.2 Mikroskop

Der kleinste Abstand zweier Objektpunkte, die im Mikroskop noch aufgelöst werden, ist:

$$y_{\min} = 1{,}22\,\frac{\lambda}{2A}$$

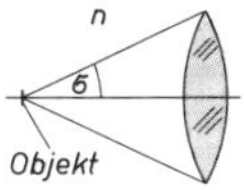

$A = n \sin\sigma$ ist die numerische Apertur,
σ der halbe Öffnungswinkel und
n die Brechzahl des Mediums zwischen Objekt und Objektiv.

3.3 Spektrographen

Ist $\mathrm{d}\lambda$ die Wellenlängendifferenz zweier noch trennbarer Spektrallinien, so bezeichnet man als Auflösungsvermögen den Quotienten $A = \dfrac{\lambda}{\mathrm{d}\lambda}$.

3.3.1 Prismenspektrograph

Eine Spektrallinie der Wellenlänge λ ist das Beugungsbild des Spaltes, die beugende Öffnung B (Bündelbreite) ist im Allgemeinen durch die Prismenkanten begrenzt. Für das 1. seitliche Minimum gilt:

$B \sin\alpha = \lambda$ (► SW 9.2); für kleines α ist $\alpha = \dfrac{\lambda}{B}$.

Eine zweite Linie $(\lambda + \mathrm{d}\lambda)$ ist noch trennbar, wenn die zu λ bzw. $(\lambda + \mathrm{d}\lambda)$ gehörigen Parallelbündel das Prisma unter dem Winkel $\mathrm{d}\vartheta = \alpha$ verlassen. Daher ist die Winkeldispersion $\dfrac{\mathrm{d}\vartheta}{\mathrm{d}\lambda} = \dfrac{\lambda}{\mathrm{d}\lambda}\,\dfrac{1}{B}$.

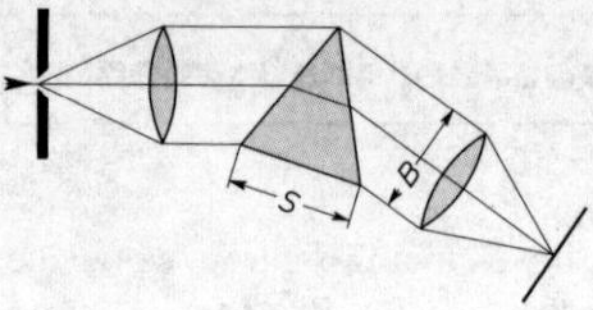

Also ist das Auflösungsvermögen:

$$A = \frac{\mathrm{d}\vartheta}{\mathrm{d}\lambda} B$$

Durch Umrechnen der Winkeldispersion auf die Dispersion $\frac{\mathrm{d}n}{\mathrm{d}\lambda}$ gilt für den Strahlengang der Abb. (ein gleichseitiges Prisma steht im Minimum der Ablenkung):

S ist die Basislänge des Prismas.

$$A = \frac{\mathrm{d}n}{\mathrm{d}\lambda} S$$

3.3.2 Gitterspektrograph

Für das erste seitliche Minimum neben dem Hauptmaximum k-ter Ordnung der Wellenlänge λ gilt:

$b \sin\alpha = k\lambda + \frac{\lambda}{N}$ (► SW 9.3).

Für das Hauptmaximum k-ter Ordnung der Wellenlänge $(\lambda + \mathrm{d}\lambda)$ gilt:

$b \sin\alpha = k\,(\lambda + \mathrm{d}\lambda)$ mit dem gleichen Winkel α, wenn $\mathrm{d}\lambda$ der noch trennbare Wellenlängenunterschied ist.

Daraus folgt: $k\lambda + k\,\mathrm{d}\lambda = k\lambda + \frac{\lambda}{N}$ oder:

$$A = Nk$$

N ist die Gesamtstrichzahl des Beugungsgitters.

WQ 4 Polarisation des Lichtes

4.1 Polarisator und Analysator

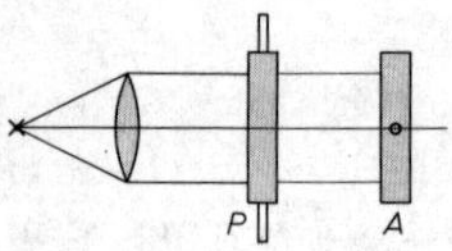

Natürliches Licht besteht aus Querwellen mit regellos verteilten Schwingungsebenen. Ein Polarisationsfilter P (Polarisator) lässt von jeder Welle nur *die* Komponente des elektrischen Vektors hindurch, die in einer bestimmten Ebene schwingt (Schwingungsrichtung des Polarisators). Hinter dem Polarisator ist das Licht linear polarisiert (► SW 10.1).

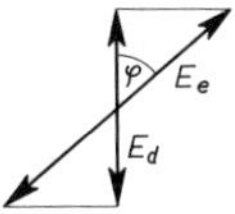

Steht ein zweites Polarsisationsfilter A (Analysator) so, dass seine Schwingungsrichtung mit der von P den Winkel φ bildet, so gilt für die Amplitude des auf A einfallenden Lichtes E_e und die Amplitude des durch A hindurchgehenden Lichtes E_d die Beziehung: $E_d = E_e \cos\varphi$. Die Lichtleistung (= Lichtstrom) ist proportional zu E^2.

Der Durchlässigkeitsgrad

$$\tau = \frac{\text{durchgelassener Lichtstrom } \Phi_d}{\text{einfallender Lichtstrom } \Phi_e} \quad \text{ist daher:} \qquad \boxed{\tau = \cos^2\varphi}$$

Für $\varphi = 0$, d. h. A und P *parallel*, ist $\tau = 100\,\%$;
für $\varphi = 90°$, d. h. A und P *gekreuzt*, ist $\tau = 0$.

4.2 Polarisationsgrad

Unvollkommene Polarisatoren lassen auch Licht durch, das senkrecht zu ihrer Schwingungsrichtung schwingt. Ist $\tau_{\parallel}$ die Durchlässigkeit in der Schwingungsrichtung des Polarisators und $\tau_{\perp}$ die Durchlässigkeit senkrecht dazu, so nennt man Polarisationsgrad des Polarisators:

$$\boxed{P = \frac{\tau_{\parallel} - \tau_{\perp}}{\tau_{\parallel} + \tau_{\perp}}}$$

4.3 Polarisationsverhältnisse bei der Reflexion an einem durchsichtigen Medium

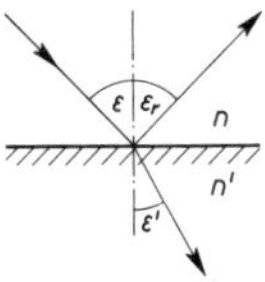

In der „Einfallsebene" liegen: Einfallslot, einfallender, reflektierter und gebrochener Strahl.
$E_{\parallel}$ ist die Amplitude des parallel zur Einfallsebene schwingenden elektrischen Vektors.
$E_{\perp}$ ist die Amplitude des senkrecht zur Einfallsebene schwingenden elektrischen Vektors.
Ferner bedeutet der Index r „reflektiert" und der Index e „einfallend".

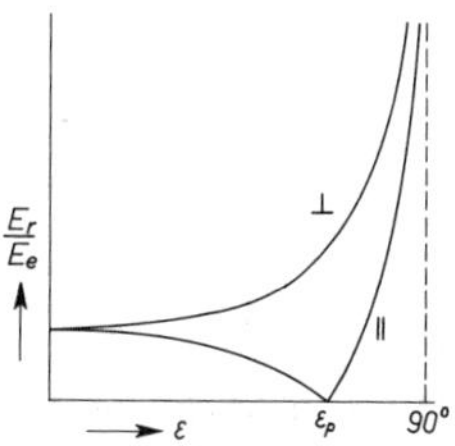

Formeln von FRESNEL:

$$\boxed{\left(\frac{E_r}{E_e}\right)_{\parallel} = \frac{\tan(\varepsilon - \varepsilon')}{\tan(\varepsilon + \varepsilon')}; \quad \left(\frac{E_r}{E_e}\right)_{\perp} = -\frac{\sin(\varepsilon - \varepsilon')}{\sin(\varepsilon + \varepsilon')}}$$

Ist $\varepsilon > \varepsilon'$, so haben die Amplituden des einfallenden und des reflektierten elektrischen Vektors entgegengesetzte Richtung. Ist speziell $\varepsilon = 0$, so ist

$$\boxed{\left|\left(\frac{E_r}{E_e}\right)_{\parallel}\right| = \left|\left(\frac{E_r}{E_e}\right)_{\perp}\right| = \left|\frac{n' - n}{n' + n}\right|}$$

Wird natürliches Licht an einem durchsichtigen Medium mit $\varepsilon \neq 0$ reflektiert, so wird es polarisiert. Der Polarisationsgrad hängt von ε ab. Er ist $P = 100\,\%$, wenn das Licht unter dem „Polarisationswinkel" ε_p einfällt.

Für diesen gilt: $$\tan \varepsilon_P = \frac{n'}{n}$$

4.4 Drehung der Polarisationsebene durch optisch aktive Stoffe

Schickt man linear polarisiertes Licht durch optisch aktive Stoffe, z. B. durch eine Zuckerlösung, so wird die Schwingungsebene gedreht.

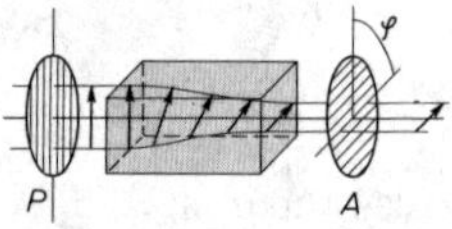

Der Drehwinkel φ lässt sich durch die Anordnung der Abbildung ermitteln. Ohne Küvette ist das Gesichtsfeld hinter zwei gekreuzten Polarisatoren dunkel. Einschieben der Küvette mit der Lösung bewirkt Aufhellung, die durch Drehen des Analysators um φ wieder rückgängig gemacht wird.

Es gibt links und rechts drehende Substanzen.
Wird monochromatisches Licht verwendet, dann ist der Drehwinkel φ:

$$\varphi = \vartheta\, l\, c$$

c ist die Konzentration der Lösung,
l die Länge der Küvette und
ϑ das spezifische Drehvermögen.

Erklärung:

Optisch aktive Stoffe zerlegen ein linear polarisiertes Lichtbündel in zwei zirkular polarisierte Bündel mit entgegengesetztem Drehsinn (► SW 10.4) und verschiedener Ausbreitungsgeschwindigkeit. Nach dem Durchgang ist die Phasendifferenz der beiden Bündel gegenüber dem Eintritt um 2φ verändert. Die Addition gibt wieder eine linear polarisierte Welle, deren Schwingungsebene um φ gegenüber der ursprünglichen gedreht ist.

Bei verschiedenfarbigem Licht hängt der Drehwinkel außerdem von der Frequenz ab (Rotationsdispersion).

4.5 FARADAY-Effekt

Wenn man bestimmte isotrope Stoffe in einem Magnetfeld in Richtung der Feldlinien durchstrahlt, so wird die Schwingungsebene von linear polarisiertem Licht gedreht (FARADAY-Effekt). Geeignet sind paramagnetische und vor allem ferromagnetische Stoffe.

4.6 Doppelbrechung

4.6.1 Doppelbrechende Kristalle

Alle Kristalle, außer den kubischen, sind anisotrop und damit doppelbrechend. Fällt auf die Oberfläche eines doppelbrechenden Kristalls ein unpolarisierter Lichtstrahl, so wird er in zwei Strahlen aufgespalten (Abb.), die im Allgemeinen in verschiedener Richtung laufen (1 ordentlicher, 2 außerordentlicher Strahl). Die beiden Teilstrahlen sind senkrecht zueinander polarisiert.

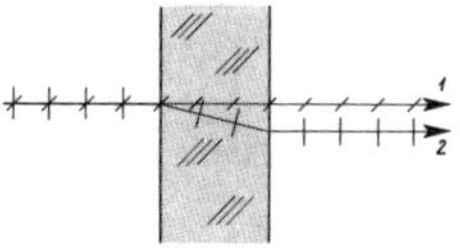

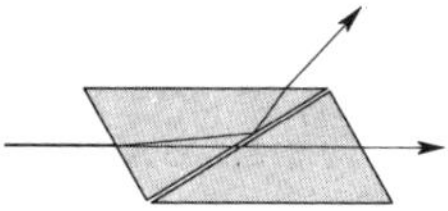

Doppelbrechende Kristalle kann man z. B. in Form von NICOL-Prismen als Polarisatoren verwenden. Der ordentliche Strahl wird durch Totalreflexion auf die Seite reflektiert. Der durchgegangene außerordentliche Strahl wird weiter verwendet (Abb.).

4.6.2 KERR-Effekt

Optisch isotrope Körper kann man in einem elektrischen Feld *anisotrop* und damit *doppelbrechend* machen (KERR-Effekt). Dazu eignen sich z. B. Flüssigkeiten mit polaren oder leicht polarisierbaren Molekülen (z. B. Nitrobenzol und Nitrotoluol).

4.6.3 Spannungsdoppelbrechung

Durch mechanische Spannungen können isotrope Stoffe doppelbrechend werden. Diese Spannungsdoppelbrechung nützt man bei der Untersuchung von Spannungszuständen von Bauwerken und Maschinenteilen aus, indem man an durchsichtigen Modellen Spannungen mit Hilfe der Doppelbrechung misst.

4.7 Dichroismus

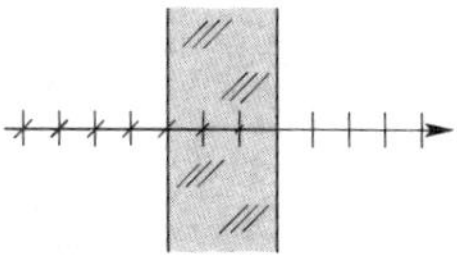

Dichroitische Stoffe absorbieren das Licht verschiedener Schwingungsebenen verschieden stark (Abb.). Bei genügender Dicke des Körpers ist die eine Komponente so stark geschwächt, dass praktisch nur noch die dazu senkrecht schwingende hindurchkommt (Polarisationsgrad bis $P = 99\,\%$).

4.8 Zirkular und elliptisch polarisiertes Licht

Doppelbrechende Kristalle kann man so schleifen, dass bei senkrechtem Lichteinfall keine räumliche Trennung der beiden Teilstrahlen eintritt. Jedoch ist die

Geschwindigkeit der beiden Teilstrahlen verschieden. Daher tritt eine Phasenverschiebung der beiden senkrecht zueinander linear polarisierten Teilstrahlen ein. Diese setzen sich hinter dem Kristall je nach der Phasenverschiebung zu elliptisch oder zirkular polarisiertem Licht zusammen (► SW 10.4). Die Phasenverschiebung kann durch die Plattendicke eingestellt werden (z. B. $\lambda/4$-Plättchen für zirkular polarisiertes Licht).

WQ 5	Optischer, relativistischer DOPPLER-Effekt (longitudinal)

5.1 Begriffserklärung

Der optische DOPPLER-Effekt unterscheidet sich vom akustischen dadurch, dass Schallwellen an Materie gebunden sind, Lichtwellen sich dagegen auch im Vakuum ausbreiten.

Beim optischen DOPPLER-Effekt ist es gleichgültig, ob der Sender ruht oder sich bewegt, ebenso der Empfänger. Der Effekt hängt nur von der Relativgeschwindigkeit des Senders zum Empfänger ab (Relativistischer DOPPLER-Effekt).

Wir beschränken uns auf den longitudinalen DOPPLER-Effekt, bei dem sich Sender und Empfänger auf ihrer Verbindungsgeraden bewegen.

5.2 Frequenzänderung

Bewegen sich die Lichtquelle (Frequenz f) und der Empfänger (Frequenz f') mit der Relativgeschwindigkeit v, so ist:

$$f' = f\sqrt{\frac{1 \pm v/c}{1 \mp v/c}}$$

c ist die Lichtgeschwindigkeit im Vakuum (► T 4).

Die oberen Vorzeichen gelten, wenn sich Lichtquelle und Empfänger einander nähern, die unteren Vorzeichen, wenn sie sich voneinander entfernen.

5.3 Näherungsformeln

Durch Potenzreihen-Entwicklung erhält man:

$$f' = f\sqrt{\frac{1 \pm v/c}{1 \mp v/c}} = f\left(1 \pm \frac{v}{c} + \frac{1}{2}\left(\frac{v}{c}\right)^2 + \dots\right)$$

Ist $v \ll c$, so genügt die Näherung:

$$f' \approx f\left(1 \pm \frac{v}{c}\right)$$

und:

$$\frac{\Delta f}{f} \approx \pm \frac{v}{c}$$

Vorzeichenregel wie in WQ 5.2. Bei technischen Anwendungen und meistens auch in der Astronomie sind diese Näherungsformeln ausreichend.

5.4 „Quadratischer" Doppler-Effekt

Durch Versuche mit Kanalstrahlen konnte man das quadratische Glied $\frac{1}{2}\left(\frac{v}{c}\right)^2$ nachweisen und so die spezielle Relativitätstheorie bestätigen.

WQ 6 Strahlungs- und Lichtgrößen

Bei der elektromagnetischen Strahlung im sichtbaren Bereich, d. h. im Bereich der Lichtwellen, muss man unterscheiden zwischen energetischen Strahlungsgrößen und visuell bewerteten Lichtgrößen.

6.1 Energetische Strahlungsgrößen

6.1.1 Strahlungsleistung (Strahlungsfluss) Φ_e

Strahlt ein Körper in der Zeit t die Strahlungsenergie Q_e aus, so ist seine Strahlungsleistung:

$$\Phi_e = \frac{Q_e}{t}$$

Der Index e soll hier und im Folgenden betonen, dass es sich um energetische Größen handelt.

Die SI-Einheiten der Strahlungsleistung Φ_e ist 1 Watt = 1 W.

6.1.2 Strahlstärke I_e

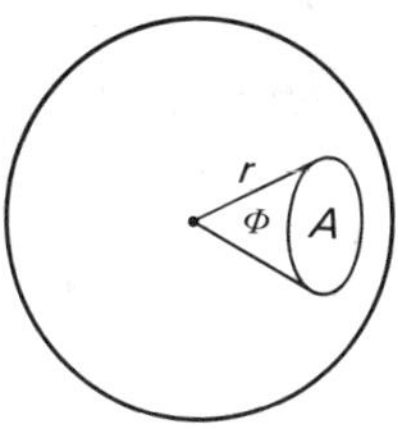

Unter dem Raumwinkel Ω versteht man das Verhältnis eines Kugeloberflächenstücks A zum Quadrat des Kugelradius r^2:

$$\Omega = \frac{A}{r^2}$$

Die SI-Einheit des Raumwinkels Ω ist:
1 Steradiant = 1 sr = 1

Ist Φ_e die Strahlungsleistung, die von der Strahlungsquelle in den Raumwinkel Ω gestrahlt wird, so ist die Strahlstärke I_e:

$$I_e = \frac{\Phi_e}{\Omega}$$

Die SI-Einheit der Strahlstärke I_e ist: 1 W sr^{-1}

6.1.3 Strahldichte L_e

Ist A_1 die Parallelprojektion der strahlenden Fläche auf eine Ebene senkrecht zur Strahlungsrichtung und I_e die Strahlstärke der Strahlungsquelle, so ist die Strahldichte L_e:

$$L_e = \frac{I_e}{A_1}$$

Die SI-Einheit der Strahldichte L_e ist: 1 W sr^{-1} m^{-2}

6.1.4 Bestrahlungsstärke E_e

Trifft die Strahlungsleistung Φ_e auf die bestrahlte Fläche A_2 (Parallelprojektion auf eine Ebene senkrecht zur Strahlungsrichtung), so ist die Bestrahlungsstärke:

$$E_e = \frac{\Phi_e}{A_2}$$

Die SI-Einheit der Bestrahlungsstärke E_e ist: 1 W m^{-2}

Aus $I_e = \dfrac{\Phi_e}{\Omega}$ und $\Omega = \dfrac{A_2}{r^2}$ ergibt sich das Abstandsgesetz:

$$E_e = \frac{I_e}{r^2}$$

6.1.5 Zusammenhang der Strahlungsgrößen

Die Abbildung veranschaulicht den Zusammenhang der Strahlungsgrößen. Die Strahlungsquelle hat die Strahldichte L_e und die Strahlstärke $I_e = L_e A_1$; sie strahlt in den Raumwinkel $\Omega = A_2/r^2$ die Strahlungsleistung $\Phi_e = I_e\,\Omega$ oder

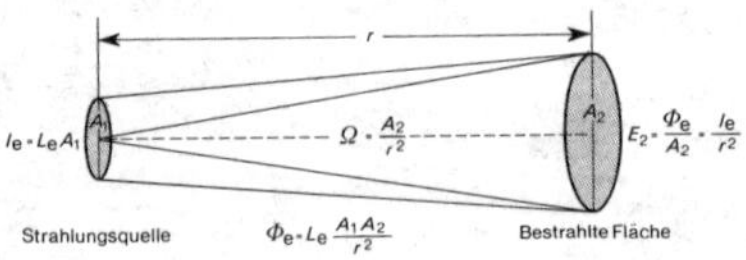

$$\Phi_e = L_e A_1 \frac{A_2}{r^2}: \qquad \Phi_e = L_e \frac{A_1 A_2}{r^2}$$

Der Einfachheit halber wurden die beiden Flächen A_1 und A_2 senkrecht zur Strahlungsrichtung gewählt.

Im allgemeinen Fall muss man die senkrechten Projektionen der Flächen $A_1 \cos\sigma_1$ und $A_2 \cos\sigma_2$ in die Gleichung für die Strahlungsleistung Φ_e einsetzen:

$$\Phi_e = L_e \frac{A_1 \cos\sigma_1 \; A_2 \cos\sigma_2}{r^2}$$

Eine Schwächung der Strahlungsleistung zwischen A_1 und A_2 durch Absorption, Streuung usw. ist nicht berücksichtigt.

6.2 Visuelle Lichtgrößen

Zu jeder in WQ 6.1 betrachteten *Strahlungsgröße* gibt es eine entsprechende *Lichtgröße*. Die Bewertung der Strahlung als Licht hängt von der Empfindlichkeit des menschlichen Auges ab. Dabei muss man zwischen Tagsehen und Nachtsehen unterscheiden. Die Helligkeitsempfindung des Auges hängt von der Frequenz der Strahlung und damit von der Wellenlänge λ ab. Den spektralen Hellempfindlichkeitsgrad $V(\lambda)$ beim Tagsehen und $V'(\lambda)$ beim Nachtsehen hat man international festgelegt (► Abb. und T 31). Dabei hat man das Maximum von $V(\lambda)$ bei $\lambda = 555$ nm als 1 gewählt.

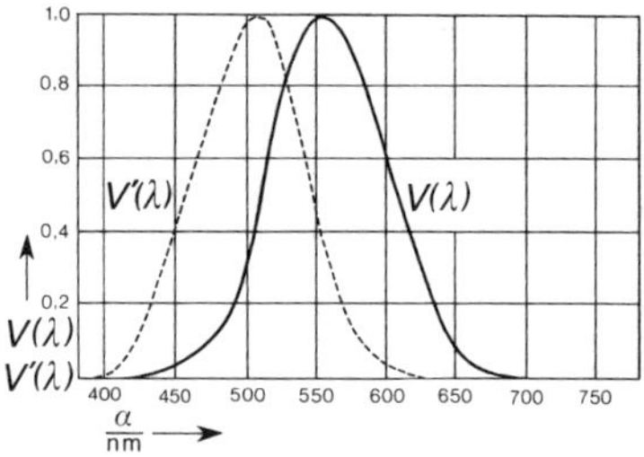

6.2.1 Lichtstrom oder Lichtleistung Φ_v

Der Lichtstrom Φ_v ist die vom menschlichen Auge als Lichtleistung bewertete Strahlungsleistung Φ_e.

Der Index v soll betonen, dass es sich um visuelle Größen handelt.

Strahlt eine Lichtquelle in der Zeit t die Lichtenergie Q_v aus, so ist der Lichtstrom:

$$\Phi_v = \frac{Q_v}{t}$$

Die SI-Einheit des Lichtstroms ist 1 Lumen = 1 lm

Zur Bewertung der Strahlungsleistung Φ_e als Lichtleistung Φ_v verwendet man das photometrische Strahlungsäquivalent:

$$K(\lambda) = K_m V(\lambda)$$

Dabei ist nach internationaler Vereinbarung $K_m = 683 \text{ lm W}^{-1}$ bei $\lambda = 555$ nm.

Also ergibt die Strahlungsleistung $\Phi_e = 1$ W bei Licht der Wellenlänge $\lambda = 555$ nm eine Lichtleistung Φ_v von 683 lm, oder:

$$1 \text{ Lumen} = 1 \text{ lm entspricht } \frac{1}{683} \text{ W bei } \lambda = 555 \text{ nm.}$$

Die SI-Einheiten der energetischen Strahlungsgrößen enthalten außer der Leistungseinheit Watt nur die beiden geometrischen Einheiten Meter und Steradiant. Entsprechend bestehen die SI-Einheiten der visuellen Lichtgrößen nur aus der Lichtstromeinheit Lumen und den Einheiten Meter und Steradiant.

6.2.2 Lichtstärke I_v

Ist Φ_v der Lichtstrom, der von der Lichtquelle in den Raumwinkel Ω gestrahlt wird, so ist die Lichtstärke I_v:

$$I_v = \frac{\Phi_v}{\Omega}$$

Die SI-Einheit der Lichtstärke ist die Basiseinheit:
1 Candela = 1 cd (► T 2) = 1 lm sr^{-1}

6.2.3 Leuchtdichte L_v

Strahlt eine Lichtquelle der Lichtstärke I_v ihr Licht von der Leuchtfläche A_1 aus, so ist die Leuchtdichte L_v:

$$L_v = \frac{I_v}{A_1}$$

A_1 ist die Parallel-Projektion der leuchtenden Fläche auf eine Ebene senkrecht zur Lichtrichtung.

Mit $I_v = \dfrac{\Phi_v}{\Omega}$ ergibt sich:

$$L_v = \frac{\Phi_v}{\Omega A_1}$$

Die SI-Einheit der Leuchtdichte ist:
1 lm sr^{-1} m^{-2} = 1 cd m^{-2}

6.2.4 Beleuchtungsstärke E_v

Beleuchtet eine Lichtquelle eine Fläche A_2 mit dem Lichtstrom Φ_v so ist die Beleuchtungsstärke E_v:

$$E_v = \frac{\Phi_v}{A_2}$$

A_2 ist die Parallel-Projektion der beleuchteten Fläche auf eine Ebene senkrecht zur Lichtrichtung.

Die SI-Einheit der Beleuchtungsstärke E_v ist:
1 Lux = 1 lx = 1 lm m^{-2}

Aus $I_v = \dfrac{\Phi_v}{\Omega}$ und $\Omega = \dfrac{A_2}{r^2}$ folgt das Abstandsgesetz:

$$E_v = \frac{I_v}{r^2}$$

6.3 Zusammenstellung der Strahlungs- und Lichtgrößen

Strahlungsgrößen			Lichtgrößen		
Größe	Zeichen	SI-Einheit	Größe	Zeichen	SI-Einheit
Strahlungsleistung	Φ_e	W	Lichtleistung (-strom)	Φ_v	lm
Strahlstärke	I_e	W sr^{-1}	Lichtstärke	I_v	lm sr^{-1} = cd
Strahldichte	L_e	W sr^{-1} m^{-2}	Leuchtdichte	L_v	lm sr^{-1} m^{-2}
Bestrahlungsstärke	E_e	W m^{-2}	Beleuchtungsstärke	E_v	lm m^{-2} = lx

WQ 7 Temperaturstrahlung des schwarzen Körpers

Glühende feste und flüssige Körper senden elektromagnetische Strahlung aus, die eine kontinuierliche Folge von Frequenzen umfasst.

Absorbiert ein Körper für alle Wellenlängen λ und Temperaturen T die gesamte auftreffende Strahlung, so ist er ein „schwarzer Körper".

7.1 KIRCHHOFF-Strahlungsgesetz

Es wird die Strahlungsleistung eines beliebigen Strahlers K mit der eines schwarzen Körpers K_s gleicher Fläche, im gleichen Raumwinkel, für den gleichen Wellenlängenbereich von λ bis $\lambda + \Delta\lambda$ verglichen.

Absorptionsgrad von K ist: $\alpha(\lambda, T) = \dfrac{\text{von K absorbierte Strahlungsleistung}}{\text{auf K auftreffende Strahlungsleistung}}$.

$P(\lambda, T)$ ist die von K emittierte Strahlungsleistung und $P_s(\lambda, T)$ die von K_s emittierte Strahlungsleistung.

Dann gilt:

$$P(\lambda, T) = \alpha(\lambda, T)\, P_s(\lambda, T)$$

7.2 STEFAN-BOLTZMANN-Gesetz

Die von der Fläche A eines schwarzen Körpers in den Halbraum ausgesandte Gesamtstrahlungsleistung ist:

$$P = \sigma A T^4$$

Dabei ist σ die STEFAN-BOLTZMANN-Konstante:
$\sigma = 5{,}670\,51\,(19) \cdot 10^{-8}\ \mathrm{W\,m^{-2}\,K^{-4}}$ (► T 4).

7.3 WIEN-Verschiebungsgesetz

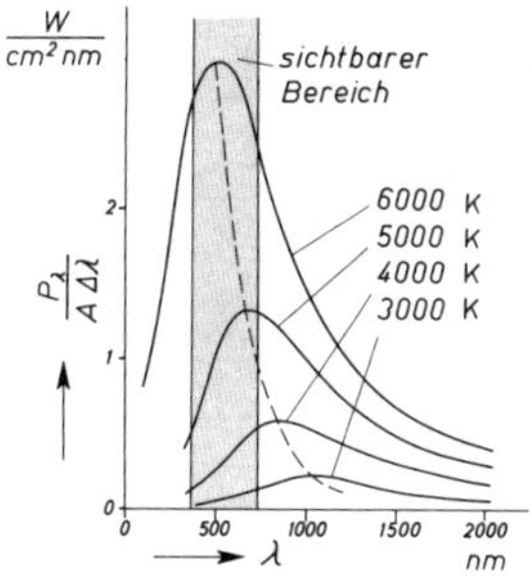

Die von einem schwarzen Körper ausgesandte Strahlungsleistung hat als Funktion von λ ein Maximum, dessen Lage von der Temperatur des Strahlers abhängt. Zwischen der Temperatur und der Wellenlänge des Strahlungsmaximums λ_m besteht die Beziehung:

$$\lambda_m T = b$$

b nennt man WIEN-Verschiebungskonstante:
$b = 0{,}002\,897\,756\,(24)\ \mathrm{m\,K}$ (► T 4).

7.4 PLANCK-Strahlungsgesetz

Die von der Fläche A eines schwarzen Körpers in den Halbraum ausgesandte Strahlungsleistung P_λ des Wellenlängengebietes zwischen λ und $(\lambda + \Delta\lambda)$ ist:

$$P_\lambda = \frac{c_1}{\lambda^5} A \frac{\Delta\lambda}{e^{\frac{c_2}{\lambda T}} - 1}$$

Dabei sind: $c_1 = 2\,\pi\,h\,c_0^2$; $c_2 = \dfrac{h\,c_0}{k}$ die erste und und zweite PLANCK-Strahlungskonstante.

h ist die PLANCK-Konstante,
c_0 die Lichtgeschwindigkeit im Vakuum,
k die BOLTZMANN-Konstante.

$h = 6{,}626\,075\,5\,(40) \cdot 10^{-34}$ Js
$c_1 = 3{,}741\,774\,9\,(22) \cdot 10^{-16}$ W m²
$c_2 = 1{,}438\,769\,(12) \cdot 10^{-2}$ m K (► T 4)

WQ 8 Quantenhaftes Verhalten monochromatischer Strahlung – Photonen

8.1 Lichtelektrischer Effekt

Die kinetische Energie der lichtelektrisch ausgelösten Elektronen ist nicht von der Größe des auffallenden Lichtstroms Φ (► WQ 6) abhängig, sondern bei konstanter Austrittsarbeit nur von der Frequenz f des auslösenden Lichtes.

$$E = h f - W_A$$

Die Austrittsarbeit W_A (► T 5.3.1.2) ist eine von der Art der Oberfläche und des Trägers abhängige Größe. Ist das Energiequant $h f$ kleiner als W_A, so können keine Elektronen ausgelöst werden (langwellige Grenze des lichtelektrischen Effektes).

Der durch die ausgelösten Elektronen entstehende Strom ist proportional dem auffallenden Lichtstrom Φ.

$$I \sim \Phi$$

8.2 Anregung durch Elektronenstoß

Bei der Anregung von Gasatomen zur Lichtemission durch Elektronenstoß (FRANK und HERTZ) besteht zwischen der Anregungsspannung U und der emittierten Frequenz f die Beziehung:

$$e U = h f$$

8.3 Kurzwellige Grenze des Röntgenbremsspektrums

Die kinetische Energie der auf die Anode auftreffenden Elektronen, welche die Spannung U durchlaufen haben, ist $e\,U$; die höchste Frequenz f_{max} der emittierten Röntgenstrahlung ergibt sich aus:

$$e\,U = h\,f_{max}$$

Mit $f_{max} = c/\lambda$ folgt daraus die kurzwellige Grenze λ_{min}.

8.4 Lichtquanten (Photonen)

Licht kann nur in einzelnen Energiequanten emittiert oder absorbiert werden. Die Energie der Lichtquanten wächst mit der Frequenz.

$$E = hf$$

WQ 9 Dualismus: Welle-Teilchen

9.1 Wellen- und Teilchencharakter des Lichtes

Der Wellencharakter des Lichtes wird durch Beugungs- und Interferenzversuche bestätigt: (► WQ 1 und 2). Der lichtelektrische Effekt (► WQ 8.1) kann aber so nicht erklärt werden. Dies ist nur möglich, wenn man den Photonen Teilchencharakter zuschreibt. Das Licht zeigt sich demnach je nach den Versuchsbedingungen als Welle oder als Teilchen. Man nennt dieses Verhalten: *Dualismus von Welle und Teilchen.*

9.1.1 Masse m eines Photons

Nach der Energie-Masse-Gleichung von Einstein $E = mc^2 = hf$ (► M 29.3) hat ein Photon der Frequenz f die Masse:

$$m = \frac{hf}{c^2}$$

h ist die Planck-Konstante,

c die Lichtgeschwindigkeit im Vakuum.

9.1.2 Impuls p eines Photons

Ein Photon der Frequenz f hat den Impuls:

$$p = \frac{hf}{c} = \frac{h}{\lambda}$$

λ ist die Wellenlänge des Photons.

9.2 Wellencharakter materieller Teilchen

DE BROGLIE erkannte, dass man nicht nur die Photonen als Teilchen, sondern auch umgekehrt materielle Teilchen als Wellen (Materiewellen) betrachten kann.

9.2.1 Frequenz *f* der Materiewelle

Ein Teilchen der Masse m hat nach der Energie-Masse-Gleichung von EINSTEIN $E = mc^2 = hf$ die Frequenz der Materiewelle:

$$f = \frac{mc^2}{h}$$

h ist die PLANCK-Konstante,
c die Lichtgeschwindigkeit im Vakuum.

9.2.2 Impuls *p* und Wellenlänge *λ* der Materiewelle

Einem Teilchen mit dem Impuls $p = mv$ kann man eine Materiewelle der Wellenlänge λ (DE BROGLIE-Wellenlänge) zuordnen. Es ist:

$$p = mv = \frac{h}{\lambda}$$

Daraus folgt:

$$\lambda = \frac{h}{mv}$$

Haben die Teilchen der Ladung q die Spannung U durchlaufen, so ist (► E 12.1):

$$\lambda = \frac{h}{\sqrt{2\,m\,|q|\,U}}$$

Nachweis des Wellencharakters:

1. Bei der Bestrahlung von Kristallen mit Teilchen einheitlicher Geschwindigkeit erhält man die der Wellenlänge λ entsprechenden *Interferenzbilder* (► SW 9.4).
2. Mit Elektronenquellen, z. B. thermischen (► E 11.6), und Elektronenlinsen (► E 12.3.2) lassen sich Transmissions-Elektronen-Mikroskope entsprechend Lichtmikroskopen aufbauen.

9.2.3 Phasengeschwindigkeit *u* der Materiewelle und Teilchengeschwindigkeit *v*

Die Phasengeschwindigkeit einer Welle ist $u = \lambda f$.

Mit den Gleichungen für λ und f der Materiewelle erhält man:

$$u = \frac{h}{mv} \cdot \frac{mc^2}{h} = \frac{c^2}{v} \quad \text{oder} \quad uv = c^2$$

9.3 COMPTON-Effekt

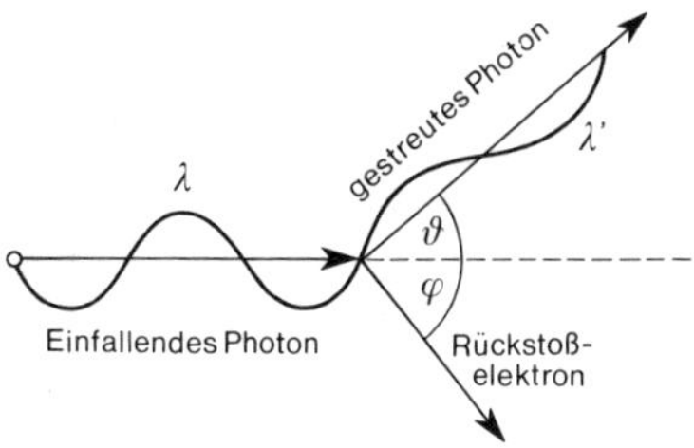

COMPTON entdeckte einen Effekt, der sich mit Hilfe des Dualismus von Welle und Teilchen erklären lässt. Es handelt sich um den elastischen Stoß zwischen einem Photon und einem Elektron. Ein energiereiches Photon (RÖNTGEN-Photon) stößt auf ein (fast) freies, ruhendes Elektron (Hüllenelektron eines Atoms).

Das Photon wird beim Zusammenstoß absorbiert. Ein Photon geringerer Energie wird unter dem Winkel ϑ zur Einfallsrichtung emittiert. Das Elektron (Rückstoßelektron) fliegt unter dem Winkel φ weg.

Für die Wellenlängenänderung $\Delta \lambda = \lambda' - \lambda$ der Photonen gilt:

$$\Delta \lambda = \lambda_C (1 - \cos \vartheta)$$

λ_C kann man mit Hilfe der Erhaltungssätze von Energie und Impuls relativistisch berechnen (► M 29).

Die in der Gleichung vorkommende Größe λ_C wird COMPTON-Wellenlänge genannt. Die COMPTON-Wellenlänge des Elektrons ist:

$\lambda_{C,e} = 2{,}426\,310\,58\,(22) \cdot 10^{-12}$ m (► T 4).

Für sie gilt:

$$\lambda_C = \frac{h}{m_e\, c}$$

h ist die PLANCK-Konstante,
m_e die Ruhemasse des Elektrons und
c die Lichtgeschwindigkeit im Vakuum.

WQ 10 | Unschärferelationen von HEISENBERG

HEISENBERG erkannte aufgrund des Dualismus von Welle und Teilchen:

Zwei in bestimmter Weise einander zugeordnete physikalische Größen können nicht gleichzeitig beliebig genau gemessen werden. Je präziser man die eine Größe misst, desto unbestimmter wird die andere. Dazu zwei Beispiele:

10.1 Impuls-Ort-Beziehung

Δp_x ist die Unschärfe des Impulses in der x-Richtung,
Δx die Unschärfe der Ortskoordinate und
h die PLANCK-Konstante.

$$\Delta p_x \, \Delta x \geqq \frac{h}{2\pi}$$

10.2 Energie-Zeit-Beziehung

ΔE ist die Unschärfe der Energie,
Δt die Unschärfe der Zeitbestimmung.

$$\Delta E \, \Delta t \geqq \frac{h}{2\pi}$$

Weitere Unschärferelationen kann man z. B. für die Größenpaare: Frequenz und Zeit oder elektrische und magnetische Feldstärke formulieren.

In der *Makrophysik* spielen die Unschärferelationen keine Rolle. Aus den Anfangswerten von Ort und Impuls ist der Bewegungsablauf eines Körpers, z. B. eines Planeten, sehr genau berechenbar („determinierte Teilchen").

Im atomaren Bereich *(Mikrophysik)* können die Anfangsdaten wegen der Unschärferelation grundsätzlich nicht genau bestimmt werden („indeterminierte Teilchen").

WQ 11 Linienspektren und Aufbau der Atomhülle

11.1 Linienspektren des Wasserstoffatoms

Für das Elektron des Wasserstoffatoms gibt es im Kernfeld bestimmte Energiestufen. Die Lichtemission erfolgt so, dass bei einem Sprung des Elektrons von einem höheren Energieniveau auf ein niedrigeres die Frequenz f ausgestrahlt wird, die sich ergibt aus:

$$\Delta E = h f$$

11.2 Energieniveauschema des Wasserstoffatoms

Die emittierten Frequenzen lassen sich zu Serien zusammenfassen, welche jeweils das niedrigere Energieniveau gemeinsam haben. In der Spektroskopie ist es üblich, Wellenzahlen $\left(\frac{1}{\lambda}\right)$ anzugeben.

Die Wellenzahlen sämtlicher Frequenzen des Wasserstoffspektrums lassen sich darstellen durch:

$$\frac{1}{\lambda} = R_{\mathrm{H}} \left(\frac{1}{n^2} - \frac{1}{m^2}\right)$$

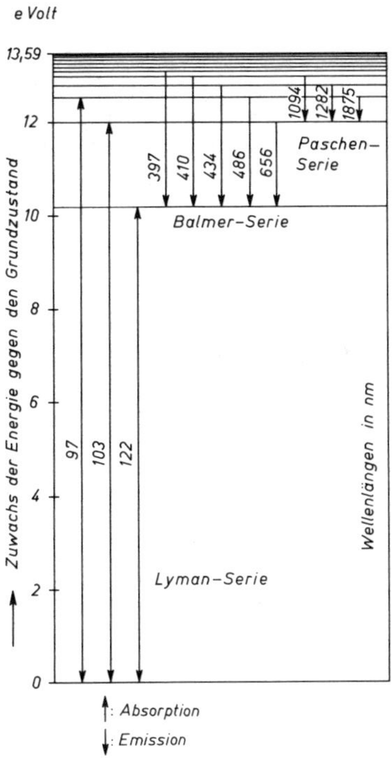

Die Wellenzahl ergibt sich als Differenz der „Spektralterme"

$$\frac{R_H}{n^2} \text{ und } \frac{R_H}{m^2}.$$

Die RYDBERGkonstante für H ist $R_H = 1{,}096\,775\,8 \cdot 10^7\ m^{-1}$ (► T 4 und WQ 11.5)

Man erhält für:

$n = 1, m = 2, 3, \ldots$
die LYMAN-Serie (UV)

$n = 2, m = 3, 4, \ldots$
die BALMER-Serie (Rot bis UV)

$n = 3, m = 4, 5, \ldots$
die PASCHEN-Serie (UR)

$n = 4, m = 5, 6, \ldots$
die BRACKETT-Serie (UR)

$n = 5, m = 6, 7, \ldots$
die PFUND-Serie (UR)

11.3 Spontane Lichtemission

Von einer niedrigeren Energiestufe gelangt das Elektron durch Absorption des entsprechenden Energiequants (thermische Anregung, Elektronenstoß und Lichtabsorption) auf eine höhere. Von dieser kann es unter Emission der passenden Frequenz auf ein niedrigeres Niveau gelangen *(spontane Emission)*. Die mittlere Lebensdauer τ der angeregten Zustände bestimmt die Länge dieser Wellengruppe zu $c\,\tau$.

Die mittlere Lebensdauer bestimmt auch die Anzahldichte N_v der Atome im Volumen V, die sich im angeregten Zustand befinden:

$$n = \frac{\Delta N}{\Delta t}\,\tau; \qquad N_v = \frac{1}{V}\,\frac{\Delta N}{\Delta t}\,\tau$$

Da sich in der Regel die Elektronen der meisten Atome auf dem niedrigsten Energieniveau (Grundzustand) befinden, werden vor allem solche Frequenzen absorbiert, deren niedrigeres Niveau der Grundzustand ist (Resonanzfrequenzen).

11.4 Induzierte Lichtemission

Außer durch spontane Emission kann das angeregte Atom auch unter dem Einfluss eines einfallenden Lichtquants durch Lichtemission in den Grundzustand übergehen *(induzierte Emission)*. Im Gegensatz zur spontanen Emission, bei der das Licht in alle Raumrichtungen abgestrahlt wird, erfolgt die induzierte Emission nur in Richtung des einfallenden Photons, woraus eine Verstärkung des einfallenden Lichtes resultiert.

11.4.1 Energiebilanz für die Lichtwelle

Die Zahl der effektiv erzeugten Lichtquanten Z_q ergibt sich als Differenz zwischen induziert emittierten Quanten Z_i und absorbierten Quanten Z_a:

$$Z_q = Z_i - Z_a$$

$$Z_a = n_1 \, u \, B_{12} \, f(\omega)$$

$$Z_i = n_2 \, u \, B_{21} \, f(\omega)$$

$$Z_q = u \, B_{12} \, (n_2 - n_1) \, f(\omega) = u \, B_{12} \, \Delta n \, f(\omega)$$

n_1 (n_2) ist die Zahl der Atome im Grundzustand (angeregten Zustand),
u die Strahlungsdichte,
$f(\omega)$ die Frequenzabhängigkeit der Übergangswahrscheinlichkeit,
B_{12} (B_{21}) die Wahrscheinlichkeit für den Übergang $1 \rightarrow 2$ ($2 \rightarrow 1$); (EINSTEIN-Koeffizient).

$B_{12} = B_{21}$ für einfache optische Übergänge

$n_2 < n_1$, $\Delta n < 0$: Absorption überwiegt, Lichtwelle geschwächt

$n_2 = n_1$, $\Delta n = 0$: Absorption = Emission, Lichtwelle unbeeinflusst.

$n_2 > n_1$, $\Delta n > 0$: Emission überwiegt, Lichtwelle verstärkt.

11.4.2 Laserprinzip

$n_2 > n_1$ ist nur möglich, wenn *Besetzungsinversion* vorliegt. Das ist im thermischen Gleichgewicht nur möglich, wenn geeignete metastabile Niveaus vorliegen. Das sind solche Niveaus, die sehr hoch besetzt werden können, bis sie z. B. durch ein einfallendes Lichtquant entleert werden.

Die entstehende *Laser-Strahlung* (Laser: **L**ight **a**mplification by **s**timulated **e**mission of **r**adiation) hat durch das Entstehungsprinzip bedingte Eigenschaften:

Die Strahlung kann durch Einbau des laser-aktiven Mediums in optische Resonatoren gezielt für einzelne Wellenlängen verstärkt werden. Die dann emittierte Strahlung ist nahezu monochromatisch.

Sie hat große Kohärenzlängen (wegen der hohen Lebensdauern der metastabilen Niveaus). Sie hat einen kleinen Divergenzwinkel.

Sie kann je nach Anregung kontinuierlich oder gepulst sein mit Pulsdauern von Nano- bis Femtosekunden.

11.4.3 Übersicht über Laser-Systeme

Laser-System	Aktives Medium	Anregung	Typische Länge in cm	Ausgangsleistung in Watt	
				kontinuierlich	gepulst
Gas-Laser	Edelgase Molekülgase Metalldämpfe	Gasentladung, Chemische Anregung	50–100	10^{-3}–10^{4}	10^{3}–10^{5}
Flüssigkeits-Laser	Organische Farbstoffe in Lösungsmitteln	Blitzlicht Laserlicht	5	10^{-1}	10^{4}
Halbleiter-Laser	Halbleiter-elemente mit Zn oder Se dotiert	elektrischer Strom	0,1	10^{-1}	10^{4}
Festkörper-Laser	Kristalle und Gläser mit Metallatomen z. B. seltenen Erden dotiert	Blitzlichtlampen, kontinuierliche Gasentladungs-Lampen, Wolfram-Band-Lampen	5	10^{-2}–10^{2}	10^{4}–10^{9}

11.4.4 Verteilung der Laser-Linien im Spektrum:

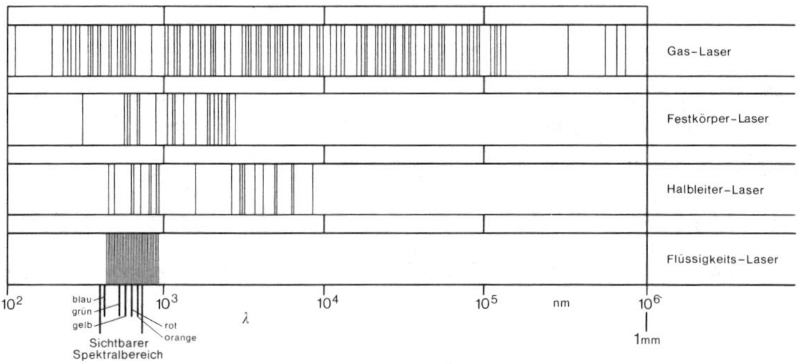

Laser-Licht kann vom ultravioletten Spektralbereich bis in das ferne Ultrarot erzeugt werden (► Abb.)

11.5 Modell der Hülle des Wasserstoffatoms nach Bohr

Das Elektron wird vom Kern mit der Kraft $\vec{F}$ angezogen; ihr Betrag ist:

$$F = \frac{1}{4\pi\,\varepsilon_0}\,\frac{e^2}{r^2}$$ (COULOMB-Gesetz, ► E 1.9).

Die Zentralkraft $\vec{F}_z$ des kreisenden Elektrons (Masse m_e) hat den Betrag

$$F_z = \frac{m_e\,v^2}{r}$$ (► M 7.4);

dieser muss durch die COULOMB-Anziehung aufgebracht werden:

$$\frac{m_e\,v^2}{r} = \frac{1}{4\pi\,\varepsilon_0}\,\frac{e^2}{r^2}.$$

Für das kreisende Elektron sind nur bestimmte Bahnen erlaubt. Der mit 2π multiplizierte Drehimpuls des Elektrons bei seiner Kreisbewegung ($m_e\,r_n^2\,\omega$) muss ein ganzzahliges Vielfaches der PLANCK-Konstanten h sein:

n ist die Quantenzahl $n = 1, 2, 3 \ldots$

$$2\pi\,r_n\,m_e\,v_n = n\,h$$

Daraus ergibt sich für den Radius der n-ten Quantenbahn (BOHR-Radius der Grundbahn $a_0 = 5{,}291\,772\,49\,(24) \cdot 10^{-11}\,\mathrm{m}$ ► T 4):

$$r_n = \varepsilon_0\,\frac{h^2}{\pi\,e^2\,m_e}\,n^2$$

Die Geschwindigkeit in der n-ten Bahn hat den Betrag:

$$v_n = \frac{e^2}{2\,\varepsilon_0\,h\,n}$$

Die Arbeit beim Anheben des Elektrons gegen die COULOMB-Anziehungskraft von der n-ten Bahn auf die m-te Bahn ($m > n$) ist:

$$\Delta W = \int_{r_n}^{r_m} \frac{e^2}{4\pi\,\varepsilon_0\,r^2}\,\mathrm{d}r = \frac{e^2}{4\pi\,\varepsilon_0}\left(\frac{1}{r_n} - \frac{1}{r_m}\right).$$

Beim umgekehrten Übergang von der m-ten auf die n-te Quantenbahn nimmt die potentielle Energie um den Betrag ΔW ab.

Beim gleichen Übergang nimmt die kinetische Energie um

$\Delta E_{kin} = \frac{1}{2}\,m_e\,(v_n^2 - v_m^2) = \frac{1}{2}\,\Delta W$ zu.

Die Abnahme der Gesamtenergie des Elektrons beim Übergang von der m-ten auf die n-te Quantenbahn ist daher $\Delta E = \frac{1}{2}\,\Delta W$

oder:

$$\Delta E = \frac{e^4\,m_e}{8\,\varepsilon_0^2\,h^2}\left(\frac{1}{n^2} - \frac{1}{m^2}\right)$$

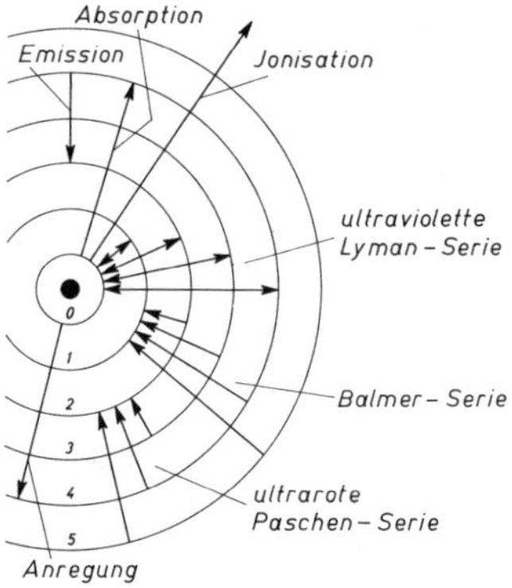

Dieser Energiebetrag ist gleich der Energie des emittierten Lichtquants.

Wegen $\Delta E = hf = h\,\dfrac{c_0}{\lambda}$, ist:

$$\frac{1}{\lambda} = \frac{e^4\, m_e}{8\, \varepsilon_0^2\, h^3\, c_0} \left(\frac{1}{n^2} - \frac{1}{m^2}\right)$$

$$R_H = \frac{e^4\, m_e}{8\, \varepsilon_0^2\, h^3\, c_0}$$

R_H ist die RYDBERG-Konstante (► T 4 und WQ 11.2).

Zur Berücksichtigung der Mitbewegung der Kernmasse M ist der erhaltene Wert R_H mit dem Faktor $\dfrac{1}{1 + \left(\dfrac{m_e}{M}\right)}$ zu multiplizieren.

Dieser Faktor geht für $M \to \infty$ gegen 1.

11.6 Zahl der Elektronen in der Atomhülle

Die Ordnungszahl Z eines chemischen Elementes stimmt überein mit der Zahl der positiven Kernladungen und mit der Zahl der Elektronen in der Hülle des neutralen Atoms.

11.7 Energiestufen der Elektronen in der Atomhülle

Während die Energiestufen des Elektrons in dem einfachen Wasserstoffatom-Modell durch eine einzige ganze Zahl, die Hauptquantenzahl n, gekennzeichnet werden können, sind im Allgemeinen unter Berücksichtigung der Feinstruktur der Spektren und des Einflusses von elektrischen und magnetischen Feldern die Energiestufen der Elektronen in der Atomhülle vollständig erst durch die Angabe von *vier Quantenzahlen* festgelegt:

1. Hauptquantenzahl: $n = 1, 2, 3, \ldots$
2. Nebenquantenzahl: $l = 0, 1, 2, \ldots (n-1)$
3. Magnetische Quantenzahl: m; ganzzahlige Werte: $-l \leqq m \leqq +l$
4. Spinquantenzahl: $s = \pm \dfrac{1}{2}$.

Zu jedem Wert für m gibt es 2 Energiestufen entsprechend $\left(m + \dfrac{1}{2}\right)$ und $\left(m - \dfrac{1}{2}\right)$.

Gesetz von PAULI: In einem Atom gibt es keine zwei Elektronen, die in allen vier Quantenzahlen übereinstimmen.

Elektronen gleicher Hauptquantenzahl n gehören der gleichen Schale an.

Die maximale Besetzungszahl Z_{max} einer Schale ist:

$$Z_{max} = 2\,n^2$$

Den verschiedenen Nebenquantenzahlen l, die zur gleichen Hauptquantenzahl gehören, lassen sich Untergruppen von Elektronen zuordnen, die jeweils $2\,(2\,l + 1)$ Elektronen umfassen.

Die Lichtemission und -absorption erfolgt bei Atomen mit vielen Elektronen nur durch Energiesprünge der Elektronen der äußeren Schale (Leuchtelektronen, Valenzelektronen); daher sind z. B. die Spektren der neutralen Alkalimetalle (1 Leuchtelektron) einander ähnlich.

11.8 Aufbau der Atomhülle

Entsprechend dem PAULI-Gesetz ergeben sich für den Einbau der Elektronen in die Atomhülle die folgenden Möglichkeiten für $n \leqq 5$:

n	l	S_1	m	Z_u	S_2	Z_s
1	0	1 s	0	–	K	2
2	0	2 s	0	2	L	8
	1	2 p	− 1 ... + 1	6		
	0	3 s	0	2		
3	1	3 p	− 1 ... + 1	6	M	18
	2	3 d	− 2 ··· + 2	10		
	0	4 s	0	2		
	1	4 p	− 1 ... + 1	6		
4	2	4 d	− 2 ... + 2	10	N	32
	3	4 f	− 3 ... + 3	14		
	0	5 s	0	2		
	1	5 p	− 1 ... + 1	6		
5	2	5 d	− 2 ... + 2	10	O	50
	3	5 f	− 3 ... + 3	14		
	4	–	− 4 ... + 4	18		

n ist die Hauptquantenzahl, l die Nebenquantenzahl, m die magnetische Quantenzahl, S_1 das Symbol des Elektronenzustands, S_2 das Symbol der Elektronenschale, Z_u die Zahl der Elektronen in der Untergruppe, Z_s die Zahl der Elektronen in der Schale.

Zu jedem Wert von m gehören zwei Elektronen entsprechend den zwei Möglichkeiten, die sich durch die Spinquantenzahl $s = \pm\,{}^1\!/\!_2$ ergeben.

11.9 RÖNTGEN-Spektren

Treffen Elektronen genügend großer Energie (einige 10 keV) auf die Anode einer Glühkathodenröhre, so entstehen RÖNTGEN-Strahlen:

11.9.1 Bremsspektrum

Das *Bremsspektrum* umfasst eine kontinuierliche Folge von Frequenzen (kurzwellige Grenze ► WQ 8.3).

11.9.2 Charakteristische RÖNTGEN-Strahlung

Außerdem geht von der Anode die *charakteristische RÖNTGEN-Strahlung* aus, mit einem für die Atome der Anode charakteristischen Linienspektrum. Sie entsteht, wenn ein Elektron der inneren Schalen der Atomhülle herausgeschlagen und dann die Lücke durch ein Elektron einer äußeren Schale ausgefüllt wird.

Die frei werdende Energie kann statt als RÖNTGEN-Quant abgestrahlt zu werden auch an ein anderes Elektron abgegeben werden, welches das Atom als *Elektron mit charakteristischer kinetischer Energie* verlässt (AUGER-Elektron).

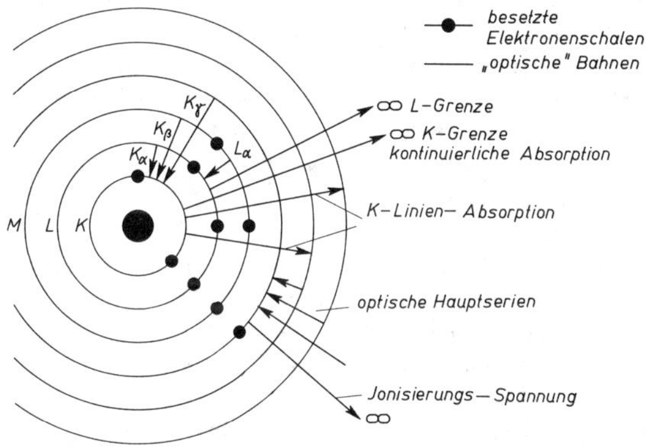

Für die K_α-Strahlung gilt mit guter Näherung das MOSELEY-Gesetz:

$$\frac{1}{\lambda} = R\,(Z-1)^2\left(\frac{1}{1^2}-\frac{1}{2^2}\right)$$

oder:

$$\frac{1}{\lambda} = \frac{3}{4}\,R\,(Z-1)^2$$

Z ist die Ordnungszahl des chemischen Elements,
R die RYDBERG-Konstante (► T4).

11.10 Anwendungen

Die Tatsache, dass Atome Linienspektren mit für das jeweilige Atom charakteristischen Energien bzw. Wellenlängen aussenden, wird zu analytischen Verfahren eingesetzt.

11.10.1 Spektralanalyse

Bei der Spektralanalyse im sichtbaren Spektalbereich werden Materialien durch Erwärmen in die Dampfphase übergeführt; die Atome werden durch die zugeführte Wärmeenergie angeregt und ionisiert. Das beim Übergang der so in den äußeren Elektronenschalen angeregten Atome in den Grundzustand emittierte Spektrum wird durch Prismen- oder Gittermonochromatoren spektral zerlegt und registriert. Aus den Energien bzw. Wellenlängen der gemessenen Linien können durch Vergleich mit Standardspektren die in der Probe enthaltenen Elemente bestimmt werden. Aus der Intensität der Linien kann auf den jeweils enthaltenen Anteil der Elemente in der Probe geschlossen werden.

11.10.2 RÖNTGEN-Analyse

Werden innere Elektronenschalen durch RÖNTGEN-Strahlung („RÖNTGEN-Fluoreszenzanalyse"), durch Elektronen („Elektronenstrahl-Mikroanalyse") oder durch Ionen („teilcheninduzierte RÖNTGEN-Analyse") ausreichender Energie ionisiert, emittieren die Atome beim Übergang in den Grundzustand für das jeweilige Atom spezifische Linienspektren. Diese können wie bei der Spektralanalyse im sichtbaren Spektralbereich (► WQ 11.10.1) registriert und ausgewertet werden. Man erhält Informationen über die Elementzusammensetzung der Probe, den Anteil der einzelnen Elemente in der Probe und bei ausreichend guter Auflösung des Spektrometers auch über den Bindungsszustand der Elemente in der Probe. Als Spektrometer werden Monochromatoren mit Kristallen geeigneter Netzebenenabstände als Gitter (► SW 9.4) (wellenlängendispersives Verfahren) oder Halbleiterbauelemente (energiedispersives Verfahren) eingesetzt.
Je nach Anregungsart erhält man aus unterschiedlichen Bereichen der Proben Informationen über deren Zusammensetzung: RÖNTGEN-Strahlung trifft die Probe in der Regel auf einer Fläche in der Größenordnung von etwa 1 cm^2, Ionenstrahlen von etwa 1 mm^2, Elektronenstrahlen von etwa 1 μm^2. Auch die Tiefe, in der die RÖNTGEN-Strahlung angeregt wird, ist je nach Eindringtiefe der anregenden Strahlung unterschiedlich. Sie liegt zwischen einigen Millimetern bei der Anregung mit RÖNTGEN-Strahlung und nur einigen Mikrometern bei der Anregung mit Elektronen. Darüber hinaus hängt das analysierte Volumen von der Energie der untersuchten RÖNTGEN-Strahlung ab, die auf dem Weg in der Probe vom Ort der Entstehung zum Detektor je nach ihrer Energie durch Absorption unterschiedlich stark geschwächt wird.

Kernphysik und Elementarteilchen-Physik

KE 1	Atomaufbau

1.1 Aufbau der Atome aus Hülle und Kern

Der Aufbau der Atomhülle aus Elektronen wurde bereits besprochen (► WQ 11).

Die Atomkerne sind aus sogenannten *Nukleonen* aufgebaut. Es gibt zweierlei Nukleonen: Das *Proton* p, das dem Wasserstoffkern gleich ist, also die Ladung $+e$ hat und das *Neutron* n, das etwa (► T 4) dieselbe Masse wie das Proton, aber keine Ladung hat.

Z ist die Ordnungszahl eines Elementes im Periodensystem = Zahl der positiven Elementarladungen im Kern = Zahl der Protonen im Kern. Bei einem neutralen Atom besteht die Hülle aus Z Elektronen. Durch Z wird das chemische Verhalten eines Atoms bestimmt.

N ist die Neutronenzahl und A die Nukleonenzahl (oder „Massenzahl"). Dann ist:

$$A = Z + N$$

1.2 Nuklide

Nuklid nennt man eine Atomart mit einer bestimmten Ordnungszahl Z und einer bestimmten Nukleonenzahl N.

Isotope Nuklide sind Nuklide mit gleichem Z, aber verschiedenen N und A.
Isobare Nuklide sind Nuklide mit gleichem A, aber verschiedenen Z und N.

Um ein bestimmtes Nuklid anzugeben, schreibt man an die linke Seite des Elementsymbols oben A und unten Z:

$${}^{A}_{Z}\text{Atomsymbol}$$

Beispiel: ${}^{27}_{13}\text{Al}$ bedeutet: Aluminium mit $Z = 13$, also mit 13 Protonen und $A = 27$, also mit 27 Nukleonen. Die Neutronenzahl ist dann $A - Z = 14$.

Da durch Z die Art des chemischen Elements bestimmt ist, sagen Z und das Elementsymbol das Gleiche aus. Deshalb schreibt man gelegentlich nur das Elementsymbol mit dem Zusatz der Nukleonenzahl A, z. B. ${}^{12}\text{C}$ oder C 12.

1.3 Atommasse m_a

Mit Hilfe eines Massenspektrographen (► E 12.3.1) kann man die Atommasse m_a sehr genau bestimmen. Man misst die Masse des einfach ionisierten Atoms. Die

Masse m_a des neutralen Atoms erhält man dann, indem man die Masse des fehlenden Elektrons m_e addiert und die Masse $m_i = E_i/c^2$ abzieht, die für die Ionisierungsenergie E_i gebraucht wird.
Statt der SI-Masseneinheit 1 kg verwendet man in der Kernphysik und in der Elementarteilchen-Physik die atomare Masseneinheit 1 u. (► T3.3 u. T3.4).

1.4 Massendefekt B und Bindungsenergie E_b

Die Atommasse m_a ist kleiner als die Summe der Masse aller Teilchen (Elektronen, Protonen und Neutronen), aus denen das Atom zusammengesetzt ist. Den Unterschied nennt man Massendefekt B:

$$B = Z\,(m_e + m_p) + N m_n - m_a$$

m_e ist die Elektronenmasse,
m_p die Protonenmasse und
m_n die Neutronenmasse.

Der Massendefekt B entsteht dadurch, dass ein entsprechender Anteil der Teilchenmassen als Bindungsenergie E_b verwendet wird, um die Teilchen des Atoms zusammenzuhalten.
Nach EINSTEIN gilt (► KE 2.1):

$$E_b = Bc^2$$

1.5 Hüllenmasse m_h und Kernmasse m_k

Die Atommasse m_a kann man sich aufgeteilt denken in die Hüllenmasse m_h und die Kernmasse m_k. Entsprechend ist dann auch der Massendefekt B in einen Anteil B_h der Hülle und B_k des Kerns zu unterteilen. B_h und B_k kann man kaum messen. Auf Grund theoretischer Überlegungen ist:

$$B_h = 15{,}73 \cdot Z^{7/3}\ \mathrm{eV/c^2}$$

Die Hüllenmasse ist dann:

$$m_h = Z m_e - B_h$$

und die Kernmasse:

$$m_k = m_a - (Z m_e - B_h)$$

Die so ermittelten Werte von m_h und m_k sind aber wegen der Unsicherheit von B_h nicht so genau wie die Messwerte von m_a.

1.6 Eigenschaften des Atomkerns

1.6.1 Kernradius

Durch Streuversuche mit hochenergetischen Teilchenstrahlen hat man den Radius r_p des Protons zu $r_p \approx 1{,}4 \cdot 10^{-15}$ m ermittelt.

Daraus ergibt sich der Kernradius r:

$$r = r_p \sqrt[3]{A}$$

A ist die Nukleonenzahl.

1.6.2 Energieniveau-Schema des Atomkerns

Ein Atomkern kann in verschiedenen Energiezuständen existieren, ähnlich den verschiedenen Energiestufen der *Elektronenhülle* des Atoms (► WQ 11). Der *Kern* kann ebenfalls nur bestimmte Energiebeträge aufnehmen (und speichern) oder abgeben.

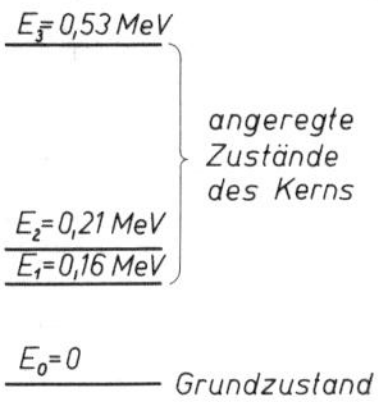

Beispiel: Den Grundzustand und drei angeregte Zustände des $^{199}_{80}$Hg-Kerns zeigt die Abbildung.

Allgemein gilt:

Geht ein angeregter Kern von der Energiestufe E_m auf eine tiefere Energiestufe E_n über, so strahlt er ein γ-Quant der Energie aus:

$$\Delta E = E_m - E_n = hf$$

KE 2 Erhaltungssätze

2.1 Erhaltung von Energie und Masse

Nach EINSTEIN gilt für die Äquivalenz von Energie E und Masse m:

$$E = mc^2$$

c ist die Lichtgeschwindigkeit im Vakuum.

Durch diese Beziehung werden die Erhaltungssätze von Energie und Masse miteinander verknüpft:

In einem abgeschlossenen System ist die Summe aller Energien konstant. Dabei ist der Masse m vorhandener Teilchen die Energie $E = mc^2$ zuzuordnen.

Oder: In einem abgeschlossenen System ist die Summe aller Massen konstant. Dabei ist der Energie des Systems die Masse $m = E/c^2$ zuzuordnen (► T 3.4).

2.2 Erhaltung des Impulses

In einem abgeschlossenen System ist die vektorielle Summe der Impulse aller Teilchen konstant.

Dabei ist die Masse m relativistisch zu behandeln.
Auch Teilchen der Ruhemasse $m_0 = 0$ (z. B. Photonen) haben auf Grund ihrer Energie die Masse $m = E/c^2$.

2.3 Erhaltung der Ladung

In einem abgeschlossenen System ist die Summe der Ladungen aller Teilchen konstant.

2.4 Anwendung der Erhaltungssätze

In der Physik der Atomkerne und der Elementarteilchen sind die drei formulierten Erhaltungssätze von ganz besonderer Bedeutung.

Es kommen noch weitere Erhaltungssätze dazu, auf die wir aber nicht eingehen.

Bei der Anwendung der Erhaltungssätze vergleicht man in der Regel die Größen vor und nach einem Prozess. Was sich dazwischen ereignet, braucht man nicht zu beachten.

KE 3 Natürliche Radioaktivität

3.1 Strahlenarten

Prozesse in Atomkernen können zur Emission hochenergetischer Strahlung führen. Bei der natürlichen Radioaktivität beobachtet man drei Strahlenarten.

3.1.1 α-Strahlen

α-Strahlen bestehen aus $^4_2$He-Kernen, die mit Geschwindigkeiten von 5 % bis 10 % der Lichtgeschwindigkeit das Radionuklid verlassen. Sie haben ein diskretes Energiespektrum zwischen 4 MeV und 9 MeV.

3.1.2 β-Strahlen

β-Strahlen bestehen aus Elektronen, die mit Geschwindigkeiten bis zu 99 % der Lichtgeschwindigkeit das Radionuklid verlassen. Sie haben ein kontinuierliches Energiespektrum.
Da der Kern im Normalzustand keine Elektronen enthält, muss sich bei einem β-Strahler während der Reaktion ein Neutron in ein Proton und ein Elektron verwandeln. Letzteres wird dann ausgestoßen.

3.1.3 γ-Strahlen

γ-Strahlen bestehen aus hochenergetischen Photonen (γ-Quanten). Sie werden von α- und β-Strahlern zusätzlich ausgesandt.

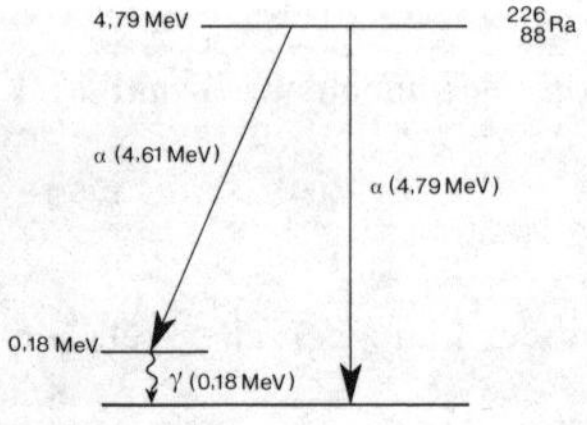

Nach einem radioaktiven Zerfall befindet sich der neue Kern zunächst kurzzeitig (etwa 10^{-15} s) in einem angeregten Zustand. Beim Übergang auf tiefere Energieniveaus werden γ-Quanten frei.

Beispiel ► Abb.

3.2 Fajans-Soddy-Verschiebungssätze

Bei der Emission eines α-Teilchens nimmt die Nukleonenzahl (Massenzahl) A des zerfallenden Nuklids S_1 um 4, seine Protonenzahl (Kernladungszahl) Z um 2 ab; das entstehende Nuklid sei S_2.

$$^{A}_{Z}S_1 = {}^{4}_{2}He + {}^{(A-4)}_{(Z-2)}S_2$$

Bei der Emission eines β-Teilchens bleibt die Nukleonenzahl A unverändert, die Protonenzahl (Kernladungszahl) Z nimmt um 1 zu:

$$^{A}_{Z}S_1 = {}^{0}_{-1}e + {}^{A}_{(Z+1)}S_2$$

Bei der Emission eines γ-Quants ändern sich A und Z nicht.
Zerfallsreihen natürlich radioaktiver Elemente ► T 34.

3.3 Neutrino und Antineutrino

Bei der Anwendung der Erhaltungssätze (► KE 2) auf den β-Zerfall zeigten sich Unstimmigkeiten:

Die nach dem Zerfall festgestellte Energie war zu klein. Die Impulserhaltung schien auch nicht zu stimmen. Das emittierte Elektron und der Folgekern müssten nämlich stets auf einer Geraden auseinanderfliegen. Man beobachtete aber vorwiegend gegeneinander geknickte Flugbahnen.

Pauli erkannte 1930, dass die Erhaltungssätze beim β-Zerfall erfüllt sind, wenn ein zusätzliches Teilchen beteiligt ist. Dieses Teilchen musste wegen der Ladungserhaltung elektrisch neutral sein. Es besaß die beim β-Zerfall bisher nicht beobachtete Energie. Schließlich ergänzte es durch seinen Impuls $\vec{p}_\nu$ die Impulse $\vec{p}_e$ des Elektrons und $\vec{p}_K$ des Kerns entsprechend dem Impulserhaltungssatz:

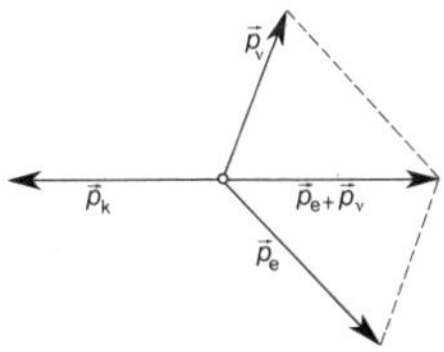

$\vec{p}_K + \vec{p}_e + \vec{p}_\nu = 0$ (► Abb.)

Pauli nannte das Teilchen Neutrino $^{0}_{0}\nu$. 1956 wurde das Neutrino experimentell nachgewiesen.

Später erkannte man, dass es sich beim β-Zerfall um das Antineutrino $^{0}_{0}\bar{\nu}$, d. h. das Antiteilchen des Neutrinos, handelte. (► KE 5 und KE 11).

3.4 Zerfallsgesetz – Aktivität

Die Zahl, der zur Zeit t vorhandenen unzerfallenen Atome sei $N(t)$.

Die Zerfallsrate $\frac{\mathrm{d}N(t)}{\mathrm{d}t}$ ist jederzeit direkt proportional zu $N(t)$, also:

$$\frac{\mathrm{d}N(t)}{\mathrm{d}t} = -\lambda N(t)$$

λ ist die Zerfallskonstante.

Als Aktivität A eines radioaktiven Stoffes, speziell eines Nuklids, bezeichnet man:

$$A = \lambda N(t)$$

Sie SI-Einheit der Aktivität ist 1 Becquerel = 1 Bq = 1 s^{-1} (► T 2.2).

Früher: 1 Curie = 1 Ci = $3{,}700 \cdot 10^{10}$ Bq

Die Lösung der Differentialgleichung für die Zerfallsrate ist:

$$N(t) = N_0\, e^{-\lambda t}$$

N_0 ist die Zahl der zur Zeit $t = 0$ vorhandenen unzerfallenen Atome.

Halbwertszeit $T_{1/2}$ heißt die Zeit, in der die Hälfte der Substanz zerfällt.
Es ist $N(T_{1/2}) = N_0/2$ oder $N_0 = 2\,N_0\, e^{-\lambda T_{1/2}}$; daraus folgt:

$$T_{1/2} = \frac{\ln 2}{\lambda}$$

$\ln 2 \approx 0{,}693$; $T_{1/2}$ ist eine für jede radioaktive Substanz charakteristische Größe.

3.5 Strahlenbelastung

3.5.1 Energiedosis *D*

$$D = \frac{E}{m}$$

E ist die Energie, die vom bestrahlten Körper absorbiert wird, m die Masse des Körpers.

Die SI-Einheit der Energiedosis ist:
1 Gray = 1 Gy = 1 J kg^{-1} (► T 2.2).

Früher: 1 Rad = 1 rd = 0,01 Gy

3.5.2 Äquivalentdosis *H*

$$H = q\,D$$

D ist die Energiedosis,
q der Bewertungsfaktor für die biologische Wirkung.

Die SI-Einheit der Äquivalentdosis ist:
1 Sievert = 1 Sv = 1 J kg^{-1} (► T 2.2).

Früher: 1 rem = 0,01 Sv

KE 4 Künstliche Kernumwandlungen

4.1 Reaktionen von Kernen mit positiv geladenen Teilchen

Viele Kernumwandlungen kann man durch Beschießen von Atomkernen mit positiv geladenen Teilchen durchführen. Als solche Teilchen kommen vor allem in Frage: α-Teilchen = ${}^4_2$He-Teilchen, Protonen p = ${}^1_1$H oder Deuteronen d = ${}^2_1$H.

Da zwei positiv geladene Körper einander abstoßen, brauchen die Teilchen eine um so größere kinetische Energie je größer die Kernladung ist, um zum Kern vorzudringen. Die Teilchen können jedoch wegen ihrer Ladung in elektrischen Feldern gut beschleunigt werden und so die notwendige Energie erhalten.

Der getroffene Kern nimmt das ankommende Teilchen auf. Dabei entsteht ein instabiler Zwischenkern, der anschließend (vielfach sofort) ein anderes Teilchen, z. B. ein Proton p, ein α-Teilchen oder ein Neutron n, ausstößt.

4.2 Beispiele für Kernumwandlungen

Das zuerst genannte Teilchen ist das ankommende, das zweite das ausgestoßene.

1. (α, p)-Reaktion: ${}^{14}_{7}N\ (\alpha, p)\ {}^{17}_{8}O$ ausführlich ${}^{14}_{7}N + {}^{4}_{2}He \rightarrow {}^{17}_{8}O + {}^{1}_{1}H$
2. (α, n)-Reaktion: ${}^{9}_{4}Be\ (\alpha, n)\ {}^{12}_{6}C$ ausführlich ${}^{9}_{4}Be + {}^{4}_{2}He \rightarrow {}^{12}_{6}C + {}^{1}_{0}n$
3. (p, α)-Reaktion: ${}^{15}_{7}N\ (p, \alpha)\ {}^{12}_{6}C$ ausführlich ${}^{15}_{7}N + {}^{1}_{1}H \rightarrow {}^{12}_{6}C + {}^{4}_{2}He$
4. (d, p)-Reaktion: ${}^{23}_{11}Na\ (d, p)\ {}^{24}_{11}Na$ ausführlich ${}^{23}_{11}Na + {}^{2}_{1}H \rightarrow {}^{24}_{11}Na + {}^{1}_{1}H$

4.3 Reaktionen von Kernen mit Neutronen

Neutronen werden, da sie keine Ladung haben, nicht durch Abstoßungskräfte gehemmt und können deshalb leicht zu den Kernen vordringen. Dies macht sie für Kernumwandlungen besonders gut geeignet.

4.3.1 Reaktionen von Kernen mit schnellen Neutronen

Diese Reaktionen verlaufen analog zu den Kernumwandlungen mit geladenen Teilchen.

Beispiel: ${}^{27}_{13}Al\,(n, p)\,{}^{27}_{12}Mg$.

4.3.2 Reaktionen von Kernen mit langsamen (thermischen) Neutronen

Langsame, auf thermische Geschwindigkeiten abgebremste Neutronen sind häufig wirksamer als schnelle. Denn ein langsames Neutron hält sich länger in Kernnähe auf, so dass die Wahrscheinlichkeit für das Einfangen des Neutrons größer ist als bei einem schnellen Neutron.

Beispiel: ${}^{11}_{5}B\,(n, \alpha)\,{}^{8}_{3}Li$.

KE 5 Künstliche Radioaktivität

Bei künstlichen Kernumwandlungen, z. B. mit Neutronen, entstehen oft instabile Kerne, sogenannte Radionuklide, die nicht sofort zerfallen, sondern – wie die natürlichen radioaktiven Kerne – erst nach messbaren Zeiten durch Ausstoßen von Teilchen in einen stabileren Kern übergehen. Die ausgestrahlten Teilchen sind häufig Elektronen (β^--Strahlen) oder auch selten α-Teilchen. Oft werden ferner Teilchen ausgestoßen, die bei natürlichen radioaktiven Stoffen nicht beobachtet werden, nämlich *Positronen*. Ein Positron hat die gleiche Masse wie ein Elektron, jedoch die Ladung $+e$. Das Positron β^+ ist das Antiteilchen zum Elektron β^- (► KE 11). Positronen existieren frei nur kurze Zeit, da sie sich beim Zusammentreffen mit Materie sofort mit Elektronen vereinigen.

Bei β^--Strahlern werden neben den Elektronen auch Antineutrinos ${}^0_0\bar{\nu}$ ausgestoßen (► KE 3.3), entsprechend bei den β^+-Strahlern Neutrinos ${}^0_0\nu$.

Beispiele für künstliche Radionuklide:

β^--Strahler (Elektronenstrahler): ${}^{198}_{79}\mathrm{Au} \rightarrow {}^{198}_{80}\mathrm{Hg} + {}^{0}_{-1}\mathrm{e} + {}^0_0\bar{\nu}$

β^+-Strahler (Positronenstrahler): ${}^{30}_{15}\mathrm{P} \rightarrow {}^{30}_{14}\mathrm{Si} + {}^{0}_{1}\mathrm{e} + {}^0_0\nu$

KE 6 Transurane

Durch künstliche Kernumwandlungen hat man Elemente mit Ordnungszahlen $Z > 92$, sogenannte Transurane, herstellen können (► Periodensystem der Elemente T 5.1).

Beispiel:

${}^{238}_{92}\mathrm{U}$ lagert ein Neutron ${}^1_0\mathrm{n}$ an (unter Aussendung von γ-Strahlen), wobei das Radioisotop ${}^{239}_{92}\mathrm{U}$ entsteht.

Dieser Kern ist ein β^--Strahler: ${}^{239}_{92}\mathrm{U} \rightarrow {}^{239}_{93}\mathrm{Np} + {}^{0}_{-1}\mathrm{e} + {}^0_0\bar{\nu}$, so dass sich ein neuer Kern mit $Z = 93$ bildet, der den Namen Neptunium (Np) erhielt.

Neptunium ist selbst wieder ein β^--Strahler: ${}^{239}_{93}\mathrm{Np} \rightarrow {}^{239}_{94}\mathrm{Pu} + {}^{0}_{-1}\mathrm{e} + {}^0_0\bar{\nu}$, so dass wieder ein neuer Kern mit $Z = 94$ (Plutonium) zustande kommt.

Bis jetzt hat man Elemente bis zur Ordnungszahl $Z = 109$ künstlich hergestellt.

KE 7	Kernspaltung und Kernfusion

7.1 Kernspaltung

Bei den bisher besprochenen Kernreaktionen wurden stets relativ kleine Teilchen ausgestoßen. Es ist aber auch möglich, dass ein großer instabiler Kern in zwei mittlere Kerne auseinanderbricht (im allgemeinen unter gleichzeitiger Ausstoßung kleiner Teilchen). Einen solchen Vorgang nennt man *Kernspaltung*.

Beispiel einer durch langsame Neutronen eingeleiteten Kernspaltung:

$^{235}_{92}\text{U} + ^{1}_{0}\text{n} \rightarrow ^{89}_{36}\text{Kr} + ^{144}_{56}\text{Ba} + 3\,^{1}_{0}\text{n}$

Da bei dieser Reaktion für ein eingefangenes Neutron drei neue Neutronen gebildet werden, kann eine sogenannte „Kettenreaktion" entstehen.

7.2 Kernfusion

Kernfusion ist der Aufbau von Atomkernen aus Nukleonen.
Derartige Prozesse ereignen sich in der Natur in großem Maßstab in der Sonne und in den anderen Fixsternen. Die von diesen Sternen abgestrahlte Energie wird bei der Kernfusion freigesetzt.
In der Sonne werden Heliumkerne aus jeweils vier Protonen gebildet. Dabei dient Kohlenstoff als Katalysator. Die Reaktionstemperatur ist etwa $T = 10^8$ K.
In der „Wasserstoffbombe" läuft eine Kernfusion explosionsartig ab. Für technische Anwendungen wären kontinuierlich arbeitende Kernfusions-Reaktoren nötig. Die Hauptschwierigkeit, solche Reaktoren zu bauen, besteht in der nötigen hohen Temperatur.

KE 8	Energiebilanz bei Kernprozessen

8.1 Exotherme und endotherme Kernreaktionen

Wird bei einer Kernreaktion *Energie frei*, so spricht man – wie bei chemischen Reaktionen – von einer *exothermen Reaktion*. Muss dagegen *Energie aufgewendet* werden, so heißt die Reaktion *endotherm*.

Ist die Summe der Massenzahlen von Ausgangskern und Stoßteilchen (auf der linken Seite der Reaktionsgleichung) größer als die Summe der Massenzahlen von Endkern und ausgestoßenen Teilchen (auf der rechten Seite der Gleichung), so ist die Reaktion exotherm. Die Massendifferenz erscheint nach der Umwandlung als kinetische Energie des Endkerns und der ausgestoßenen Teilchen, wobei γ-Quanten als Teilchen zu behandeln sind.

Beispiel einer exothermen Reaktion: $^{7}_{3}\text{Li} + ^{1}_{1}\text{H} \rightarrow 2\,^{4}_{2}\text{He} + 17{,}19\ \text{MeV}$.

Entsprechend muss bei einer endothermen Reaktion das Stoßteilchen mindestens soviel kinetische Energie haben, wie der Massendifferenz entspricht.

Beispiel einer endothermen Reaktion: ${}^{7}_{3}\mathrm{Li} + {}^{1}_{1}\mathrm{H} + 1{,}7\ \mathrm{MeV} \rightarrow {}^{7}_{4}\mathrm{Be} + {}^{1}_{0}\mathrm{n}$.

8.2 Energiegewinn bei Kernspaltung von schweren Kernen

Die Summe der Massenzahlen des Ausgangskerns und des Stoßteilchens ist größer als die Summe der Massenzahlen der Spaltprodukte (exothermer Prozeß). Diese Differenz (erfahrungsgemäß etwa 0,08 % der beteiligten Masse) wird in Energie umgesetzt.

Die Spaltung von 1 kg Uran gibt ≈ 23 Mill. kWh.

8.3 Energiegewinn bei Kernfusion von leichten Kernen

Der *Massendefekt* des aufgebauten Kerns (erfahrungsgemäß etwa 0,8 % der Masse) wird in Energie umgesetzt.

Die Bildung von 1 kg Helium gibt ≈ 200 Mill. kWh.

8.4 Energiegewinn bei Zerstrahlung

Die *ganze* beteiligte *Masse* wird in Energie umgesetzt.

Die Zerstrahlung von 1 kg Materie gibt ≈ 25 000 Mill. kWh.

Zum Vergleich: Die Verbrennung von 1 kg Kohle gibt ≈ 8 kWh.

KE 9 Kosmische Strahlung

Kosmische Strahlung oder *Höhenstrahlung* nennt man die Teilchenstrahlung, die aus dem Kosmos auf die Erde gerichtet ist.

Die *Primärstrahlung* besteht vorwiegend aus Protonen und anderen leichten Atomkernen hoher Energie (bis ≈ 10^{10} GeV). Sie reicht etwa bis 20 km Höhe über dem Erdboden.

Unterhalb dieser Höhe beobachtet man nur noch *Sekundärstrahlen*, die durch Wechselwirkungen der Primärteilchen mit den Luftmolekülen entstehen. Solche Sekundärteilchen sind u. a. die uns bereits bekannten Photonen, Neutronen, Elektronen, Positronen und neue Teilchen wie z. B. Myonen.

Die Myonen sind mit den Elektronen und Positronen verwandt; denn sie haben ebenfalls die elektrische Ladung $\mp 1\,e$ (Elementarladung). Man bezeichnet die Myonen als „schwere Elektronen“, weil ihre Masse m_m viel größer als die Elektronenmasse m_e ist, nämlich $m_\mathrm{m} = 206{,}7686\ m_\mathrm{e}$ (► T 4). Man rechnet das Myon aber immer noch zur Gruppe der „leichten“ Teilchen (Leptonen), da die Myonenmasse klein gegenüber der Protonenmasse ist.

Die Myonen sind instabil; ihre mittlere Lebensdauer beträgt rund $2{,}2 \cdot 10^{-6}$ s.

Der radioaktive Zerfall der Myonen läuft im Allgemeinen nach dem Schema ab:

$\mu^- \rightarrow e^- + \bar{\nu}_e + \nu_m$ und $\mu^+ \rightarrow e^+ + \nu_e + \bar{\nu}_m$

Neben den Elektron-Neutrinos ν_e und $\bar{\nu}_e$ treten Myon-Neutrinos ν_m und $\bar{\nu}_m$ auf.

Weitere Teilchen der kosmischen Strahlung sind Pionen u. Kaonen (► KE 12.2).

KE 10 Teilchenbeschleuniger

Kernphysikalische Untersuchungen führte man zunächst vorwiegend mit radioaktiven Zerfallsprodukten und mit Teilchen der kosmischen Strahlung durch. Heute verwendet man vor allem Teilchen, denen in Beschleunigeranlagen eine hohe Energie vermittelt wird. Mit Hilfe solcher Anlagen werden elektrisch geladene Teilchen bis nahe an die Lichtgeschwindigkeit beschleunigt. Damit die Teilchen nicht durch Zusammenstöße mit Gasatomen wieder gebremst werden, müssen die Teilchenbahnen im Vakuum verlaufen.

Aus Isolationsgründen kann man die beschleunigende Spannung nicht in beliebiger Größe anlegen. Das einmalige Durchlaufen der möglichen Höchstspannung vermittelt den geladenen Teilchen nicht die gewünschte Energie. Deshalb baut man Beschleuniger, in denen die Teilchen mehrfach die gleiche, technisch mögliche Spannung durchlaufen.

10.1 Linearbeschleuniger

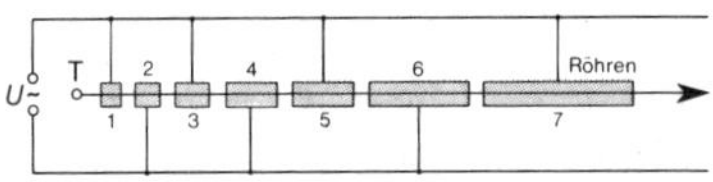

Die aus der Teilchenquelle T (► Abb.) austretenden elektrisch geladenen Teilchen durchlaufen im Vakuum eine Folge verschieden langer koaxialer Röhren (Driftröhren).

Dabei werden die Teilchen jeweils im Raum zwischen zwei benachbarten Röhren durch elektrische Felder beschleunigt. Das Innere der Röhren ist feldfrei.
Die Felder zwischen den Röhren werden durch eine hochfrequente Wechselspannung hervorgerufen. Die Röhren liegen abwechselnd an den Polen der Wechselstromquelle. Die Röhren 1, 3, 5 usw. sind also jeweils mit dem einen Pol und die Röhren 2, 4, 6 usw. mit dem andern Pol verbunden.
Da die Teilchen mit immer größerer Geschwindigkeit in die nächste Röhre eintreten, müssen die Röhren immer länger werden und zwar so, daß sich die Teilchen genau dann im nächsten Zwischenraum befinden, wenn die Wechselspannung ihren Scheitelwert hat (Synchronfall).

10.2 Zirkularbeschleuniger (Zyklotron)

In Zirkularbeschleunigern werden die geladenen Teilchen durch starke Magnetfelder auf Kreisbahnen gelenkt. Bewegt sich ein Teilchen (Masse m, Ladung Q) in einem Magnetfeld der Flussdichte $\vec{B}$ senkrecht zur Richtung von $\vec{B}$ mit der Geschwindigkeit $\vec{v}$, so ist die Bahn des Teilchens eine Kreisbahn. Dabei liefert die LORENTZ-Kraft (► E 5.6) die nötige Zentralkraft (► M 7.4).

Der Radius r der Kreisbahn ergibt sich aus:

Betrag der LORENTZ-Kraft $Q\,v\,B =$

Betrag der Zentralkraft $m\,\frac{v^2}{r}$:

$$r = \frac{m\,v}{Q\,B}$$

Daraus folgt für die Kreisfrequenz $\omega = \frac{v}{r}$:

$$\omega = \frac{Q\,B}{m}$$

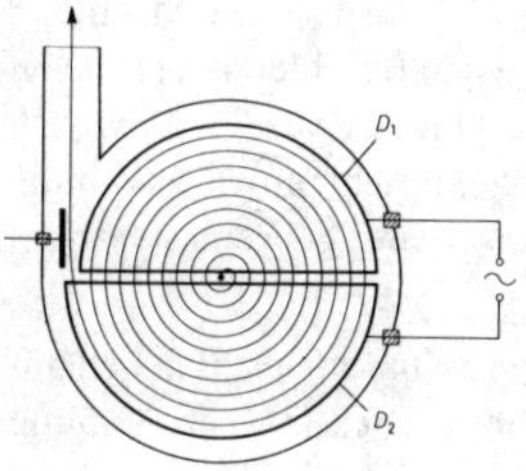

Zyklotron (schematisch: $\vec{B}$ senkrecht zur Zeichenebene)

Die Teilchen bewegen sich im Vakuum in einem Beschleunigungssystem, das die Abb. in Aufsicht zeigt. Es besteht aus zwei flachen Metalldosen D_1 und D_2, die durch einen diametralen schmalen Schlitz getrennt sind. Jedesmal, wenn ein Teilchen diesen Schlitz durchfliegt, wird es durch ein elektrisches Feld beschleunigt. Es tritt dann mit größerer Geschwindigkeit in die nächste Dose ein und beschreibt darin einen Halbkreis mit entsprechend größerem Radius. Beim Übergang der Teilchen von D_1 nach D_2 muss das elektrische Feld entgegengesetzt gerichtet sein wie beim Übergang von D_2 nach D_1, damit die Teilchen in beiden Fällen beschleunigt werden. Um dies zu erreichen wird zwischen die Dosen D_1 und D_2 eine elektrische Wechselspannung gelegt, deren Kreisfrequenz mit der konstanten Kreisfrequenz ω der Teilchen auf ihren Kreisbahnen übereinstimmt. Nach einer entsprechenden Zahl von Umläufen verlassen die beschleunigten Teilchen die Dose D_2 und das Magnetfeld. Sie fliegen dann mit der Endgeschwindigkeit $\vec{v}_e$ geradlinig weiter.

Ein derartiges „klassisches" Zyklotron setzt die Konstanz von ω voraus. Diese ist nicht mehr gegeben, sobald die Masse mit der Geschwindigkeit merklich wächst. Dadurch sinkt die Kreisfrequenz ω der Teilchen. Diese kommen dann jeweils zu spät am Schlitz an.

Diese Schwierigkeit wird durch das „Synchro-Zyklotron" behoben. In ihm wird die Kreisfrequenz der beschleunigenden Wechselspannung synchron an die sinkende Kreisfrequenz der Teilchen angepasst.

KE 11 Teilchen und Antiteilchen

Zu jedem Elementarteilchen gehört ein Antiteilchen. Solche Teilchenpaare sind z. B. Elektron und Positron sowie Neutrino und Antineutrino.

Teilchen und Antiteilchen haben die gleiche Ruhemasse. Ist eines der Teilchen elektrisch geladen, so ist es das andere ebenfalls: Beide haben eine gleich große Ladung, jedoch mit entgegengesetztem Vorzeichen. Ungeladene Teilchen, wie z. B. das Photon, können ihr eigenes Antiteilchen sein.

Teilchen und Antiteilchen haben die gleiche mittlere Lebensdauer. Ist ein Teilchen stabil, so ist auch das Antiteilchen stabil. Das gilt aber nur, solange sie getrennt voneinander existieren. Kommen Teilchen eines Paares lange genug einander nahe, so zerstrahlen sie, d. h. sie verschwinden unter Aussendung energiereicher Photonen (Paarvernichtung). Umgekehrt kann aus einem γ-Quant unter bestimmten Umständen ein Paar von Teilchen und Antiteilchen entstehen (Paarbildung). Beide Prozesse sind experimentell nachgewiesen.

11.1 Paarvernichtung

Beispiel: Ein Positron e^+ und ein Elektron e^- zerstrahlen in zwei oder seltener in drei Photonen (γ-Quanten).

Dabei sind die Erhaltungssätze (► KE 2) erfüllt:

1. Die Ruheenergie sowohl des Positrons als auch des Elektrons ist 0,51 MeV, ihre Gesamt-Ruheenergie also 1,02 MeV. Bei der Zerstrahlung verteilt sich diese auf die zwei oder die drei γ-Quanten.
2. Vor der Zerstrahlung ist der Gesamtimpuls Null, wenn Positron und Elektron ruhen. Nach der Zerstrahlung fliegen die beiden γ-Quanten mit gleichen Impulsbeträgen entgegengesetzt auseinander. Entstehen drei γ-Quanten, so fliegen sie so auseinander, dass benachbarte Flugrichtungen jeweils einen Winkel von 120° bilden. Ihre Impulsbeträge sind gleich. Auf diese Weise ist die Vektorsumme der Impulse ebenfalls Null.
3. Positron und Elektron haben entgegengesetzt gleiche Ladung; die Summe der Ladungen ist also Null. Das entstandene Photon hat ebenfalls die Ladung Null.

11.2 Paarbildung

Beispiel: Ein energiereiches γ-Quant verwandelt sich in der Nähe eines Atomkerns in ein Positron und ein Elektron. Dabei sind die Erhaltungssätze erfüllt:

1. Das γ-Quant muss eine Energie $> 1{,}02$ MeV besitzen; denn damit müssen die Ruhemassen beider Teilchen und ihre kinetische Energie gedeckt werden.

2. Der Atomkern ist als Reaktionspartner wegen der Erhaltung des Impulses notwendig. Der Atomkern besitzt nach der Paarbildung den Impuls des ankommenden γ-Quants.
3. Die Ladung des γ-Quants und die Ladungssumme des Teilchen-Paares sind jeweils Null.

KE 12 Gruppen von Elementarteilchen

Als Elementarteilchen bezeichnete man zunächst:

Proton, Neutron, Elektron, Positron und Photon.

Später kamen, vor allem durch Untersuchungen der kosmischen Strahlung, weitere Elementarteilchen dazu, z. B. die Neutrinos, Myonen und Pionen.

Durch Experimente mit Hilfe von Hochenergie-Beschleunigern steigerte sich die Zahl der Elementarteilchen auf mehrere Hundert.

Entsprechend ihrer Masse teilte man die Elementarteilchen in Gruppen leichter, mittelschwerer und schwerer Teilchen ein.

12.1 Leptonen

Zu den Leptonen (leichte Teilchen) gehören:

Elektron e^-, Myon μ^- und Tauon τ^- sowie ihre Antiteilchen e^+, μ^+ und τ^+. Die Leptonen haben keine mit den heute verfügbaren Mitteln nachweisbare Struktur. Ihr Durchmesser beträgt nur etwa ein Tausendstel des Protonendurchmessers.

Wie das Elektron besitzen auch das Myon und Tauon eine negative Elementarladung.

Im Gegensatz zum Elektron sind Myon und Tauon instabil.

Obwohl das Tauon eine Masse hat, die mehr als doppelt so groß ist wie die Protonenmasse, zählt man das Tauon wegen seiner Verwandschaft zum Elektron und Myon zur Gruppe der Leptonen.

Diese Verwandtschaft besteht z. B. darin, dass alle drei Teilchen der schwachen, jedoch nicht der starken, Wechselwirkung unterliegen (► KE 13).

Zu den Leptonen gehören schließlich noch die Neutrinos:

(Elektron)-Neutrino ν_e; Myon-Neutrino ν_m; Tauon-Neutrino ν_t, sowie die Anti-Neutrinos $\overline{\nu}_e$, $\overline{\nu}_m$ und $\overline{\nu}_t$.

12.2 Mesonen

Zu den Mesonen (mittelschweren Teilchen) zählt man die Pionen π^+, π^-, π^0 und die Kaonen K^+, K^-, K^0. Die Gruppe der Mesonen besteht ferner aus einer großen Zahl von Teilchen, die man als Mesonen-Resonanzen bezeichnet. Sie haben alle eine kurze mittlere Lebensdauer von $\approx 10^{-22}$ s.

12.3 Baryonen

Als Baryonen (schwere Teilchen) gelten die Nukleonen (Proton p und Neutron n) sowie die Hyperionen. Letztere werden in vier Untergruppen eingeteilt, auf die nicht eingegangen wird. Alle Hyperionen sind instabil; ihre mittlere Lebensdauer liegt zwischen 10^{-10} s und 10^{-20} s. Dazu kommen noch viele Resonanzteilchen mit noch kürzerer mittlerer Lebensdauer von $\approx 10^{-23}$ s.

12.4 Hadronen

Die Mesonen und die Baryonen fasst man unter dem Sammelbegriff Hadronen zusammen. Hadronen sind also alle Elementarteilchen außer dem Photon und den Leptonen. Alle Hadronen haben im Gegensatz zu den Leptonen eine nachweisbare Struktur. Für Hadronen ist die starke Wechselwirkungskraft (► KE 13) maßgebend, während diese bei den Leptonen unwirksam ist.

12.5 Übersicht über die wichtigsten Elementarteilchen

Gruppe	Untergruppe	Teilchen			Antiteilchen			Gemeinsame Eigenschaften von Teilchen und Antiteilchen	
		Name	Symbol	Elektr. Ladung	Name	Symbol	Elektr. Ladung	Rel. Ruhemasse m_0/m_e	Mittlere Lebensdauer in s
		Photon	γ	0	Photon	γ	0	0	∞
Leptonen		Elektron	e^-	$-e$	Positron	e^+	$+e$	1	
		Myon	μ^-	$-e$	Anti-Myon	μ^+	$+e$	206,77	$2{,}20 \cdot 10^{-6}$
		Tauon	τ^-	$-e$	Anti-Tauon	τ^+	$+e$	3491,6	$3{,}0 \cdot 10^{-13}$
		Elektron-Neutrino	ν_e	0	Anti-E-Neutrino	$\bar{\nu}_e$	0	≈ 0	∞
		Myon-Neutrino	ν_μ	0	Anti-M-Neutrino	$\bar{\nu}_\mu$	0	≈ 0	∞
		Tauon-Neutrino	ν_τ	0	Anti-T-Neutrino	$\bar{\nu}_\tau$	0	≈ 0	∞
Hadronen	Mesonen	Pionen	π^+	$+e$	Anti-Pionen	π^-	$-e$	273,14	$2{,}60 \cdot 10^{-8}$
			π^0	0		π^0	0	264,13	$0{,}83 \cdot 10^{-16}$
		Kaonen	K^+	$+e$	Anti-Kaonen	K^-	$-e$	966,3	$1{,}24 \cdot 10^{-8}$
			K^0	0		K^0	0	974,6	$0{,}9 \cdot 10^{-10}$
	Baryonen	Nukleonen:							
		Proton	p	$+e$	Anti-Proton	$\bar{p}$	$-e$	1836,12	∞
		Neutron	n	0	Anti-Neutron	$\bar{n}$	0	1838,65	1013
		Hyperionen:	–	–	–			> 2000	$10^{-10} \ldots 10^{-20}$

KE 13 Wechselwirkungskräfte

Zusätzlich zur Gravitationskraft (► M 8.2) und zur elektromagnetischen Kraft (COULOMB-Kraft ► E 1.9; LORENTZ-Kraft ► E 5.6) wirken im atomaren Bereich zwei weitere Kraftarten, nämlich die schwache und die starke Wechselwirkungskraft.

13.1 Gravitationskraft

Die Reichweite der Gravitationskraft ist unendlich. Sie spielt aber im atomaren Bereich kaum eine Rolle, weil der Betrag der Gravitationskraft wegen der kleinen Masse der Teilchen sehr klein ist.

13.2 Elektromagnetische Kraft

Die Reichweite der elektromagnetischen Kraft ist ebenfalls unendlich. Ihr Einfluss auf geladene Teilchen ist aber wesentlich größer als der Einfluss der Gravitationskraft (Verhältnis $10^{36} : 1$).

13.3 Schwache Wechselwirkungskraft

Die Reichweite der schwachen Wechselwirkungskraft beträgt nur etwa 10^{-18} m. Ihre Stärke ist zwar nur etwa das 10^{-11}fache der elektromagnetischen Kraft; sie ist aber immerhin 10^{15} mal so groß wie die Gravitationskraft.

Die schwache Wechselwirkungskraft ist neben der elektromagnetischen Kraft maßgebend im Bereich der Leptonen. Da die Neutrinos ungeladen sind, werden sie nur durch die schwache Wechselwirkungskraft beeinflusst. Daher können sie tief in Materie, z. B. in die Erde, eindringen.

13.4 Starke Wechselwirkungskraft

Die Reichweite der starken Wechselwirkungskraft beträgt nur 10^{-15} m. Ihre Stärke ist aber 100 mal so groß wie die elektromagnetische Kraft. Im Bereich der Leptonen ist die starke Wechselwirkungskraft unwirksam. Für alle anderen Elementarteilchen, also die Hadronen (Mesonen und Baryonen) ist sie maßgebend neben der schwachen Wechselwirkungskraft und der elektromagnetischen Kraft. So werden z. B. die Nukleonen in den Atomkernen vorwiegend durch die starke Wechselwirkung aneinander gebunden.

KE 14 Elementarste Bausteine der Materie – Quarkmodell

14.1 Unterschied zwischen Leptonen und Hadronen

Die Leptonen zählen zu den elementarsten Bausteinen der Materie, weil man bei ihnen keine innere Struktur nachweisen kann. Bei den Hadronen (Mesonen und Baryonen) dagegen kann man mit Hilfe von Streuversuchen hoch energetischer Strahlen eine Struktur erkennen. Die Hadronen sind aus elementareren Bausteinen zusammengesetzt. Als solche hat man die so genannten Quarks festgestellt.

14.2 Quarks

Wie die Leptonen sind die Quarks elementarste Bausteine der Materie. Man kennt heute 6 Quarks und 6 Antiquarks. (► Übersicht).

Quark Name	Quark Symbol	Ladung in e	Ruhemasse (ungefähr) in u	Anti-Quark Symbol	Ladung in e
up	u	$+\frac{2}{3}$	0,33	$\bar{u}$	$-\frac{2}{3}$
down	d	$-\frac{1}{3}$	0,33	$\bar{d}$	$+\frac{1}{3}$
charm	c	$+\frac{2}{3}$	1,60	$\bar{c}$	$-\frac{2}{3}$
strange	s	$-\frac{1}{3}$	0,54	$\bar{s}$	$+\frac{1}{3}$
top (thruth)	t	$+\frac{2}{3}$	24,15	$\bar{t}$	$-\frac{2}{3}$
bottom (beauty)	b	$-\frac{1}{3}$	5,37	$\bar{b}$	$+\frac{1}{3}$

Die Quarks sind keine freien Teilchen; sie sind vielmehr in den Hadronen permanent gebunden. Daher sind auch die elektrischen Ladungen der Quarks nicht als freie Ladungen zu beobachten. Sie zeigen sich aber bei Streuversuchen an Hadronen.

14.3 Aufbau der Hadronen aus Quarks

Der Aufbau aus Quarks geschieht auf zweierlei Weise, je nachdem, ob es sich bei den Hadronen um Mesonen oder um Baryonen handelt.

14.3.1 Aufbau der Mesonen aus Quarks

Ein Meson besteht aus einem Quark und einem Antiquark. Entsprechendes gilt für ein Anti-Meson.

Beispiele: Pionen $\pi^+ = u\,\bar{d}$; Ladung in e: $+\frac{2}{3}+\frac{1}{3}=+1$

$\pi^- = d\,\bar{u}$; $-\frac{1}{3}-\frac{2}{3}=-1$

Kaonen $K^+ = u\,\bar{s}$; $+\frac{2}{3}+\frac{1}{3}=+1$

$K^- = s\,\bar{u}$; $-\frac{1}{3}-\frac{2}{3}=-1$

$K^0 = d\,\bar{s}$; $-\frac{1}{3}+\frac{1}{3}=0$

14.3.2 Aufbau der Baryonen aus Quarks

Ein Baryon besteht aus drei Quarks, ein Anti-Baryon aus drei Anti-Quarks.

Beispiele: Proton $p^+ = u\,u\,d$; Ladung in e: $+\frac{2}{3}+\frac{2}{3}-\frac{1}{3}=+1$

Neutron $n = u\,d\,d$; $+\frac{2}{3}-\frac{1}{3}-\frac{1}{3}=0$

Tabellen

T 1 Physikalische Größen – ihre Zeichen und Einheiten

1.1 Allgemein wichtige und mechanische Größen

Größe	Zeichen	SI-Einheit	Bemerkung
Länge	l	m	► T 2
Breite	b	m	–
Höhe	h	m	–
Radius	r	m	–
Durchmesser	d	m	–
Fläche, Querschnitt	A, S	m^2	–
Volumen	V	m^3	–
Winkel (ebener)	$\alpha, \beta, \gamma, \delta, \varepsilon, \varphi$	$\text{rad} = \frac{\text{m}}{\text{m}} = 1$	rad = Radiant
Raumwinkel	ω	$\text{sr} = \frac{\text{m}^2}{\text{m}^2} = 1$	sr = Steradiant
Zeit(-punkt u. -spanne)	t	s	► T 2 und T 3.1
Ortsvektor	$\vec{r}$	m	–
Weglänge	s	m	–
Bahn-Geschwindigkeit	$\vec{v}$	$m\ s^{-1}$	–
Bahn-Beschleunigung	$\vec{a}$	$m\ s^{-2}$	–
Masse	m	kg	► T 2 und T 3.3
Dichte	ϱ	$kg\ m^{-3}$	auch $g\ cm^{-3}$
Kraft	$\vec{F}$	$N = m\ kg\ s^{-2}$	N = Newton
Impuls	$\vec{I}$, $\vec{p}$	N s	–
Druck	p	$N\ m^{-2} = Pa$	Pa = Pascal; ► T 3.6
Arbeit	W	J = N m	J = Joule; ► T 3.5
Energie	E	J	► T 3.5
Leistung	P	$W = J\ s^{-1}$	W = Watt
Winkelgeschwindigkeit	ω	$rad\ s^{-1} = s^{-1}$	–
Winkelbeschleunigung	α	$rad\ s^{-2} = s^{-2}$	–

Größe	Zeichen	SI-Einheit	Bemerkung
Umdrehungsdauer	T	s	–
Umdrehungsfrequenz	n	s^{-1}	–
Drehmoment	$\vec{M}$	N m	–
Trägheitsmoment, Massen-	J	$kg\ m^2$	–
Zug- oder Druck-spannung	σ	$N\ m^{-2}$	–
Federkonstante	D	$N\ m^{-1}$	–
Elastizitätsmodul	E	$N\ m^{-2}$	–
Gleit-, Schubmodul	G	$N\ m^{-2}$	–
Kompressibilität	$\varkappa$	$m^2\ N^{-1} = Pa^{-1}$	–
Reibungszahl	μ	1	–
Viskosität (Zähigkeit)			
dynamische	η	$N\ s\ m^{-2} = Pa\ s$	–
kinematische	ν	$m^2\ s^{-1}$	–
Wirkungsgrad	η	1	–

1.2 Schwingungs- und Wellengrößen

Größe	Zeichen	SI-Einheit	Bemerkung
Periodendauer	T	s	–
Frequenz	f	s^{-1} = Hz	Hz = Hertz
Kreisfrequenz	ω	s^{-1}	–
Amplitude (Schwingungsweite)	A	m	–
Phasenwinkel	φ	$\frac{m}{m} = 1$ (rad)	–
Auslenkung (Elongation)	s, x, y	m	–
Wellenlänge	λ	m	–
Ausbreitungs-(Phasen-) geschwindigkeit	c	$m\ s^{-1}$	–
Richtgröße	D	$N\ m^{-1}$	–
Winkelrichtgröße	D^*	N m	–

1.3 Akustische Größen

Größe	Zeichen	SI-Einheit	Bemerkung
Schallschnelle	v	$m\ s^{-1}$	
Schalldruck	p	Pa	1 hPa = 1 mbar ► T 3.6 u. A 5.3
Schalldruckpegel	L_p	1 (Dezibel)	► A 5.5.2
Schallstärke, -intensität	J	$W\ m^{-2}$	auch: $\mu W\ cm^{-2}$ ► A 5.4
Schallstärkepegel	L_J	1 (Dezibel)	► A 5.5.1
Lautstärkepegel	L_N	1 (Phon)	► A 5.6
Schalldämm-Maß	D	1 (Dezibel)	► A 5.7

1.4 Wärmegrößen

Größe	Zeichen	SI-Einheit	Bemerkung
Temperatur (thermodynamische)	T	K	K = Kelvin; ► T 2
Temperatur n. Celsius	t, ϑ	°C	–
Temperaturunterschied	ΔT	K	–
Längenausdehnungskoeffizient	α	K^{-1}	–
Raumausdehnungskoeffizient	γ	K^{-1}	–
Wärme (thermische Arbeit)	Q	J	–
Wärmekapazität	C	$J\ K^{-1}$	–
spez. Wärmekapazität	c	$J\ K^{-1}\ kg^{-1}$	–
Stoffmenge	n	mol, kmol	► T 2
molare Masse	M_m	$kg\ kmol^{-1}$	–
molare Gaskonstante	R	$J\ K^{-1} kmol^{-1}$	–
molare Wärmekapazität	C_m	$J\ K^{-1} kmol^{-1}$	–
Wärmeleitfähigkeit	λ	$W\ m^{-1}\ K^{-1}$	–
Wärmedurchgangskoeffizient	k	$W\ m^{-2}\ K^{-1}$	–
Wärmeübergangskoeffizient	α	$W\ m^{-2}\ K^{-1}$	–

1.5 Elektrische Größen

Größe	Zeichen	SI-Einheit	Bemerkung
elektrische Ladung, Elektrizitätsmenge	Q, q	C = A s	C = Coulomb
elektrische Feldstärke	$\vec{E}$	$V\,m^{-1} = N\,C^{-1}$	–
elektrische Spannung	U	V	V = Volt
elektrisches Potential	φ	V	–
elektrische Stromstärke	I	A	►T 2; A = Ampere
elektrischer Widerstand (Wirk-)	R	$\Omega = V\,A^{-1}$	Ω = Ohm
Blindwiderstand	X	Ω	–
Scheinwiderstand	Z	Ω	–
spezifischer elektrischer Widerstand	ϱ	Ω m	auch: $\Omega\,\frac{mm^2}{m}$
elektrischer Leitwert (Wirk-)	G	$S = \Omega^{-1} = A\,V^{-1}$	S = Siemens
Blindleitwert	B	S	–
Scheinleitwert	Y	S	–
elektrische Leitfähigkeit	γ	$S\,m^{-1} = \Omega^{-1}\,m^{-1}$	auch: $S\,\frac{m}{mm^2}$
elektrische Flussdichte (Verschiebungsdichte)	$\vec{D}$	$A\,s\,m^{-2}$	–
Permittivität (Dielektrizitätskonstante)	ε	$A\,s\,V^{-1}\,m^{-1} = F\,m^{-1}$	$\varepsilon = \varepsilon_0\,\varepsilon_r$; ►E 2.1 ε_0 = elektr. Feldkonstante
Permittivitätszahl (Dielektrizitätszahl)	ε_r	1	–
elektrische Kapazität	C	$F = A\,s\,V^{-1}$	F = Farad
elektrisches Moment	$\vec{M}_{el}$	A s m	–
elektrische Suszeptibilität	χ_e	1	$\chi_e = \varepsilon_r - 1$
Arbeit, Energie	W	J = V A s = W s	►T 3.5
Leistung	P	W = V A	–

1.6 Magnetische Größen

Größe	Zeichen	SI-Einheit	Bemerkung
magnetische Feldstärke (Erregung)	$\vec{H}$	$A\ m^{-1}$	früher: 1 Oersted = 79,6 $A\ m^{-1}$
magnetischer Fluss	Φ	$V\ s = Wb$	Wb = Weber; früher: 1 Maxwell = 10^{-8} Wb
magnetische Flussdichte (Induktion)	$\vec{B}$	$V\ s\ m^{-2} = Wb\ m^{-2} = 1\ T$	T = Tesla; früher: 1 Gauß = $10^{-4}\ Wb\ m^{-2}$
Permeabilität	μ	$V\ s\ A^{-1}\ m^{-1} = H\ m^{-1}$	$\mu = \mu_0\ \mu_r$; μ_0 = magnetische Feldkonstante
Permeabilitätstzahl	μ_r	1	–
Induktivität	L	$H = V\ s\ A^{-1}$	H = Henry
magnetische Polarisation	J	$V\ s\ m^{-2} = Wb\ m^{-2}$	–
magnetisches Moment	$\vec{M}_m$	$V\ s\ m = Wb\ m$	–
magnet. Suszeptibilität	χ_m	1	$\chi_m = \mu_r - 1$

1.7 Optische Größen und Strahlungsgrößen

Größe	Zeichen	SI-Einheit	Bemerkung
Lichtgeschwindigkeit	c	$m\ s^{-1}$	–
Brechzahl	n	1	–
Brennweite	f	m	–
Strahlungsleistung	Φ_e	W	–
Strahlstärke	I_e	$W\ sr^{-1}$	–
Strahldichte	L_e	$W\ sr^{-1}\ m^{-2}$	–
Bestrahlungstärke	E_e	$W\ m^{-2}$	–
Lichtstrom, -leistung	Φ_v	lm	lm = Lumen
Lichtstärke	I_v	$cd = lm\ sr^{-1}$	cd = Candéla ►T2
Leuchtdichte	L_v	$cd\ m^{-2} = lm\ sr^{-1}\ m^{-2}$	–
Beleuchtungsstärke	E_v	$lx = lm\ m^{-2}$	lx = Lux
Durchlässigkeitsgrad	τ	1	–
Polarisationsgrad	P	1	–

T

1.8 Atomphysikalische Größen

Größe	Zeichen	SI-Einheit	Bemerkung
Stoffmenge	n	mol	►T 2
Atommasse	m_a	u	$u = \frac{1}{12} m_a ({}^{12}_{6}C)$ ►T 3.3
relative Molekül-(Atom-)Masse	M	1	–
molare Masse	M_m	kg mol^{-1}	$M_m = M$ kg kmol^{-1}
Teilchenzahl	N	1	–
mittlere freie Weglänge	λ	m	–
Ordnungszahl	Z	1	–
Massenzahl	A	1	–
Neutronenzahl	N	1	$N = A - P = A - Z$
Protonenzahl	P	1	$P = Z$
Zerfallskonstante	λ	s^{-1}	–
Halbwertszeit	$T_{1/2}$	s	auch min, h, d, a
mittlere Lebensdauer	τ	s	–
Aktivität	A	s^{-1} = bq	Bq = Becquerel; früher: 1 Ci (Curie) = $3{,}70 \cdot 10^{10}$ Bq
Schwächungskoeffizient	μ	m^{-1}	–
Halbwertsdicke	D	m	–
Wirkungsquerschnitt	σ	m^2	früher: 1 Barn (b) = 10^{-28} m^2
Ionendosis	I	C kg^{-1}	früher: 1 Röntgen
Ionendosis-(-leistung)rate	$\dot{I} = \frac{dI}{dt}$	A kg^{-1}	–
Energiedosis	D	J kg^{-1} = Gy	Gy = Gray
Äquivalentdosis	H	J kg^{-1} = Sv	Sv = Sievert
Energiedosis-(-leistung)rate	$\dot{D} = \frac{dI}{dt}$	W kg^{-1}	–
Frequenz	f	s^{-1} = Hz	–
Wellenzahl	λ^{-1}	m^{-1}	–

T 2 Internationales Einheitensystem (SI)

Das internationale Einheitensystem (Système International d'Unités, abgekürzt SI) ist ein kohärentes Einheitensystem. Das heißt: Alle SI-Einheiten können durch Potenzprodukte der SI-Basiseinheiten ausgedrückt werden, wobei stets nur 1 als Zahlenfaktor vorkommt.

2.1 SI-Basiseinheiten

Die international vereinbarten SI-Basiseinheiten sind seit 1970 in der Bundesrepublik Deutschland als gesetzliche Einheiten eingeführt.

1 *Meter* (m) ist die Länge der Strecke, die Licht im Vakuum während der Dauer von 1/299 792 458 Sekunden durchläuft.

1 *Kilogramm* (kg) ist die Masse des Internationalen Kilogrammprototyps.

1 *Sekunde* (s) ist das 9 192 631 770fache der Periodendauer der dem Übergang zwischen den beiden Hyperfeinstrukturniveaus des Grundzustandes von Atomen des Nuklids ^{133}Cs entsprechenden Strahlung.

1 *Ampere* (A) ist die Stärke eines zeitlich unveränderlichen elektrischen Stromes, der, durch zwei im Vakuum parallel im Abstand 1 m voneinander angeordnete, geradlinige, unendlich lange Leiter von vernachlässigbar kleinem, kreisförmigem Querschnitt fließend, zwischen diesen Leitern je 1 m Leiterlänge die Kraft $2 \cdot 10^{-7}$ N hervorrufen würde.

1 *Kelvin* (K) ist der 273,16te Teil der thermodynamischen Temperatur des Tripelpunktes des Wassers.

1 *Mol* (mol) ist die Stoffmenge eines Systems, das aus ebensoviel Einzelteilchen besteht, wie Atome in $\frac{12}{1000}$ kg des Kohlenstoffnuklids ^{12}C enthalten sind. Bei Verwendung des Mol müssen die Einzelteilchen des Systems spezifiziert sein und können Atome, Moleküle, Ionen, Elektronen sowie andere Teilchen oder Gruppen solcher Teilchen genau angegebener Zusammensetzung sein.

1 *Candela* (cd) ist die Lichtstärke einer Lichtquelle, die monochromatische Strahlung der Frequenz $540 \cdot 10^{12}$ Hz in eine gegebene Richtung aussendet, und deren Strahlstärke 1/683 W sr^{-1} ist.

T

2.2 Abgeleitete SI-Einheiten

Abgeleitete SI-Einheiten sind Potenzprodukte der SI-Basiseinheiten. Zur bequemeren Handhabung hat man vielen von ihnen eigene Namen gegeben.

Abgeleitete SI-Einheiten mit besonderen Namen

Größe	SI-Einheit	Zeichen	Zusammenhang mit anderen SI-Einheiten
ebener Winkel	Radiant	rad	rad = m/m
Raumwinkel	Steradiant	sr	sr = m^2/m^2
Frequenz	Hertz	Hz	Hz = s^{-1}
Kraft	Newton	N	N = kg m s^{-2}
Druck	Pascal	Pa	Pa = N m^{-2}
Arbeit, Energie, Wärme	Joule	J	J = N m = V A s = W s
Leistung	Watt	W	W = V A = J s^{-1}
elektrische Ladung	Coulomb	C	C = A s
elektrische Spannung	Volt	V	V = J C^{-1}
elektrische Kapazität	Farad	F	F = C V^{-1}
elektrischer Widerstand	Ohm	Ω	Ω = V A^{-1}
elektrischer Leitwert	Siemens	S	S = Ω^{-1} = A V^{-1}
magnetischer Fluss	Weber	Wb	Wb = V s
magnetische Flussdichte	Tesla	T	T = Wb m^{-2}
Induktivität	Henry	H	H = Wb A^{-1}
Lichtstrom	Lumen	lm	lm = cd sr
Beleuchtungsstärke	Lux	lx	lx = lm m^{-2} = cd sr m^{-2}
Aktivität (radioakt.)	Becquerel	Bq	Bq = s^{-1}
Energiedosis	Gray	Gy	Gy = J kg^{-1}
Äquivalentdosis	Sievert	Sv	Sv = J kg^{-1}

2.3 Vorsätze zur Bezeichnung von Zehnerpotenzen von Einheiten

Zehnerpotenz	Vorsatz	Vorsatzzeichen
10^{-1}	Dezi	d
10^{-2}	Zenti	c
10^{-3}	Milli	m
10^{-6}	Mikro	µ
10^{-9}	Nano	n
10^{-12}	Piko	p
10^{-15}	Femto	f
10^{-18}	Atto	a

Zehnerpotenz	Vorsatz	Vorsatzzeichen
10^{1}	Deka	da
10^{2}	Hekto	h
10^{3}	Kilo	k
10^{6}	Mega	M
10^{9}	Giga	G
10^{12}	Tera	T
10^{15}	Peta	P
10^{18}	Exa	E

T 3 Einheiten außerhalb des internat. Systems und ihr Zusammenhang mit SI-Einheiten

3.1 Zeit (SI-Einheit 1 s)

Einheit	Zeichen	Faktor zur Umrechnung in				
		s	min	h	d	a
Sekunde	s	1	$\frac{1}{60}$	$\frac{1}{3600}$	$\frac{1}{86\,400}$	$\frac{1}{31\,536\,000}$
Minute	min	60	1	$\frac{1}{60}$	$\frac{1}{1440}$	$\frac{1}{525\,600}$
Stunde	h	3 600	60	1	$\frac{1}{24}$	$\frac{1}{8760}$
Tag	d	86 400	1 440	24	1	$\frac{1}{365}$
Jahr	a	31 536 000	525 600	8760	365	1

3.2 Geschwindigkeit (SI-Einheit 1 m s^{-1})

$1\ \mathrm{m\ s^{-1}} = 3{,}6\ \mathrm{km\ h^{-1}}$; $1\ \mathrm{km\ h^{-1}} = 0{,}278\ \mathrm{m\ s^{-1}}$

3.3 Masse (SI-Einheit 1 kg)

Statt der SI-Masseneinheit 1 kg verwendet man in der Atom-, Kern- und Elementarteilchen-Physik die atomare Masseneinheit 1 u (► KE 1.2.1).

Diese ist definiert als 1/12 der Atommasse des Kohlenstoffnuklids $^{12}_{6}C$.

Es gilt: $1\ \mathrm{u} = 1{,}660\,540\,2\,(10) \cdot 10^{-27}\ \mathrm{kg}$

Umgekehrt ist: $1\ \mathrm{kg} = 6{,}022\,133\,7\,(36) \cdot 10^{26}\ \mathrm{u}$;

3.4 Masse und Energie (SI-Einheiten 1 kg und 1 Joule)

Nach EINSTEIN ist $m\,c^2 = E$; daher gilt:

$1\ \mathrm{u}\ c^2 = 931{,}494\,32\,(28)\ \mathrm{MeV} = 1{,}492\,419 \cdot 10^{-13}\ \mathrm{kJ}$

$1\ \mathrm{kg}\ c^2 = 5{,}609\,657\,8 \cdot 10^{29}\ \mathrm{MeV} = 8{,}987\,666 \cdot 10^{13}\ \mathrm{kJ}$

3.5 Arbeit und Energie (SI-Einheit 1 Joule)

Einheit	Zeichen	Faktor zur Umrechnung in		
		J	kWh	eV
Joule	J	1	$2{,}78 \cdot 10^{-7}$	$6{,}241\,506 \cdot 10^{18}$
Kilowatt-stunde	kWh	$3{,}60 \cdot 10^{6}$	1	$2{,}246\,942 \cdot 10^{25}$
Elektron-volt	eV	$1{,}602\,177\,33\,(49) \cdot 10^{-19}$	$4{,}450\,492 \cdot 10^{-26}$	1

3.6 Druck (SI-Einheit 1 Pa)

1 Pascal = 1 Pa = 10^{-5} bar = 10^{-2} mbar; 1 mbar = 1 hPa
1 Bar = 1 bar = 10^{5} Pa = 10^{3} mbar

T 4 Wichtige physikalische Konstanten

α-Teilchen Ruhemasse	m_α	$= 6{,}644\,6616 \cdot 10^{-27}$ kg
		$= 4{,}001\,5065$ u
Ruheenergie	$m_\alpha c^2$	$= 3{,}727\,115 \cdot 10^{9}$ eV
spez. Ladung	$2e/m_\alpha$	$= 4{,}822\,82 \cdot 10^{7}$ C kg^{-1}
AVOGADRO-Konstante	N_A	$= 6{,}022\,1367\,(36) \cdot 10^{26}$ kmol^{-1}
BOLTZMANN-Konstante	$k = R/N_A$	$= 1{,}380\,658\,(12) \cdot 10^{-23}$ J K^{-1}
		$= 8{,}617\,385\,(73) \cdot 10^{-5}$ eV K^{-1}
Deuteron Ruhemasse	m_d	$= 3{,}343\,5860\,(20) \cdot 10^{-27}$ kg
		$= 2{,}013\,553\,214\,(24)$ u
Ruheenergie	$m_d c^2$	$= 1{,}875\,613\,39\,(57) \cdot 10^{9}$ eV
spez. Ladung	e/m_d	$= 4{,}791\,793 \cdot 10^{7}$ C kg^{-1}
Elektron Ruhemasse	m_e	$= 9{,}109\,3897\,(54) \cdot 10^{-31}$ kg
		$= 5{,}485\,799\,03\,(13) \cdot 10^{-4}$ u
Ruheenergie	$m_e c^2$	$= 5{,}109\,9906\,(15) \cdot 10^{5}$ eV
spez. Ladung	$-e/m_e$	$= -1{,}758\,819\,62\,(53) \cdot 10^{11}$ C kg^{-1}
COMPTON-Wellenlänge	$\lambda_{C,e}$	$= 2{,}426\,310\,58\,(22) \cdot 10^{-12}$ m
Elementarladung	e	$= 1{,}602\,177\,33\,(49) \cdot 10^{-19}$ C
Fallbeschleunigung (Norm)	g_n	$= 9{,}806\,65$ m s^{-2} *
FARADAY-Konstante	$F = N_A e$	$= 9{,}648\,5309\,(29) \cdot 10^{7}$ C kmol^{-1}
Feldkonstante		
elektrische	$\varepsilon_0 = 1/\mu_0 c^2$	$= 8{,}854\,187\,817 \cdot 10^{-12}$ F m^{-1} *
magnetische	μ_0	$= 4\pi \cdot 10^{-7}$ N A^{-2} *
		$= 12{,}566\,370\,614 \ldots 10^{-7}$ N A^{-2}
Gaskonstante (molare)	R	$= 8{,}314\,510\,(70) \cdot 10^{3}$ J kmol^{-1} K^{-1}
Gravitationskonstante	G	$= 6{,}672\,59\,(85) \cdot 10^{-11}$ m^3 kg^{-1} s^{-2}
JOSEPHSON-Frequenz-Spannungsquotient	$2e/h$	$= 4{,}835\,9767\,(14) \cdot 10^{14}$ Hz V^{-1}
Lichtgeschwindigkeit im Vakuum	c	$= 2{,}997\,924\,58 \cdot 10^{8}$ m s^{-1} *

* exakt durch IUPAP festgelegt.

LOSCHMIDT-Konstante	$n_0 = N_A / V_{m,0}$	$= 2{,}686\,763\,(23) \cdot 10^{25}\ m^{-3}$
Molares Volumen idealer Gase		
im Normzustand	$V_{m,0}$	$= 22{,}414\,10\,(19)\ m^3\ kmol^{-1}$
Norm-Druck	p_0	$= 1{,}013\,25 \cdot 10^5\ Pa$
Norm-Temperatur	T_0	$= 273{,}15\ K$
Myon Ruhemasse	m_μ	$= 1{,}883\,532\,7\,(11) \cdot 10^{-28}\ kg$
		$= 0{,}113\,428\,913\,(17)\ u$
Ruheenergie	$m_\mu\, c^2$	$= 1{,}056\,583\,89\,(34) \cdot 10^8\ eV$
Neutron Ruhemasse	m_n	$= 1{,}674\,928\,6\,(10)\ 10^{-27}\ kg$
		$= 1{,}008\,664\,904\,(14)\ u$
Ruheenergie	$m_n\, c^2$	$= 9{,}395\,656\,3\,(28) \cdot 10^8\ eV$
PLANCK-Konstante	h	$= 6{,}626\,075\,5\,(40) \cdot 10^{-34}\ J\ s$
		$= 4{,}135\,669\,2\,(12) \cdot 10^{-15}\ eV\ s$
PLANCK-Strahlungskonstanten		
erste	$c_1 = 2\,\pi\, c^2\, h$	$= 3{,}741\,774\,9\,(22) \cdot 10^{-16}\ W\ m^2$
zweite	$c_2 = c\, h / k$	$= 1{,}438\,769\,(12) \cdot 10^{-2}\ m\ K$
Proton Ruhemasse	m_p	$= 1{,}672\,623\,1\,(10) \cdot 10^{-27}\ kg$
		$= 1{,}007\,276\,470\,(12)\ u$
Ruheenergie	$m_p\, c^2$	$= 9{,}382\,723\,1\,(28) \cdot 10^8\ eV$
spez. Ladung	e / m_p	$= 9{,}578\,830\,9\,(29) \cdot 10^7\ C\ kg^{-1}$
Quanten-HALL-Widerstand	h / e^2	$= 2{,}581\,280\,56\,(12) \cdot 10^4\ \Omega$
RYDBERG-Konstante		
für Kernmasse	R	$= 1{,}097\,373\,153\,4\,(13) \cdot 10^7\ m^{-1}$
für Wasserstoff	R_H	$= 1{,}096\,775\,8 \cdot 10^7\ m^{-1}$
Solarkonstante	S	$= 1{,}36\ kW\ m^{-2}$
STEFAN-BOLTZMANN-Konstante	σ	$= 5{,}670\,51\,(19) \cdot 10^{-8}\ W\ m^{-2}\ K^{-4}$
Wasserstoff, BOHR-Radius der Grundbahn	a_0	$= 5{,}291\,772\,49\,(24) \cdot 10^{-11}\ m$
Wellenwiderstand des Vakuums	Γ_0	$= 3{,}767\,3 \cdot 10^2\ \Omega$
WIEN-Verschiebungs-Konstante	b	$= 2{,}897\,756\,(24) \cdot 10^{-3}\ m\ K$

T 5 Periodensystem der chemischen Elemente – Eigenschaften der Elemente

5.1 Periodensystem

Ordnungszahl	24 Cr	Symbol
	Chrom	Name
	51.9961(6)	Atommasse in u
	kub. r. z.	Kristallstruktur
L/M/N	8/13/1	Elektronen-Konfiguration

Periode	Gruppe 1	Gruppe 2	Gruppe 3	Gruppe 4	Gruppe 5	Gruppe 6	Gruppe 7	Gruppe 8	Gruppe 9
1	**1 H** **Wasserstoff** 1.00794(7) hexagonal 1								
2	**3 Li** **Lithium** 6.941(2) kub. r. z. 2/1	**4 Be** **Beryllium** 9.012182(3) hexagonal 2/2							
3	**11 Na** **Natrium** 22.989768(6) kub. r. z. 2/8/1	**12 Mg** **Magnesium** 24.3050(6) hexagonal 2/8/2							
4	**19 K** **Kalium** 39.0983(1) kub. r. z. 8/8/1	**20 Ca** **Calcium** 40.078(4) kub. f. z. 8/8/2	**21 Sc** **Scandium** 44.955910(9) hexagonal 8/9/2	**22 Ti** **Titan** 47.867(1) hexagonal 8/10/2	**23 V** **Vanadium** 50.9415(1) kub. r. z. 8/11/2	**24 Cr** **Chrom** 51.9961(6) kub. r. z. 8/13/1	**25 Mn** **Mangan** 54.93805(1) kub. r. z. 8/13/2	**26 Fe** **Eisen** 55.845(2) kub. r. z. 8/14/2	**27 Co** **Kobalt** 58.93320(1) hexagonal 8/15/2
5	**37 Rb** **Rubidium** 85.4678(3) kub. r. z. 18/8/1	**38 Sr** **Strontium** 87.62(1) kub. f. z. 18/8/2	**39 Y** **Yttrium** 88.90585(2) hexagonal 18/9/2	**40 Zr** **Zirkon** 91.224(2) hexagonal 18/10/2	**41 Nb** **Niob** 92.90638(2) kub. r. z. 18/12/1	**42 Mo** **Molybdän** 95.94(1) kub. r. z. 18/13/1	**43** Tc **Technetium** (98) hexagonal 18/13/2	**44 Ru** **Ruthenium** 101.07(2) hexagonal 18/15/1	**45 Rh** **Rhodium** 102.90550(3) kub. f. z. 18/16/1
6	**55 Cs** **Cäsium** 132.90543(5) kub. r. z. 18/8/1	**56 Ba** **Barium** 137.327(7) kub. r. z. 18/8/2	**57 La** **Lanthan** 138.9055(2) hexagonal 18/9/2	**72 Hf** **Hafnium** 178.49(2) hexagonal 32/10/2	**73 Ta** **Tantal** 180.9479(1) kub. r. z. 32/11/2	**74 W** **Wolfram** 183.84(1) kub. r. z. 32/12/2	**75 Re** **Rhenium** 186.207(1) hexagonal 32/13/2	**76 Os** **Osmium** 190.23(3) hexagonal 32/14/2	**77 Ir** **Iridium** 192.217(3) kub. f. z. 32/15/2
zu 6	Lanthanoide →			**58 Ce** **Cer** 140.115(4) kub. f. z. 19/9/2	**59 Pr** **Praseodym** 140.90765(3) hexagonal 21/8/2	**60 Nd** **Neodym** 144.24(3) hexagonal 22/8/2	**61** Pm **Promethium** (145) hexagonal 23/8/2	**62 Sm** **Samarium** 150.36(3) rhomboed. 24/8/2	**63 Eu** **Europium** 151.965(9) kub. r. z. 25/8/2
7	**87 Fr** **Francium** (223) kub. r. z. 18/8/1	**88 Ra** **Radium** (226) kub. r. z. 18/8/2	**89 Ac** **Actinium** (227) kub. r. z. 18/9/2	**104** Rf **Rutherford.** 261,11u 32/10/2	**105** Db **Dubnium** 262,11u 32/11/2	**106** Sg **Seaborgium** 263,12 u 32/12/2	**107** Bh **Bohrium** 262,12 u 32/13/2	**108** Hs **Hassium** 265,00 u 32/14/2	**109** Mt **Meitnerium** (266 u) 32/15/2
zu 7	Actinoide →			**90 Th** **Thorium** 232.0381(1) kub. f. z. 18/10/2	**91 Pa** **Protaktin.** 231.03588(2) orthoromb. 20/9/2	**92 U** **Uran** 238.0289(1) orthoromb. 21/9/2	**93** Np **Neptunium** (237) orthoromb. 22/9/2	**94** Pu **Plutonium** (244) monoklin 24/8/2	**95** Am **Americium** (243) hexagonal 25/8/2

T

Gruppe			Gruppe					Gruppe	Elektronen Schalen
10	11	12	13	14	15	16	17	18	
								2 He **Helium** 4.002602(2) hexagonal 2	K
			5 B **Bor** 10.811(5) rhomboed. 2/3	**6 C** **Kohlenstoff** 12.011(1) hexagonal 2/4	**7 N** **Stickstoff** 14.00674(7) hexagonal 2/5	**8 O** **Sauerstoff** 15.9994(3) kubisch 2/6	**9 F** **Fluor** 18.9984032(9) kubisch 2/7	**10 Ne** **Neon** 20.1797(6) kub. f. z. 2/8	K/L
			13 Al **Aluminium** 26.981539(5) kub. f. z. 2/8/3	**14 Si** **Silicium** 28.0855(3) kub. f. z. 2/8/4	**15 P** **Phosphor** 30.973762(4) kubisch 2/8/5	**16 S** **Schwefel** 32.066(6) kubisch 2/8/6	**17 Cl** **Chlor** 35.4527(9) orthorhom. 2/8/7	**18 Ar** **Argon** 39.948(1) kub. f. z. 2/8/8	K/L/M
28 Ni **Nickel** 58.6934(2) kub. f. z. 8/16/2	**29 Cu** **Kupfer** 63.546(3) kub. f. z. 8/18/1	**30 Zn** **Zink** 65.39(2) hexagonal 8/18/2	**31 Ga** **Gallium** 69.723(1) orthorhom. 8/18/3	**32 Ge** **Germanium** 72.61(2) kub. f. z. 8/18/4	**33 As** **Arsen** 74.92159(2) kub. r. z. 8/18/5	**34 Se** **Selen** 78.96(3) hexagonal 8/18/6	**35 Br** **Brom** 79.904(1) orthorhom. 8/18/7	**36 Kr** **Krypton** 83.80(1) kub. f. z. 8/18/8	L/M/V
46 Pd **Palladium** 106.42(1) kub. f. z. 18/18/0	**47 Ag** **Silber** 107.8682(2) kub. f. z. 18/18/1	**48 Cd** **Cadmium** 112.411(8) hexagonal 18/18/2	**49 In** **Indium** 114.818(3) tetragonal 18/18/3	**50 Sn** **Zinn** 118.710(7) tetragonal 18/18/4	**51 Sb** **Antimon** 121.760(1) rhomboed. 18/18/5	**52 Te** **Tellur** 127.60(3) hexagonal 18/18/6	**53 J** **Jod** 126.90447(3) orthorhom. 18/18/7	**54 Xe** **Xenon** 131.29(2) kub. f. z. 18/18/8	M/N/O
78 Pt **Platin** 195.08(3) kub. f. z. 32/17/1	**79 Au** **Gold** 196.96654(3) kub. f. z. 32/18/1	**80 Hg** **Quecksilber** 200.59(2) rhomboed. 32/18/2	**81 Tl** **Thallium** 204.3833(2) hexagonal 32/18/3	**82 Pb** **Blei** 207.2(1) kub. f. z. 32/18/4	**83 Bi** **Wismut** 208.98037(3) rhomboed. 32/18/5	**84 Po** **Polonium** (209) monoklin 32/18/6	**85 At** **Astatin** (210) – 32/18/7	**86 Rn** **Radon** (222) kub. f. z. 32/18/8	N/O/P
64 Gd **Gadolinium** 157.25(3) hexagonal 25/9/2	**65 Tb** **Terbium** 158.92534(3) hexagonal 27/8/2	**66 Dy** **Dysprosium** 162.50(3) hexagonal 28/8/2	**67 Ho** **Holmium** 164.93032(3) hexagonal 29/8/2	**68 Er** **Erbium** 167.26(3) hexagonal 30/8/2	**69 Tm** **Thulium** 168.93421(3) hexagonal 31/8/2	**70 Yb** **Ytterbium** 173.04(3) kub. f. z. 32/8/2	**71 Lu** **Lutetium** 174.967(1) hexagonal 32/9/2		N/O/P
110 DS **Darmstadtium** (269 u) 32/17/1	**111 RG** **Röntgenium** (272 u) 32/18/1	**112 Cn** **Copernicium** (277 u) 32/18/2	**113 Uut** **Ununtrium** (287 u) –	**114 Uuq** **Ununquadium** (289 u) 32/18/4	**115 Uup** **Ununpentium** (288 u) –	**116 Uuh** **Ununhexium** (289 u) 32/18/6	**117 Uus** **Ununseptium** – –	**118 Uuo** **Ununoctium** (293 u) 32/18/8	O/P/Q
96 Cm **Curium** (247) – 25/9/2	**97 Bk** **Berkelium** (247) – 27/8/2	**98 Cf** **Californium** (251) – 28/8/2	**99 Es** **Einsteinium** (252) – 29/8/2	**100 Fm** **Fermium** (257) – 30/8/2	**101 Md** **Mendelev.** (258) – 31/8/2	**102 No** **Nobelium** (259) – 32/8/2	**103 Lr** **Lawrencium** (262) – 32/9/2		O/P/Q

5.2 Phasenübergänge der ersten 95 Elemente (alphabetisch geordnet)

Phase im Normzustand: f fest, fl flüssig, g gasförmig;
M Metall, HM Halbmetall, HL Halbleiter, G Gas

Besondere Phase: S Supraleiter, Sp Supraleiter bei Hochdruck, F Ferromagnet, AF Antiferromagnet;
T_c Übergangstemperatur;

t_s Schmelztemperatur, s spezifische und s_m molare Schmelzwärme;

t_r Siedetemperatur, r spezifische und r_m molare Verdampfungswärme.

Thermometrische Fixpunkte sind unterstrichen. Die Tabellenwerte gelten für die angegebene chemische Formel.

Name	Symbol	Z	Phase	Besondere Phase T_c/K	$\frac{t_s}{°C}$	$\frac{s}{kJ\,kg^{-1}}$	$\frac{s_m}{kJ\,mol^{-1}}$	$\frac{t_r}{°C}$	$\frac{r}{kJ\,kg^{-1}}$	$\frac{r_m}{kJ\,mol^{-1}}$
Actinium	Ac	89	f M	–	1050	46	10,46	3200	–	–
Aluminium	Al	13	f M	S 1,19	<u>660,1</u>	397	10,71	2447	10 890	294,1
Americium	Am	95	f M	S 1,0	994	41	10	2607	890	216
Antimon	Sb	51	f HM	Sp 3,6	<u>630,5</u>	167	20,33	1637	1053	128,2
Argon	Ar	18	g G	–	–189	29,3	1,17	<u>–185,9</u>	163	6,5
Arsen	As	33	f HM	Sp 0,31–0,5	817	374	28	613	–	–
Astat	At	85	f M	–	302	–	–	335	157	33
Barium	Ba	56	f M	Sp 1–5,4	710	55,8	7,66	1637	1100	150,9
Beryllium	Be	4	f M	S 0,026	1283	1392	12,53	2970	32 700	294
Blei	Pb	82	f M	S 7,19	<u>327,3</u>	23,0	4,77	1751	866	179,5
Bor	B	5	f HL	(amorph)	2030	1434	15,5	3900	29 000	314

Name	Symbol	Z	Phase	Besondere Phase T_c/K	$\frac{t_s}{°C}$	$\frac{s}{kJ\,kg^{-1}}$	$\frac{s_m}{kJ\,mol^{-1}}$	$\frac{t_r}{°C}$	$\frac{r}{kJ\,kg^{-1}}$	$\frac{r_m}{kJ\,mol^{-1}}$
Brom	Br_2	35	fl G	–	–7,2	136	10,84	59	367	29,3
Cadmium	Cd	48	f M	S 0,52	321,0	56	6,29	765	890	99,9
Caesium	Cs	55	f M	Sp 1,5	28,6	16,4	2,18	685	496	65,9
Calcium	Ca	20	f M	–	850	216	8,66	1487	3765	150,9
Cer	Ce	58	f M	Sp 1,3–1,9	797	91	12,80	3426	2240	313,8
Chlor	Cl_2	17	g G	–	–101	90,3	3,2	–34	288	10,2
Chrom	Cr	24	f M	AF 308	1860	280	14,56	2642	6700	348,4
Dysprosium	Dy	66	f M	F 85	1409	105	17	2562	1550	251
Eisen	Fe	26	f M	F 1043	1536	277	15,47	2750	6340	354,1
Erbium	Er	68	f M	F 20	1529	102	17	2863	1660	278
Europium	Eu	63	f M	–	822	69	10,5	1597	1160	176
Fluor	F_2	9	g G	–	–220	13	0,25	–188	174	3,3
Francium	Fr	87	f M	–	27	9	2	677	287	64
Gadolinium	Gd	64	f M	F 289	1313	99	15,5	3266	1980	312
Gallium	Ga	31	f M	S 1,09	29,8	80	5,59	2227	3640	253,8
Germanium	Ge	32	f HL	Sp 5,4	937,2	410	29,76	2830	4600	333,9
Gold	Au	79	f M	–	1064,43	65	12,77	2707	1650	325,0
Hafnium	Hf	72	f M	S 0,13	2220	122	21,8	4600	3705	661,3
Helium	^4He	2	g G	–	–272,2	5	0,02	–268,93	20	0,08
Holmium	Ho	67	f M	F 20	1470	103	17	2695	1520	251
Indium	In	49	f M	S 3,40	156,61	28	3,27	2047	1970	226,2

Name	Symbol	Z	Phase	Besondere Phase T_c/K	$\frac{t_s}{°C}$	$\frac{s}{kJ\,kg^{-1}}$	$\frac{s_m}{kJ\,mol^{-1}}$	$\frac{t_r}{°C}$	$\frac{r}{kJ\,kg^{-1}}$	$\frac{r_m}{kJ\,mol^{-1}}$
Iridium	Ir	77	f M	S 0,14	2443	142	27,36	4350	3900	749,7
Jod	I_2	53	f HL	–	113,6	124	15,77	182,8	328	41,7
Kalium	K	19	f M	–	63,25	60	2,3	753,8	1980	77,4
Kobalt	Co	27	f M	F 1404	1492	260	15,3	2880	6614	389,8
Kohlenstoff	C	6	f HL	–	3550	–	–	4827	–	–
Krypton	Kr	36	g G	–	–157	19,5	1,63	–153,4	108	9,1
Kupfer	Cu	29	f M	–	1083	205	13,0	2595	4790	304,4
Lanthan	La	57	f M	S 4,9/6,0	920	48	6,7	3457	2830	393
Lithium	Li	3	f M	–	180,5	432	3,0	1330	21 300	148
Lutetium	Lu	71	f M	S 0,1–0,7	1663	109	19	3395	1410	247
Magnesium	Mg	12	f M	–	649,5	368	8,95	1120	5420	131,8
Mangan	Mn	25	f M	AF 100	1244	266	14,61	2095	4090	224,8
Molybdän	Mo	42	f M	S 0,92	2620	290	27,82	4800	6190	594
Natrium	Na	11	f M	–	97,8	113	2,60	890	3880	89,3
Neodym	Nd	60	f M	–	1020	74	10,67	3100	2050	296
Neon	Ne	10	g G	–	–248,6	16,4	0,33	–246,08	89	1,8
Neptunium	Np	93	f M	–	640	1660	393	3902	–	–
Nickel	Ni	28	f M	F 631	1453	304	17,87	2800	6480	380,3
Niob	Nb	41	f M	S 9,3	2468	288	26,76	4900	7500	696,8
Osmium	Os	76	f M	S 0,65	3045	147	27,96	4400	3310	630
Palladium	Pd	46	f M	–	1552	162	17,24	3560	3500	372,6

Name	Symbol	Z	Phase	Besondere Phase T_c/K	$\frac{t_s}{°C}$	$\frac{s}{kJ\,kg^{-1}}$	$\frac{s_m}{kJ\,mol^{-1}}$	$\frac{t_r}{°C}$	$\frac{r}{kJ\,kg^{-1}}$	$\frac{r_m}{kJ\,mol^{-1}}$
Phosphor (weiß)	P	15	f HL	Sp 5,8	44,2	19	0,6	281	400	12,4
Platin	Pt	78	f M	–	1769	111	21,66	4300	2290	446,8
Plutonium	Pu	94	f M	–	641	–	–	3232	–	–
Polonium	Po	84	f M	–	254	48	10,05	962	493	103
Praseodym	Pr	59	f M	–	931	71	10	3512	2360	333
Promethium	Pm	61	f M	–	1170	88	13	2460	1990	293
Protactinium	Pa	91	f M	S 1,3	1600	65	15	–	–	–
Quecksilber	Hg	80	fl M	S 4,15/3,95	–38,87	11,8	2,37	356,58	285	57,2
Radium	Ra	88	f M	–	700	36,7	8,30	1530	606	136,9
Radon	Rn	86	g G	–	–71	13	2,9	–61,8	72	16
Rhenium	Re	75	f M	S 1,70	3180	178	33,11	5630	3800	707
Rhodium	Rh	45	f M	–	1960	218	22,43	3960	5160	531
Rubidium	Rb	37	f M	–	38,8	25,7	2,2	701	880	75,2
Ruthenium	Ru	44	f M	S 0,49	2310	257	26	4110	5640	570
Samarium	Sm	62	f M	–	1077	59	8,9	1791	1100	165
Sauerstoff	O_2	8	g G	–	–218,82	13,9	0,22	–182,97	213	3,4
Scandium	Sc	21	f M	–	1538	372	16,74	2830	7330	330
Schwefel (β)	S	16	f HL	–	119	54	1,72	444,60	300	9,6
Selen (grau)	Se	34	f HL	Sp 6,9	217,4	69	5,42	684,9	1210	95,5
Silber	Ag	47	f M	–	961,93	104	11,27	2180	2350	253,5
Silicium	Si	14	f HL	Sp 6,7…7,1	1423	1654	46,47	2355	14 040	394,6

Name	Symbol	Z	Phase	Besondere Phase T_c/K	$\frac{t_s}{°C}$	$\frac{s}{kJ\,kg^{-1}}$	$\frac{s_m}{kJ\,mol^{-1}}$	$\frac{t_r}{°C}$	$\frac{r}{kJ\,kg^{-1}}$	$\frac{r_m}{kJ\,mol^{-1}}$
Stickstoff	N_2	7	g G	–	−210,01	25,7	0,36	−195,80	199	2,8
Strontium	Sr	38	f M	–	770	105	9,20	1367	1590	139,3
Tantal	Ta	73	f M	S 4,48	2996	174	31,49	5400	4160	752,7
Technetium	Tc	43	f M	S 7,81	2172	233	23	4877	5830	577
Tellur (amorph)	Te	52	f HL	Sp 2,4…5,1	449,5	137	17,49	989,8	894	114,1
Terbium	Tb	65	f M	F 219	1360	101	16	3123	1840	293
Thallium	Tl	81	f M	S 2,39	303,5	21	4,21	1457	795	162,5
Thorium	Th	90	f M	S 1,37	1695	67	15,64	4200	2340	543,0
Thulium	Tm	69	f M	–	1545	107	18	1947	1260	213
Titan	Ti	22	f M	S 0,39	1668	324	15,52	3287	8980	430,0
Uran	U	92	f M	Sp 0,4…2,4	1132	82,8	19,71	3930	1730	411,8
Vanadium	V	23	f M	S 5,30	1890	344	17,5	3380	8990	458
Wasserstoff	H_2	1	g G	–	−259,1	60	0,06	−252,77	450	0,45
Wismut	Bi	83	f HM	Sp 4…8	271	52	10,91	1560	725	151,5
Wolfram	W	74	f M	S 0,015	3380	192	35,30	5500	4350	799,8
Xenon	Xe	54	g G	–	−111,9	17,5	2,3	−107,1	99,2	13,0
Ytterbium	Yb	70	f M	–	819	52	9	1193	896	155
Yttrium	Y	39	f M	Sp 1,7…2,5	1523	193	17,16	3338	4420	393,0
Zink	Zn	30	f M	S 0,85	419,58	111	7,26	907	1754	114,7
Zinn	Sn	50	f M	S 3,72	231,9	59,6	7,07	2687	2450	290,8
Zirkonium	Zr	40	f M	S 0,55	1855	219	19,98	4380	6380	582,0

5.3 Eigenschaften der ersten 95 Elemente

5.3.1 Eigenschaften fester und flüssiger Elemente

5.3.1.1 Mechanische und thermische Größen

ϱ_0 ist die Dichte bei 0 °C,
E der Elastizitätsmodul,
μ die POISSON-Zahl,
α der Längenausdehnungs-Koeffizient zwischen 0 °C und 100 °C,
λ die Wärmeleitfähigkeit bei 20 °C,
c_p die spezifische Wärmekapazität und
C_{mp} die molare Wärmekapazität (► W 4.2.3).

Name	Symbol	Z	$\frac{\varrho_0}{\text{kg dm}^{-3}}$	$\frac{E}{\text{G Pa}}$	μ	$\frac{\alpha}{10^{-6}\text{ K}^{-1}}$	$\frac{\lambda}{\text{W m}^{-1}\text{ K}^{-1}}$	$\frac{c_p}{\text{J g}^{-1}\text{ K}^{-1}}$	$\frac{C_{mp}}{\text{J mol}^{-1}\text{ K}^{-1}}$
Actinium	Ac	89	10,06	–	–	–	–	0,12	27
Aluminium	Al	13	2,702	70	0,34	23,8	237	0,903	24,4
Americium	Am	95	11,7	–	–	–	–	0,14	34
Antimon	Sb	51	6,69	58	0,25	10,9	25	0,208	25,3
Arsen	As	33	5,72	–	–	5,6	–	0,33	25
Astat	At	85	–	–	–	–	–	0,14	29
Barium	Ba	56	3,51	13	0,28	–	–	0,192	26,3
Beryllium	Be	4	1,85	303	0,08	12,3	205	1,824	16,4
Blei	Pb	82	11,34	16	0,44	29,4	35	0,129	26,7
Bor (amorph)	B	5	2,34	–	–	8,3	29	1,026	11,1

T

Name	Symbol	Z	$\frac{\varrho_0}{\text{kg dm}^{-3}}$	$\frac{E}{\text{G Pa}}$	μ	$\frac{\alpha}{10^{-6}\text{ K}^{-1}}$	$\frac{\lambda}{\text{W m}^{-1}\text{ K}^{-1}}$	$\frac{c_p}{\text{J g}^{-1}\text{ K}^{-1}}$	$\frac{C_{mp}}{\text{J mol}^{-1}\text{ K}^{-1}}$
Brom (flüssig)	Br	35	3,12	–	–	–	–	0,45	36
Cadmium	Cd	48	8,65	51	0,30	29,4	97	0,230	25,9
Caesium	Cs	55	1,837	–	–	97	–	0,236	31,4
Calcium	Ca	20	1,55	20	0,31	25,2	130	0,656	26,2
Cer	Ce	58	6,77	31	0,25	8,5	11	0,206	28,9
Chròm	Cr	24	6,93	279	0,21	6,6	91	0,440	22,9
Dysprosium	Dy	66	8,54	–	–	8,6	10	0,17	27,6
Eisen	Fe	26	7,87	211	0,29	12	81	0,442	24,7
Erbium	Er	68	9,07	–	–	9,2	10	0,17	28
Europium	Eu	63	5,24	–	–	–	–	0,17	26
Francium	Fr	87	–	–	–	–	–	0,14	31
Gadolinium	Gd	64	7,90	–	–	6,4	9	0,23	36
Gallium	Ga	31	5,91	–	–	18	41	0,372	25,9
Germanium	Ge	32	5,33	83	0,31	6	62	0,322	23,4
Gold	Au	79	19,29	78	0,43	14,3	316	0,129	25,4
Hafnium	Hf	72	13,36	138	0,29	6,6	23	0,143	25,5
Holmium	Ho	67	8,80	–	–	9,5	–	0,16	26,3
Indium	In	49	7,36	11	0,45	30	82	0,233	26,8
Iridium	Ir	77	22,42	537	0,26	6,5	147	0,130	25,0
Jod	I	53	4,93	–	–	83	0,4	–	–
Kalium	K	19	0,86	3,5	0,35	84	97	0,760	29,7
Kobalt	Co	27	8,9	210	0,31	12,6	100	0,422	24,9

Name	Symbol	Z	$\frac{\varrho_0}{\text{kg dm}^{-3}}$	$\frac{E}{\text{G Pa}}$	μ	$\frac{\alpha}{10^{-6}\text{ K}^{-1}}$	$\frac{\lambda}{\text{W m}^{-1}\text{ K}^{-1}}$	$\frac{c_p}{\text{J g}^{-1}\text{ K}^{-1}}$	$\frac{C_{mp}}{\text{J mol}^{-1}\text{ K}^{-1}}$
Kohlenstoff (Graphit)	C	6	2,25	–	–	7,9	–	–	–
Kupfer	Cu	29	8,96	128	0,34	16,8	399	0,382	24,3
Lanthan	La	57	6,16	38	0,28	4,9	14	0,179	24,9
Lithium	Li	3	0,534	11,5	0,36	56	77	3,545	24,6
Lutetium	Lu	71	9,84	–	–	12,5	–	0,150	26,3
Magnesium	Mg	12	1,74	45	0,29	26,0	156	1,017	24,7
Mangan	Mn	25	7,43	200	0,24	23	7,8	0,473	26,0
Molybdän	Mo	42	10,22	320	0,29	5,1	138	0,247	23,7
Natrium	Na	11	0,97	8,9	0,32	71	133	1,221	28,0
Neodym	Nd	60	7,01	–	–	6,7	13	0,188	27,1
Neptunium	Np	93	20,4	–	–	–	–	–	–
Nickel	Ni	28	8,91	205	0,31	13	91	0,448	26,3
Niob	Nb	41	8,55	105	0,40	7,3	53	0,268	24,9
Osmium	Os	76	22,48	570	0,25	6,6	87	0,131	24,9
Palladium	Pd	46	12,02	125	0,39	11,9	75	0,244	26,0
Phosphor (weiß)	P	15	1,82	–	–	124	–	0,797	24,7
Platin	Pt	78	21,45	170	0,39	9,1	71	0,132	25,8
Plutonium	Pu	94	19,8	–	–	54	8	–	–
Polonium	Po	84	9,4	–	–	–	–	0,126	26,3
Praseodym	Pr	59	6,77	–	–	4,8	12	0,19	26,8
Promethium	Pm	61	7,2	–	–	–	–	0,19	27,9

Name	Symbol	Z	$\frac{\varrho_0}{\text{kg dm}^{-3}}$	$\frac{E}{\text{G Pa}}$	μ	$\frac{\alpha}{10^{-6}\,\text{K}^{-1}}$	$\frac{\lambda}{\text{W m}^{-1}\,\text{K}^{-1}}$	$\frac{c_p}{\text{J g}^{-1}\,\text{K}^{-1}}$	$\frac{C_{mp}}{\text{J mol}^{-1}\,\text{K}^{-1}}$
Protactinium	Pa	91	15,4	–	–	–	–	0,12	27,7
Quecksilber (flüssig)	Hg	80	13,55	–	–	–	8,4	0,140	28,1
Radium	Ra	88	5,0	–	–	–	–	0,121	27,3
Rhenium	Re	75	21,04	475	0,29	6,6	48	0,137	25,5
Rhodium	Rh	45	12,5	387	0,27	8,5	150	0,248	25,5
Rubidium	Rb	37	1,53	–	–	90	60	0,361	30,9
Ruthenium	Ru	44	12,3	–	–	9,6	117	0,236	23,9
Samarium	Sm	62	7,52	–	–	–	–	0,20	30,1
Scandium	Sc	21	2,99	–	–	12	–	0,56	25,2
Schwefel (β)	S	16	1,96	–	–	–	0,2	0,737	23,6
Selen (grau)	Se	34	4,79	–	–	37	0,2	0,321	25,3
Silber	Ag	47	10,5	82	0,36	19,7	427	0,235	25,3
Silicium	Si	14	2,33	100	0,45	7,6	153	0,705	19,8
Strontium	Sr	38	2,67	–	–	–	–	0,287	25,1
Tantal	Ta	73	16,6	190	0,34	6,5	57	0,138	25,0
Technetium	Tc	43	11,5	–	–	–	–	0,25	24,7
Tellur (amorph)	Te	52	6,0	–	–	17,2	4,8	0,201	25,6
Terbium	Tb	65	8,23	–	–	7,0	–	0,18	28,6
Thallium	Tl	81	11,85	8	0,45	29,4	49	0,132	27,0
Thorium	Th	90	11,7	80	0,26	10,5	41	0,118	27,3
Thulium	Tm	69	9,33	–	–	11,6	–	0,16	27,0

Name	Symbol	Z	$\frac{\varrho_0}{\text{kg dm}^{-3}}$	$\frac{E}{\text{G Pa}}$	μ	$\frac{\alpha}{10^{-6}\ \text{K}^{-1}}$	$\frac{\lambda}{\text{W m}^{-1}\ \text{K}^{-1}}$	$\frac{c_p}{\text{J g}^{-1}\ \text{K}^{-1}}$	$\frac{C_{\text{m}p}}{\text{J mol}^{-1}\ \text{K}^{-1}}$
Titan	Ti	22	4,51	110	0,35	8,35	22	0,523	25,0
Uran	U	92	19,1	184	0,24	15,3	27	0,116	27,6
Vanadium	V	23	6,12	128	0,36	8,3	30	0,483	24,6
Wismut	Bi	83	9,80	32	0,33	13,5	8	0,124	25,9
Wolfram	W	74	19,25	405	0,28	4,5	167	0,135	24,8
Ytterbium	Yb	70	6,96	–	–	–	–	0,14	24,2
Yttrium	Y	39	4,47	65	0,27	10,8	15	0,298	26,5
Zink	Zn	30	7,13	100	0,25	26,3	121	0,387	25,4
Zinn (grau)	Sn	50	5,75	53	0,34	27	–	0,226	26,8
Zirkonium	Zr	40	6,5	80	0,35	4,8	23	0,276	25,2

5.3.1.2 Elektrische und optische Größen

ϱ_{el} ist der spezifische elektrische Widerstand bei 0 °C,

α_{el} der Temperatur-Koeffizient des elektrischen Widerstandes zwischen 0 °C und 100 °C,

E_J die erste Ionisierungsenergie,

E_B die Bindungsenergie der K-Elektronen,

R_0 die Reflexion bei senkrechtem Einfall der Lichtenergie von 3 eV,

W_A die Austrittsarbeit und λ_g die Grenzwellenlänge beim lichtelektrischen Effekt.

Name	Symbol	Z	$\frac{\varrho_{el}}{10^{-8}\ \Omega m}$	$\frac{\alpha_{el}}{10^{-3}\ K^{-1}}$	$\frac{E_J}{eV}$	$\frac{E_B}{eV}$	R_0	$\frac{W_A}{eV}$	$\frac{\lambda_g}{nm}$
Actinium	Ac	89	–	–	6,9	106 755	–	–	–
Aluminium	Al	13	2,50	4,67	5,986	1 559,0	0,9241	4,28	290
Americium	Am	95	–	–	(6,0)	102 030	–	–	–
Antimon	Sb	51	32,1	5,1	8,639	30 491	–	4,55	273
Arsen	As	33	26,0	–	9,81	11 867	–	3,75	331
Astat	At	85	–	–	–	95 730	–	–	–
Barium	Ba	56	36	6,1	5,210	37 441	–	2,52	492
Beryllium	Be	4	2,78	7,5	9,322	111,5	–	4,98	249
Blei	Pb	82	19,3	4,22	7,415	88 005	–	4,25	292
Bor (amorph)	B	5	–	–	8,298	188	–	4,45	279

Name	Symbol	Z	ϱ_{el} / 10^{-8} Ωm	α_{el} / 10^{-3} K^{-1}	E_J / eV	E_B / eV	R_0	W_A / eV	λ_g / nm
Brom (flüssig)	Br	35	–	–	11,84	13 474	–	–	–
Cadmium	Cd	48	6,73	4,3	8,991	26 711	–	4,08	304
Caesium	Cs	55	19,0	5,0	3,893	35 985	0,127	1,95	636
Calcium	Ca	20	3,6	4,2	6,113	4 038,5	–	2,87	432
Cer	Ce	58	78	8,7	(5,60)	40 443	–	2,9	428
Chrom	Cr	24	15,0	2,1	6,767	5 989	0,695	4,5	276
Dysprosium	Dy	66	57	1,2	(6,8)	53 789	–	–	–
Eisen	Fe	26	8,7	6,5	7,87	7 112	0,583	4,5	276
Erbium	Er	68	107	2,0	6,08	57 486	–	2,97	418
Europium	Eu	63	90	–	(5,67)	48 519	–	2,5	496
Francium	Fr	87	–	–	–	101 137	–	–	–
Gadolinium	Gd	64	134	1,8	(6,16)	50 239	–	3,1	400
Gallium	Ga	31	13,7	4,1	6,00	10 367	0,896	4,35	285
Germanium	Ge	32	–	–	7,88	11 103	0,463	5,0	248
Gold	Au	79	2,04	4,0	9,22	80 725	0,369	5,1	243
Hafnium	Hf	72	26,5	4,4	7	65 351	0,55	3,9	318
Holmium	Ho	67	94	1,7	–	55 618	–	–	–
Indium	In	49	8,2	5,1	5,785	27 940	–	4,12	301
Iridium	Ir	77	4,74	4,33	9	76 111	0,640	5,27	235
Jod	I	53	–	–	10,454	33 169	–	–	–
Kalium	K	19	6,3	5,4	4,341	3 608,4	0,905	2,30	539
Kobalt	Co	27	5,2	6,58	7,86	7 709	0,59	5,0	248

Name	Symbol	Z	ϱ_{el} / 10^{-8} Ωm	α_{el} / 10^{-3} K^{-1}	E_J / eV	E_B / eV	R_0	W_A / eV	λ_g / nm
Kohlenstoff (Graphit)	C	6	–	–	11,260	284,2	0,178	5,0	248
Kupfer	Cu	29	1,55	4,33	7,724	8 979	0,509	4,65	267
Lanthan	La	57	65	2,2	5,61	38 925	–	3,5	354
Lithium	Li	3	8,5	4,37	5,392	54,7	0,715	2,93	423
Lutetium	Lu	71	68	2,40	(6,15)	63 314	–	3,3	376
Magnesium	Mg	12	3,94	4,2	7,646	1 303,0	0,681	3,6	344
Mangan	Mn	25	α 710 β 91 γ 23	α 0,17 β 1,4 γ 6,3	7,434	6 539	0,528	4,1	302
Molybdän	Mo	42	5,03	4,7	7,10	20 000	0,550	4,6	270
Natrium	Na	11	4,27	5,5	5,139	1 070,8	0,921	2,75	451
Neodym	Nd	60	64	1,64	(5,51)	43 569	–	3,2	388
Neptunium	Np	93	–	–	–	118 669	–	–	–
Nickel	Ni	28	6,58	6,75	7,633	8 333	0,495	5,15	241
Niob	Nb	41	23,3	2,28	6,88	18 986	0,485	4,3	288
Osmium	Os	76	95	4,2	8,7	73 871	0,639	4,83	257
Palladium	Pd	46	9,77	3,8	8,33	24 350	0,639	5,55	223
Phosphor (weiß)	P	15	–	–	10,486	2 145,5	–	–	–
Platin	Pt	78	9,81	3,92	9,0	78 395	0,565	5,65	219
Plutonium	Pu	94	160	–2,9	5,8	121 791	–	–	–
Polonium	Po	84	45	4,6	8,43	93 105	–	–	–

Name	Symbol	Z	$\frac{\varrho_{el}}{10^{-8}\ \Omega m}$	$\frac{\alpha_{el}}{10^{-3}\ K^{-1}}$	$\frac{E_J}{eV}$	$\frac{E_B}{eV}$	R_0	$\frac{W_A}{eV}$	$\frac{\lambda_g}{nm}$
Praseodym	Pr	59	69	1,65	(5,48)	41 991	–	–	–
Promethium	Pm	61	–	–	–	45 184	–	–	–
Protactinium	Pa	91	–	–	–	112 601	–	–	–
Quecksilber (flüssig)	Hg	80	94,1	0,99	10,43	83 102	0,777	4,49	276
Radium	Ra	88	–	–	5,277	103 922	–	–	–
Rhenium	Re	75	18,9	3,1	7,87	71 676	0,48	4,72	263
Rhodium	Rh	45	4,33	4,57	7,46	23 220	0,753	4,98	249
Rubidium	Rb	37	11,6	5,3	4,176	15 200	–	2,26	549
Ruthenium	Ru	44	6,67	4,5	7,364	22 117	0,68	4,71	263
Samarium	Sm	62	92	1,48	(5,6)	46 834	–	2,7	459
Scandium	Sc	21	66	2,82	6,560	4 492	–	3,5	354
Schwefel (β)	S	16	–	–	10,360	2 472	–	–	–
Selen (grau)	Se	34	12	–	9,75	12 658	0,40	5,9	210
Silber	Ag	47	1,50	4,10	7,574	25 514	0,864	4,26	291
Silicium	Si	14	–	–	8,151	1 839	0,461	4,85	256
Strontium	Sr	38	20	5	5,692	16 105	–	2,59	477
Tantal	Ta	73	12,4	3,6	7,88	67 416	0,425	4,25	292
Technetium	Tc	43	–	–	7,28	21 044	–	4,88	254
Tellur (amorph)	Te	52	–	–	9,01	31 814	0,63	4,95	251
Terbium	Tb	65	116	–	(5,98)	51 996	–	3,0	413
Thallium	Tl	81	15	5,2	6,106	85 530	–	3,84	323

Name	Symbol	Z	$\frac{\varrho_{el}}{10^{-8}\ \Omega m}$	$\frac{\alpha_{el}}{10^{-3}\ K^{-1}}$	$\frac{E_J}{eV}$	$\frac{E_B}{eV}$	R_0	$\frac{W_A}{eV}$	$\frac{\lambda_g}{nm}$
Thorium	Th	90	19,1	3,3	(6,95)	109 651	–	3,4	365
Thulium	Tm	69	90	2,0	(12,05)	59 390	–	–	–
Titan	Ti	22	42	5,5	6,821	4 966	0,444	4,33	286
Uran	U	92	25	3,4	(6,08)	115 606	–	3,63	342
Vanadium	V	23	18,2	3,9	6,740	5 465	0,582	4,3	288
Wismut	Bi	83	107	4,45	7,287	90 526	–	4,34	286
Wolfram	W	74	4,89	4,83	7,98	69 525	0,459	4,55	276
Ytterbium	Yb	70	29	1,3	(14)	61 332	–	–	–
Yttrium	Y	39	65	2,71	6,38	17 038	–	3,1	400
Zink	Zn	30	5,45	4,2	9,391	9 659	0,84	4,33	286
Zinn (grau)	Sn	50	10,1	4,63	7,342	29 200	–	4,42	281
Zirkonium	Zr	40	40,5	4,0	6,84	17 998	0,016	4,05	306

5.3.2 Eigenschaften von Gasen

ϱ_0 ist Dichte im Normzustand (p_0, T_0),
T_k die kritische Temperatur, p_k der kritische Druck,
ϱ_k die Dichte am kritischen Punkt,
c_p die spezifische Wärmekapazität bei konstantem Druck,
c_v die spezifische Wärmekapazität bei konstantem Volumen,
λ die Wärmeleitfähigkeit.

Die Tabellenwerte gelten für die angegebene chemische Formel.

Name	Symbol	Z		Kritischer Punkt					
			$\frac{\varrho_0}{\text{kg m}^{-3}}$	$\frac{T_k}{\text{K}}$	$\frac{p_k}{10^5\ \text{Pa}}$	$\frac{\varrho_k}{\text{kg dm}^{-3}}$	$\frac{c_p}{\text{J g}^{-1}\ \text{K}^{-1}}$	$\varkappa = \frac{c_p}{c_v}$	$\frac{\lambda}{\text{mW K}^{-1}\ \text{m}^{-1}}$
Argon	Ar	18	1,7839	150,86	48,979	0,5357	0,521	1,676	17,7
Chlor	Cl_2	17	3,214	417,15	77,0	0,573	0,473	1,35	8,8
Fluor	F_2	9	1,696	144,3	52,15	0,574	0,825	–	27,8
Helium	^4He	2	0,17847	5,201	2,275	0,06964	5,20	1,66	152
Krypton	Kr	36	3,744	209,40	55,02	0,919	0,248	1,69	9,5
Neon	Ne	10	0,9002	44,40	26,54	0,4835	1,030	1,67	48,9
Sauerstoff	O_2	8	1,42895	154,576	50,43	0,4361	0,917	1,396	26,4
Stickstoff	N_2	7	1,2505	126,20	34,00	0,3140	1,041	1,401	25,9
Wasserstoff	H_2	1	0,08989	33,24	12,96	0,0301	14,3	1,41	182
Xenon	Xe	54	5,8971	289,73	58,40	1,110	0,160	1,68	5,55

T 6 Dichte

Die Dichte chemischer Elemente ► T 5.3

6.1 Feste Stoffe

Dichte ϱ bei 20 °C

Legierung (Zusammensetzung)	$\frac{\varrho}{\text{kg dm}^{-3}}$	Stoff	$\frac{\varrho}{\text{kg dm}^{-3}}$
Duralumin	2,8	Eis bei 0 °C	0,917
(95 Al; 4 Cu; Rest Mg; Mn; Si)		Fensterglas	2,6
Elektron	1,8	Holz: Buche	0,7
(93,5 Mg; 0,5 Cu; 4 Zn; 2 Al)		Eiche	0,9
Invar	7,9	Tanne	0,5
(64 Fe; 36 Ni)		Keramik	2,2
Konstantan	8,8	Kolophonium	1,08
(54 Cu; 45 Ni; 1 Mn)		Kork	0,3
Manganin	8,4	Marmor	2,7
(86 Cu; 12 Mn; 2 Ni)		Paraffin	0,9
Messing	8,4	Plexiglas	1,2
(62 Cu; 38 Zn)		Porzellan	2,3
Neusilber	8,7	PVC (Polyvinylchlorid)	1,4
(50 Cu; 25 Ni; 25 Zn)		Quarzglas	2,2
V2A-Stahl	7,9	Wachs	0,95
(74 Fe; 18 Cr; 8 Ni)		Zucker	0,16

6.2 Flüssigkeiten

Dichte ϱ bei 20 °C

Flüssigkeit	$\frac{\varrho}{\text{kg dm}^{-3}}$
Aceton	0,791
Benzin	0,75
Benzol	0,879
Diäthyläther	0,715
Ethanol	0,789
Glycerin	1,260
Olivenöl	0,91
Petroleum	0,85
Schwefelkohlenstoff	1,263
Tetrachlorkohlenstoff	1,59
Terpentinöl	0,87
Toluol	0,867
Wasser (H_2O)	0,998
Wasser (schweres; D_2O)	1,105

6.3 Gase

Dichte ϱ_0 bei 0 °C und 1013,25 hPa

Gas	$\frac{\varrho_0}{\text{kg m}^{-3}}$
Acetylen	1,1747
Ammoniak	0,7714
Deuterium	0,1796
Dichlormonofluormethan R 21	4,619
Kohlenstoffdioxid	1,9769
Kohlenstoffmonoxid	1,2500
Luft (trocken und CO_2-frei)	1,2923
Leuchtgas	0,6
Ozon	2,142
Propan	2,004
Schwefeldioxid	2,9263
Schwefelwasserstoff	1,5362
Stickstoffmonoxid	1,3402

T 7 Dichte ϱ des Wassers in Abhängigkeit von der Temperatur *t*

$\frac{t}{°C}$	$\frac{\varrho}{g\ cm^{-3}}$	$\frac{t}{°C}$	$\frac{\varrho}{g\ cm^{-3}}$
0	0,99 984	8	0,99 985
1	0,99 990	9	0,99 978
2	0,99 994	10	0,99 970
3	$0{,}99\,996_5$	20	0,99 820
4	$0{,}99\,997_3$	30	0,99 565
5	$0{,}99\,996_5$	50	0,98 805
6	0,99 994	70	0,97 778
7	0,99 990	100	0,95 835

T 8 Kantenlänge *a* der Elementarzelle kubisch kristallisierender Metalle bei 20 °C

a) Kubisch flächenzentrierte Kristalle

Metall	$\frac{a}{10^{-10}\ m}$	Metall	$\frac{a}{10^{-10}\ m}$	Metall	$\frac{a}{10^{-10}\ m}$
Aluminium	4,04	Gold	4,08	Palladium	3,88
Blei	4,94	Kupfer	3,61	Platin	3,92
Calcium	5,56	Nickel	3,52	Silber	4,09

b) Kubisch raumzentrierte Kristalle

Metall	$\frac{a}{10^{-10}\ m}$	Metall	$\frac{a}{10^{-10}\ m}$	Metall	$\frac{a}{10^{-10}\ m}$
Barium	5,02	Kalium	5,32	Niob	3,30
Chrom(α)	2,88	Molybdän	3,14	Tantal	3,30
Eisen(α)	2,87	Natrium	4,29	Wolfram	3,16

T 9 Daten des Sonnensystems

9.1 Erde

Masse	m_E	$= 5{,}977 \cdot 10^{24}$ kg
mittlerer Radius	r_E	$= 6368$ km
mittlerer Bahnradius	r_{EB}	$= 1{,}496 \cdot 10^8$ km
mittlere Umlaufzeit	T_E	$= 3{,}156 \cdot 10^7$ s

9.2 Sonne

Masse	$m_\odot$	$= 1{,}99 \cdot 10^{30}$ kg
Radius	$r_\odot$	$= 6{,}96 \cdot 10^8$ m
Oberflächentemperatur	$T_\odot$	$= 5{,}8 \cdot 10^3$ K
Leuchtkraft	$L_\odot$	$= 3{,}82 \cdot 10^{26}$ W
Solarkonstante	S	$= 1{,}36$ kW m^{-2}
scheinbare Helligkeit	m	$= -26{,}8$
absolute Helligkeit	M	$= 4{,}8$

9.3 Himmelskörper des Sonnensystems

Himmelskörper	relativer Bahnradius	relative Umlaufzeit	Num. Exzentrizität der Bahn	relative Masse	relativer Radius	Fallbeschleunigung an der Oberfläche in m s^{-2}
Sonne	–	–	–	$3{,}33 \cdot 10^5$	109	274
Merkur	0,387	0,241	$20{,}6 \cdot 10^{-2}$	0,055	0,383	3,70
Venus	0,723	0,615	$0{,}7 \cdot 10^{-2}$	0,815	0,950	8,87
Erde	1,000	1,000	$1{,}7 \cdot 10^{-2}$	1,000	1,000	9,81
Mars	1,52	1,88	$9{,}3 \cdot 10^{-2}$	0,107	0,533	3,73
Jupiter	5,20	11,86	$4{,}8 \cdot 10^{-2}$	318	11,2	24,9
Saturn	9,54	29,5	$5{,}6 \cdot 10^{-2}$	95,2	9,41	11,1
Uranus	19,2	84,0	$4{,}7 \cdot 10^{-2}$	14,6	4,1	9,0
Neptun	30,1	164,8	$0{,}9 \cdot 10^{-2}$	17,2	3,8	11,4
Pluto	39,5	247,7	$25 \cdot 10^{-2}$	$2{,}13 \cdot 10^{-3}$	0,18	0,6
Erdmond	60,3 Erdradien	$7{,}42 \cdot 10^{-2}$	–	$1{,}23 \cdot 10^{-2}$	0,273	1,63

Die relativen Angaben sind auf die entsprechenden Größen der Erde bezogen (►T 9.1)

T 10 Fallbeschleunigung an verschiedenen Orten

Ort	geogr. Breite φ / Grad	Meereshöhe h / m	Fallbeschleunigung g / m s^{-2}
Oslo	59,91	28	9,819 27
Kiel	54,32	2	9,814 68
Berlin-Charlottenburg	52,52	33	9,812 88
Paris	48,83	66	9,809 41
München	48,17	514	9,807 44
Zürich ($g = g_n$)	47,38	466	9,806 65
Turin	45,07	233	9,805 49
New York	40,81	38	9,802 47
Quito (Ecuador)	− 0,22	2815	9,772 80
Johannisburg	−26,19	1755	9,785 50
Melbourne	−37,97	44	9,799 79

T 11 Reibungszahlen

11.1 Haftreibung μ_r und Gleitreibung μ

Stoffpaar	μ_r	μ
Stahl auf Stahl	0,15	0,09 … 0,3
Holz auf Holz	0,5 … 0,6	0,2 … 0,4
Eisen auf Schnee	–	≈ 0,04
Stahl auf Eis	≈ 0,03	≈ 0,015

11.2 Rollreibung μ

Eisen auf Eisen	$\mu \approx 0{,}005$
Kugeln im Kugellager	$\mu \approx 0{,}001$

11.3 Gesamtreibung von Fahrzeugen

Fahrzeug	μ
Schienenfahrzeug	≈ 0,002
Auto	
auf guter Straße	≈ 0,01
Wagen (nicht gummibereift)	
auf guter Straße	≈ 0,02
auf Sandboden	≈ 0,3

T 12 Elastische Größen

12.1 Festkörper: Elastizitätsmodul E und Poisson-Zahl μ

E und μ chemischer Elemente ► T 5.3.1.1

Festkörper (Zusammensetzung ► 6.1)	$\frac{E}{\text{G Pa}}$	μ	Stoffe	$\frac{E}{\text{G Pa}}$	μ
Duraluminium	74	0,34	Granit	47	0,27
Elektronmetall	45	0,30	Marmor	70	0,25
Manganin	126	0,33	Polyester	3,8	0,35
Messing	105	0,35	Quarzglas	73	0,17
V2A-Stahl	200	0,30	Zementmörtel	25	0,20

12.2 Flüssigkeiten: Kompressionsmodul K bei 20 °C

Flüssigkeit	$\frac{K}{\text{G Pa}}$	Flüssigkeit	$\frac{K}{\text{G Pa}}$	Flüssigkeit	$\frac{K}{\text{G Pa}}$
Benzol	1,1	Glyzerin	4,7	Toluol	1,1
Ethanol	0,9	Quecksilber	26	Wasser	2,1

T 13 Oberflächenspannung σ von Flüssigkeiten bei 20 °C

Flüssigkeit	$\frac{\sigma}{\text{N m}^{-1}}$	Flüssigkeit	$\frac{\sigma}{\text{N m}^{-1}}$
Alkohol	$2{,}3 \cdot 10^{-2}$	Glycerin	$6{,}5 \cdot 10^{-2}$
Benzol	$2{,}9 \cdot 10^{-2}$	Wasser	$7{,}3 \cdot 10^{-2}$
Olivenöl	$3{,}3 \cdot 10^{-2}$	Quecksilber	$50 \cdot 10^{-2}$

T 14	Dynamische Viskosität η und kinematische Viskosität $\nu = \eta / \varrho$

14.1 η und ν von Flüssigkeiten bei 0 °C und 20 °C

Flüssigkeit	η / Pa s		ν / m² s⁻¹	
	0 °C	20 °C	0 °C	20 °C
Benzol	$0{,}91 \cdot 10^{-3}$	$0{,}65 \cdot 10^{-3}$	$1{,}05 \cdot 10^{-6}$	$0{,}74 \cdot 10^{-6}$
Glycerin	12,1	1,41	$9{,}6 \cdot 10^{-3}$	$1{,}12 \cdot 10^{-3}$
Quecksilber	$1{,}69 \cdot 10^{-3}$	$1{,}55 \cdot 10^{-3}$	$0{,}13 \cdot 10^{-6}$	$0{,}12 \cdot 10^{-6}$
Ricinusöl	2,42	0,98	$2{,}5 \cdot 10^{-3}$	$1{,}03 \cdot 10^{-3}$
Wasser	$1{,}79 \cdot 10^{-3}$	$1{,}002 \cdot 10^{-3}$	$1{,}8 \cdot 10^{-6}$	$1{,}004 \cdot 10^{-6}$

14.2 η und ν von Gasen bei 20 °C und 1013,25 hPa

Gas	$\eta / 10^{-6}$ Pa s	$\nu / 10^{-6}$ m² s⁻¹
Luft	17,1	13,2
Propan	7,5	3,7
Sauerstoff	19,2	1,34
Stickstoff	16,6	1,33
Wasserstoff	6,5	94,5

T 15	Strömungs-Widerstandsbeiwerte c_w in Luft

Körperform		c_w
Kreiszylinder: 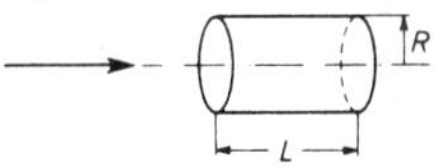	L/R = 0, dünne Platte	1,11
	L/R = 4	0,85
	L/R = 14	0,99
Halbkugelschale: 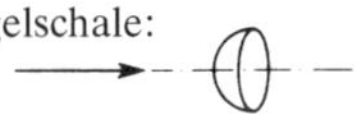	konvex	0,34
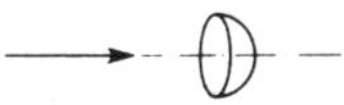	konkav	1,33
Kugel: 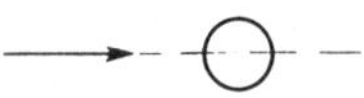		0,45
Stromlinienkörper: 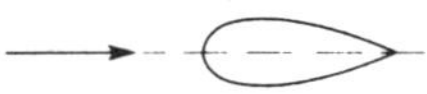		0,06
Kraftfahrzeuge:	Personenwagen	0,25 … 0,40
	Lastwagen	0,70 … 0,85

T 16 Thermische Größen

Die thermischen Größen chemischer Elemente ► T 5.2, T 5.3.1 und T 5.3.2

16.1 Feste Körper

α ist der Längenausdehnungskoeffizient zwischen 0 °C und 100 °C und
c die spezifische Wärmekapazität bei 20 °C

Legierung Zusammensetzung ► T 6.1	$\frac{\alpha}{10^{-6}\,K^{-1}}$	$\frac{c}{J\,g^{-1}\,K^{-1}}$
Duralumin	23	0,92
Elektron	24	1,0
Invar	1,5	0,46
Konstantan	15	0,41
Manganin	18	0,41
Messing	18	0,38
Neusilber	18	0,40
V2A-Stahl	16	0,50

Stoff	$\frac{\alpha}{10^{-6}\,K^{-1}}$	$\frac{c}{J\,g^{-1}\,K^{-1}}$
Eis (0 °C)	0,502	2,1
Geräteglas	4,5	0,8
Gusseisen	11,8	0,54
Holz	–	2,5
Kork	–	2,0
Porzellan	4,0	0,84
PVC (Polyvinylchlorid)	180	1,8
Quarzglas	0,5	0,729

16.2 Flüssigkeiten

γ ist der Volumenausdehnungskoeffizient,
t_s die Schmelztemperatur,
c die spezifische Wärmekapazität bei 20 °C,
s die spezifische Schmelzwärme,
t_r die normale Siedetemperatur und
r die spezifische Verdampfungswärme.

Flüssigkeit	$\frac{\gamma}{10^{-3}\,K^{-1}}$	$\frac{c}{J\,g^{-1}\,K^{-1}}$	$\frac{t_s}{°C}$	$\frac{s}{J\,g^{-1}}$	$\frac{t_r}{°C}$	$\frac{r}{J\,g^{-1}}$
Benzol	1,23	1,7	5,53	126	80,1	394
Ethanol	1,10	2,4	–114	105	78,3	854
Glycerin, wasserfrei	0,5	2,4	20	176	290	–
Petroleum	0,96	2,1	–	–	–	–
Schwefelkohlenstoff	1,18	1,0	–112	–	46	364
Terpentinöl	0,97	1,8	–	–	–	–
Tetrachlorkohlenstoff	1,22	0,84	– 23	–	77	193
Toluol	1,11	1,7	– 95	–	111	363
Wasser	0,21	4,19	0,00	334	100,0	2257

16.3 Gase (► T 5.3.2)

c_p ist die spezifische Wärmekapazität bei konstantem Druck,
c_v die spezifische Wärmekapazität bei konstantem Volumen,
T_{Tr} die Temperatur und p_{Tr} der Druck am Tripelpunkt,
T_k die Temperatur, p_k der Druck und ϱ_k die Dichte am kritischen Punkt.

Gas	$\frac{c_p}{\text{J g}^{-1}\text{ K}^{-1}}$	c_p/c_v	$\frac{T_{Tr}}{\text{K}}$	$\frac{p_{Tr}}{\text{hPa}}$	$\frac{T_k}{\text{K}}$	$\frac{p_k}{10^5\text{ Pa}}$	$\frac{\varrho_k}{\text{kg dm}^{-3}}$
Deuterium	7,25	1,40	18,73	171	38,35	16,65	0,0668
Dichlormono-fluormethan R 21	0,594	1,17	138,15	–	451,65	51,7	0,522
Kohlenstoff-dioxid	0,850	1,294	216,58	5185	304,21	73,825	0,466
Kohlenstoff-monoxid	1,04	1,40	68,14	153,5	132,91	34,99	0,301
Luft (trocken und CO_2-frei)	1,007	1,402	59,75	62	132,51	37,66	0,313
Ozon	0,820	–	80,65	0,011	261,0	55,3	0,537
Propan	1,672	1,141	85,45	$3 \cdot 10^{-6}$	369,95	42,6	0,226
Schwefeldioxid	0,65	1,27	197,65	16,7	115,65	78,8	0,525
Schwefelwasser-stoff	1,00	1,31	187,45	227	373,20	89,37	0,346
Stickstoffmon-oxid	0,996	1,39	109,55	219,2	180,15	64,85	0,520

T 17 Siedetemperatur t_r des Wassers in Abhängigkeit vom Druck p

$\frac{p}{\text{h Pa}}$	$\frac{t_r}{°\text{C}}$	$\frac{p}{\text{h Pa}}$	$\frac{t_r}{°\text{C}}$	$\frac{p}{\text{h Pa}}$	$\frac{t_r}{°\text{C}}$
907	96,9	960	98,5	1013	100,0
920	97,3	973	98,9	1027	100,4
933	97,7	987	99,3	1040	100,7
947	98,1	1000	99,6	1053	101,1

T 18 Heizwerte von Brennstoffen

Brennstoff	Heizwert in kJ kg^{-1}	Brennstoff	Heizwert in kJ kg^{-1}
Holz (trocken)	$\approx 1{,}7 \cdot 10^4$	Benzin	$\approx 4{,}2 \cdot 10^4$
Torf (trocken)	$\approx 1{,}6 \cdot 10^4$	Dieselöl	$\approx 4{,}2 \cdot 10^4$
Braunkohle	$\approx 1{,}9 \cdot 10^4$	Heizöl	$\approx 4{,}2 \cdot 10^4$
Steinkohle	$\approx 3{,}0 \cdot 10^4$	Stadtgas	$\approx 2{,}9 \cdot 10^4$
Hüttenkoks	$\approx 2{,}9 \cdot 10^4$	Wasserstoff	$\approx 13 \cdot 10^4$

T 19 Energieübertragung durch Wärme

19.1 Wärmeleitfähigkeit λ bei 20 °C

Wärmeleitfähigkeit chemischer Elemente ► T 5.3.1.1

Gute Wärmeleiter	$\frac{\lambda}{W\,m^{-1}\,K^{-1}}$	Wärmedämmstoffe	$\frac{\lambda}{W\,m^{-1}\,K^{-1}}$
Duraluminium	166	Sandstein	2,0
Gusseisen	40	Beton	1,3
Konstantan	22	Ziegelwand	0,7
Magnesium	22	Holz	0,15
Messing	110	Kork	0,05
Neusilber	23	Glaswolle	0,04
Stahl	45	Wasser	0,6
V2A-Stahl	14	Luft	0,02
		Vakuum	0,00

19.2 Wärmeübergangskoeffizient α

Art des Wärmeübergangs		$\frac{\alpha}{W\,m^{-2}\,K^{-1}}$
Ruhende Luft an Hauswand	Innenseite	8
	Außenseite	23
an Fenster	Innenseite	8
	Außenseite	12
Stürmische Luft an Hauswand	Außenseite	>100
Ruhendes Wasser an fester Wand		300 ... 600
Strömendes Wasser an fester Wand		4000 ... 7000

19.3 Wärmedurchgangskoeffizient k

Art der Wand	Dicke der Wand $\frac{d}{\text{cm}}$	$\frac{k}{\text{W m}^{-2}\text{ K}^{-1}}$
Ziegelwand	12	2,9
Ziegelwand	25	2,0
Ziegelwand	38	1,5
Glasfenster, einfach	0,25	5,8
Glasfenster, doppelt	0,50	2,7

T 20 Luftdruck p als Funktion der Höhe h

$\frac{h}{\text{m}}$	$\frac{p}{\text{hPa}}$	$\frac{h}{\text{m}}$	$\frac{p}{\text{hPa}}$	$\frac{h}{\text{m}}$	$\frac{p}{\text{hPa}}$
0	1013	688	933	5090	533
111	1000	1300	867	6080	467
224	987	1950	800	7180	400
338	973	2650	733	8450	333
454	960	3390	667	9940	267
570	947	4200	600		

h ist die Höhe über einem Ort mit dem Barometerstand 1013 hPa bei 15 °C.

T 21 Druck p und Dichte ϱ des gesättigten Wasserdampfes in Abhängigkeit von der Temperatur t

$\frac{t}{°\text{C}}$	$\frac{p}{\text{hPa}}$	$\frac{\varrho}{\text{g m}^{-3}}$	$\frac{t}{°\text{C}}$	$\frac{p}{\text{hPa}}$	$\frac{\varrho}{\text{g m}^{-3}}$	$\frac{t}{°\text{C}}$	$\frac{p}{\text{hPa}}$	$\frac{\varrho}{\text{g m}^{-3}}$
−60	0,009	0,011	8	11	8,3	28	37,7	27,2
−50	0,038	0,038	10	12	9,4	30	42,4	30,3
−40	0,124	0,117	12	14	10,7	35	56,3	39,6
−30	0,373	0,333	14	16	12,1	40	73,7	–
−20	1,03	0,88	16	18,1	13,6	50	123	–
−10	2,60	2,14	18	20,7	15,4	60	199	–
0	6,1	4,8	20	23,3	17,3	70	311	–
2	7,1	5,6	22	26,4	19,4	80	473	–
4	8,1	6,4	24	29,9	21,8	90	701	–
6	9,3	7,3	26	33,6	24,4	100	1013	–

T 22 Schallgeschwindigkeit *c* für Längswellen

22.1 *c* in Stäben bei 20 °C

Stoff	$\frac{c}{\text{km s}^{-1}}$
Aluminium	5,1
Blei	1,2
Eisen	5,1
Gold	2,0
Kupfer	3,7
Magnesium	4,8
Messing	3,4
Neusilber	3,6
Nickel	4,9
Platin	2,8
Silber	2,6
Zinn	2,7
Fensterglas	5,0

22.2 *c* in Flüssigkeiten bei 20 °C und in Gasen unter Normbedingungen (0 °C und 1013,15 hPa)

Flüssigkeit	$\frac{c}{\text{km s}^{-1}}$
Aceton	1,19
Benzol	1,33
Glycerin	1,92
Wasser	1,48

Gas	$\frac{c}{\text{km s}^{-1}}$
Leuchtgas	0,450
Luft	0,331
Sauerstoff	0,313
Wasserstoff	1,30

T 23 Ferroelektrische u. antiferroelektrische Stoffe

T_C ist die ferroelektrische bzw. antiferroelektrische Übergangstemperatur und P_S die spontane Polarisation (Sättigungspolarisation).

KDP: **K**alium**d**ihydrogen**p**hosphat

	Ferroelektrische Stoffe				Antiferroelektr. Stoffe	
Gruppe	Stoff	$\frac{T_C}{\text{K}}$	$\frac{P_S}{\text{cm}^{-2}}$	bei $\frac{T_C}{\text{K}}$	Stoff	$\frac{T_C}{\text{K}}$
KDP-gruppe	KH_2PO_4	123	$5{,}3 \cdot 10^{-2}$	96	$NH_4H_2PO_4$	148
	KD_2PO_4	213	$9{,}0 \cdot 10^{-2}$		$ND_4D_2PO_4$	242
	RbH_2PO_4	147	$5{,}6 \cdot 10^{-2}$	90	$NH_4H_2AsO_4$	216
	KH_2AsO_4	96	$5{,}0 \cdot 10^{-2}$	80	$ND_4D_2AsO_4$	304
Perowskite	$BaTiO_3$	393	$2{,}6 \cdot 10^{-1}$	296	–	–
	WO_3	223	–	–	WO_3	1010
	$KNbO_3$	712	$3{,}0 \cdot 10^{-1}$	523	$PbZrO_3$	506
	$PbTiO_3$	763	$>5 \cdot 10^{-1}$	300	$PbHfO_3$	448

T 24 Spezifischer elektrischer Widerstand ϱ bei 20 °C und Temperaturkoeffizient α (Mittelwert zwischen 0 °C und 100 °C)

Chemische Elemente ► T 5.3.1.2

Legierung	Zusammensetzung	$\frac{\varrho}{10^{-6}\ \Omega\ \text{m}}$	$\frac{\alpha}{10^{-3}\ \text{K}^{-1}}$
Chromnickel	80 Ni; 20 Cr	1,1	0,2
Konstantan	54 Cu; 45 Ni; 1 Mn	0,50	0,03
Manganin	86 Cu; 12 Mn; 2 Ni	0,43	0,01
Megapyr	65 Fe; 30 Cr; 5 Al	1,4	0,03
Messing	66 Cu; 34 Zn	0,07	1,6
Nickelin	76 Cu; 30 Ni; 3 Mn	0,40	0,2

T 25 Spezifischer elektrischer Widerstand ϱ und Permittivitätszahl ε_r von Isolierstoffen bei 20 °C

Stoff	$\frac{\varrho}{\Omega\ \text{m}}$	ε_r
Bernstein	$> 10^{16}$	2,8
Paraffin	bis 10^{16}	1,9 ... 2,2
Quarzglas	bis 10^{16}	4
Glimmer	bis 10^{15}	5 ... 8
Porzellan (unglasiert)	bis $5 \cdot 10^{12}$	etwa 6
Holz (trocken)	$10^{9} \dots 10^{13}$	2,5 ... 7
Hartgummi	bis 10^{15}	2,5 ... 3,5
keramische Sondermassen	bis 10^{13}	bis 100
Trolitul	bis 10^{16}	2 ... 2,5
Mipolam®	bis 10^{14}	3,5
Plexiglas®	bis 10^{13}	3 ... 3,6
Wasser (reinst)	$2 \cdot 10^{5}$	81,6

T 26 Ferromagnetische und antiferromagnetische Stoffe

Chemische Elemente ►T 5.2

T_C ist die ferromagnetische CURIE-Temperatur,
J_S die spontane magnetische Polarisation (Sättigungspolarisation) und
T_N die NEEL-Temperatur.

Ferromagnetische Stoffe				Aniferromagnet. Stoffe	
Stoff	$\frac{T_C}{K}$	J_S/T		Stoff	$\frac{T_N}{K}$
		bei 300 K	bei 0 K		
Cu_2MnAl	710	0,500	(0,550)	MnO	116
MnAs	318	0,670	0,870	MnS	160
MnB	578	0,152	0,163	MnTe	307
CrTe	339	0,247	–	MnF_2	67
CrO_2	392	0,515	–	FeF_2	79
$MnOFe_2O_3$	573	0,410	–	$FeCl_2$	24
$FeOFe_2O_3$	858	0,480	–	FeO	198
$CuOFe_2O_3$	728	0,135	–	$CoCl_2$	25
EuO	69	–	1,920	CoO	291
$GdMn_2$	303	–	0,215	$NiCl_2$	50
$Gd_3Fe_5O_{12}$	564	0	0,605	NiO	525
$Y_3Fe_5O_{12}$	560	0,130	0,200	CrSb	723
				CrO_2	307
				$FeCO_3$	35

T 27 Supraleiter

Chemische Elemente ► T 5.2

Legierung	T_c/K	Legierung	T_c/K	Keramik	T_c/K
Nb_3Sn	18,05	V_3Ga	16,5	La_2CuO_4	35
Nb_6Sn_5	2,07	V_3Si	17,1	$YBa_2Cu_3O_{7-\delta}$	90
Nb_3Al	17,5	UCo	1,70	$Bi_2Sr_2CaCu_2O_8$	80
Nb_3Au	11,5	Ti_2Co	3,44	$Bi_2Sr_2Ca_2Cu_3O_{10}$	110
NbN	16,0	La_3In	10,4	$Tl_2Ba_2Ca_2Cu_3O_{10}$	125
MoN	12,0	InSb (metallisch)	1,9		

T 28 Elektrochemisches Äquivalent *k* und Wertigkeit *z*

Stoff	z	$\frac{k}{\text{mg A}^{-1}\,\text{s}^{-1}}$	Stoff	z	$\frac{k}{\text{mg A}^{-1}\,\text{s}^{-1}}$
Silber	1	1,118	Platin	4	0,506
Kupfer	2	0,329	Wasserstoff	1	0,01045
Aluminium	3	0,0932	Sauerstoff	2	0,08292
Chrom	3	0,180	Knallgas	–	0,09337

T 29 Brechzahl *n* für Licht der Wellenlänge λ = 589,3 nm (D-Linie)

Stoff	n	Stoff	n
Optische Gläser:		Quarzglas	1,4584
Flintgläser:		Diamant	2,4173
F 3 (Schott)	1,6128	Kanadabalsam	1,542
S F 2 (Schott)	1,6477	Ethanol	1,3617
Krongläser:		Benzol	1,5014
B K 7 (Schott)	1,5163	Schwefelkohlenstoff	1,6277
S K 1 (Schott)	1,6102	Wasser	1,3330

T 30 Wellenlänge λ einiger wichtiger Spektrallinien in Luft

Element	FRAUNHOFER-Linie	λ / nm	Element	FRAUNHOFER-Linie	λ / nm
Helium	–	667,8	Quecksilber	–	579,1
	D_3	587,6		–	577,0
	–	501,6		–	546,1
	–	492,2		–	491,6
	–	447,1		–	435,8
Kalium	–	769,9		–	407,8
	–	766,5		–	404,7
	–	404,7	Wasserstoff	C (H_α)	656,3
Lithium	–	670,8		F (H_β)	486,1
Natrium	D_1	589,6		G′ (H_γ)	434,0
	D_2	589,0		h (H_δ)	410,2

T 31 Spektraler Hellempfindlichkeitsgrad für Tagsehen $V(\lambda)$ und Nachtsehen $V'(\lambda)$

Wellenlänge in nm	$V(\lambda)$	$V'(\lambda)$	Wellenlänge in nm	$V(\lambda)$	$V'(\lambda)$
380	$3{,}900\,000 \cdot 10^{-5}$	$5{,}89 \cdot 10^{-4}$	580	0,870 000 0	$1{,}212 \cdot 10^{-1}$
400	$3{,}960\,000 \cdot 10^{-4}$	$9{,}29 \cdot 10^{-3}$	590	0,757 000 0	$6{,}55 \cdot 10^{-2}$
450	$3{,}800\,000 \cdot 10^{-2}$	0,455	600	0,631 000 0	$3{,}315 \cdot 10^{-2}$
460	$6{,}000\,000 \cdot 10^{-2}$	0,567	610	0,503 000 0	$1{,}593 \cdot 10^{-2}$
470	$9{,}098\,000 \cdot 10^{-2}$	0,676	620	0,381 000 0	$7{,}37 \cdot 10^{-3}$
480	0,139 020 0	0,793	630	0,265 000 0	$3{,}335 \cdot 10^{-3}$
490	0,208 020 0	0,904	640	0,175 000 0	$1{,}497 \cdot 10^{-3}$
500	0,323 000 0	0,982	650	0,107 000 0	$6{,}77 \cdot 10^{-4}$
510	0,503 000 0	0,997	660	$6{,}100\,000 \cdot 10^{-2}$	$3{,}129 \cdot 10^{-4}$
520	0,710 000 0	0,935	670	$3{,}200\,000 \cdot 10^{-2}$	$1{,}480 \cdot 10^{-4}$
530	0,862 000 0	0,811	700	$4{,}102\,000 \cdot 10^{-3}$	$1{,}780 \cdot 10^{-5}$
540	0,954 000 0	0,650	750	$1{,}200\,000 \cdot 10^{-4}$	$7{,}60 \cdot 10^{-7}$
555	1,000 000 0	0,402	780	$1{,}499\,000 \cdot 10^{-5}$	$1{,}390 \cdot 10^{-7}$
570	0,952 000 0	0,2076			

(Auszug aus der internationalen Vereinbarung)

T

T 32 Wellenlängen einiger häufig verwendeter Laser

Gaslaser	Wellenlänge λ / µm
He Ne	<u>0,6328</u>; 1,1523; 3,3913
Ar^+	<u>0,5145</u>; 0,5017; <u>0,4880</u>; 0,4765; 0,4519; 0,3511; 0,3024
Kr^+	0,6764; <u>0,6471</u>; 0,5309; 0,5208; 0,4766; 0,4067; 0,3507
CO_2	<u>10,6</u>; 9,6

Festkörperlaser	Wellenlänge λ / µm
Rubin	0,6943
Neodym-Yttrium-Aluminium-Granat	1,06
GaAs (bei 300 K Betriebstemperatur)	0,9

Die Wellenlängen der stärksten Linien sind unterstrichen.

T 33 Nuklide

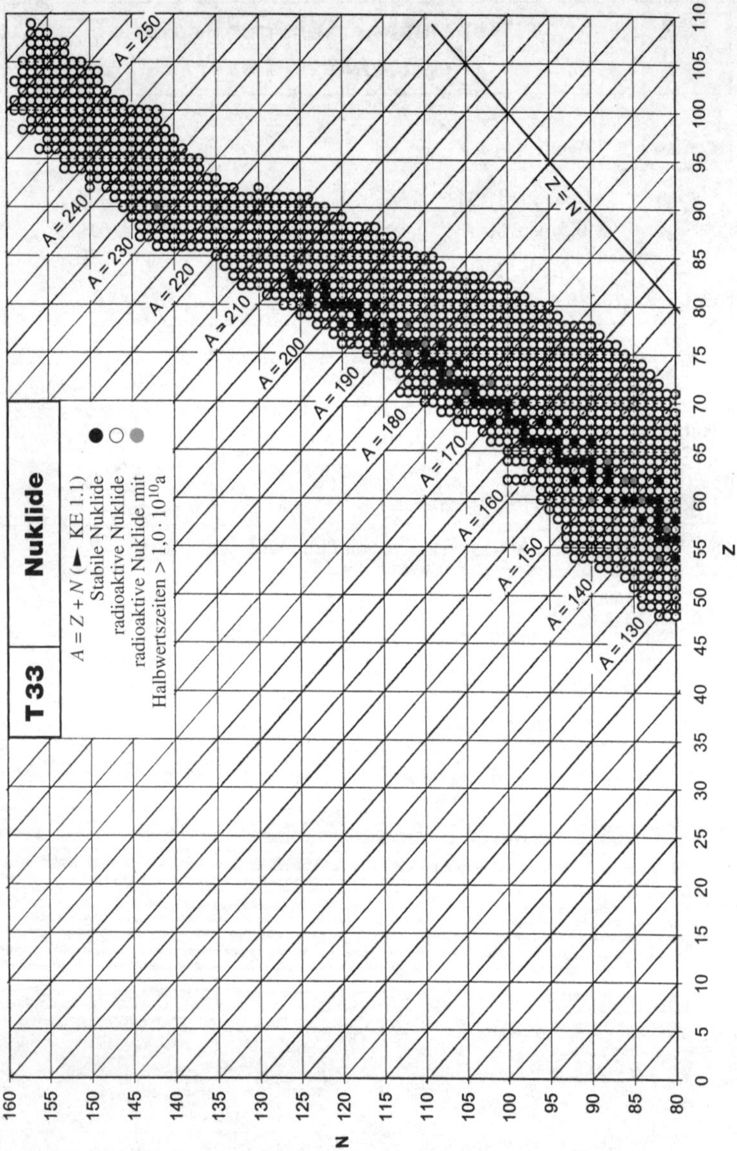
T 33
Nuklide
A = Z + N (▶ KE 1.1)
Stabile Nuklide
radioaktive Nuklide
radioaktive Nuklide mit Halbwertszeiten > 1,0 · 10¹⁰a
A = 130
A = 140
A = 150
A = 160
A = 170
A = 180
A = 190
A = 200
A = 210
A = 220
A = 230
A = 240
A = 250
Z = N
Z
N
0 5 10 15 20 25 30 35 40 45 50 55 60 65 70 75 80 85 90 95 100 105 110
160 155 150 145 140 135 130 125 120 115 110 105 100 95 90 85 80

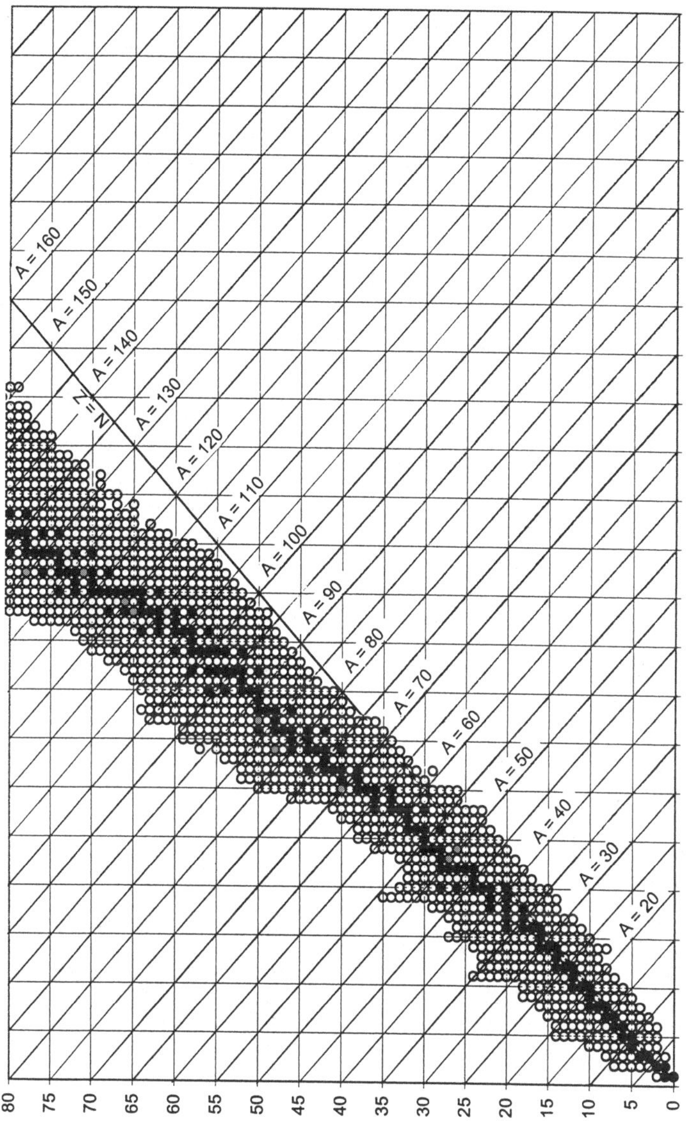
A = 20
A = 30
A = 40
A = 50
A = 60
A = 70
A = 80
A = 90
A = 100
A = 110
A = 120
A = 130
A = 140
A = 150
A = 160
N = Z
Z
0
5
10
15
20
25
30
35
40
45
50
55
60
65
70
75
80
85
90
95
100
105
110
N
0
5
10
15
20
25
30
35
40
45
50
55
60
65
70
75
80

T 34 Atommasse m_a stabiler Nuklide

Z	Nuklid	m_a/u
1	^{1}H	1.007825035(12)
1	^{2}H	2.014101779(24)
2	^{3}He	3.01602931(4)
2	^{4}He	4.00260324(5)
3	^{6}Li	6.0151214(7)
3	^{7}Li	7.0160030(9)
4	^{9}Be	9.0121822(4)
5	^{10}B	10.0129369(3)
5	^{11}B	11.0093054(4)
6	^{12}C	12 exakt
6	^{13}C	13.003354826(17)
7	^{14}N	14.003074002(26)
7	^{15}N	15.00010897(4)
8	^{16}O	15.99491463(5)
8	^{17}O	16.9991312(4)
8	^{18}O	17.9991603(9)
9	^{19}F	18.99840322(15)
10	^{20}Ne	19.9924356(22)
10	^{21}Ne	20.9938428(21)
10	^{22}Ne	21.9913831(18)
11	^{23}Na	22.9897677(10)
12	^{24}Mg	23.9850423(3)
12	^{25}Mg	24.9858374(8)
12	^{26}Mg	25.9825937(8)
13	^{27}Al	26.9815386(8)
14	^{28}Si	27.9769271(7)
14	^{29}Si	28.9764949(7)
14	^{30}Si	29.9737707(7)
15	^{31}P	30.9737620(6)
16	^{32}S	31.97207070(25)
16	^{33}S	32.97145854(23)
16	^{34}S	33.96786665(22)
16	^{36}S	35.96708062(27)

Z	Nuklid	m_a/u
17	^{35}Cl	34.968852721(69)
17	^{37}Cl	36.96590262(11)
18	^{36}Ar	35.96754552(29)
18	^{38}Ar	37.9627325(9)
18	^{40}Ar	39.9623837(14)
19	^{39}K	38.9637074(12)
19	^{41}K	40.9618254(12)
20	^{40}Ca	39.9625906(13)
20	^{42}Ca	41.9586176(13)
20	^{43}Ca	42.9587662(13)
20	^{44}Ca	43.9554806(14)
20	^{46}Ca	45.953689(4)
20	^{48}Ca	47.952533(4)
21	^{45}Sc	44.9559100(14)
22	^{46}Ti	45.9526294(14)
22	^{47}Ti	46.9517640(11)
22	^{48}Ti	47.9479473(11)
22	^{49}Ti	48.9478711(11)
22	^{50}Ti	49.9447921(12)
23	^{50}V	49.9471609(17) *
23	^{51}V	50.9439617(17)
24	^{50}Cr	49.9460464(17) *
24	^{52}Cr	51.9405098(17)
24	^{53}Cr	52.9406513(17)
24	^{54}Cr	53.9388825(17)
25	^{55}Mn	54.9380471(16)
26	^{54}Fe	53.9396127(15)
26	^{56}Fe	55.9349393(16)
26	^{57}Fe	56.9353958(16)
26	^{58}Fe	57.9332773(16)
27	^{59}Co	58.9331976(16)

* Natürliche Radionuklide mit Halbwertszeiten $T_{1/2} > 1{,}0 \cdot 10^{10}$ a (siehe T 36.1) werden in der Literatur häufig bei den stabilen Nukliden aufgeführt.

T

Z	Nuklid	m_a / u
28	^{58}Ni	57.9353462(16)
28	^{60}Ni	59.9307884(16)
28	^{61}Ni	60.9310579(16)
28	^{62}Ni	61.9283461(16)
28	^{64}Ni	63.9279679(17)
29	^{63}Cu	62.9295989(16)
29	^{65}Cu	64.9277929(20)
30	^{64}Zn	63.9291448(19)
30	^{66}Zn	65.9260347(17)
30	^{67}Zn	66.9271291(17)
30	^{68}Zn	67.9248459(18)
30	^{70}Zn	69.925325(4) *
31	^{69}Ga	68.925580(3)
31	^{71}Ga	70.9247005(25)
32	^{70}Ge	69.9242497(16)
32	^{72}Ge	71.9220789(16)
32	^{73}Ge	72.9234626(16)
32	^{74}Ge	73.9211774(15)
32	^{76}Ge	75.9214016(17)
33	^{75}As	74.9215942(17)
34	^{74}Se	73.9224746(16)
34	^{76}Se	75.9192120(16)
34	^{77}Se	76.9199125(16)
34	^{78}Se	77.9173076(16)
34	^{80}Se	79.9165196(19)
34	^{82}Se	81.9166978(23) *
35	^{79}Br	78.9183361(26)
35	^{81}Br	80.916289(6)
36	^{78}Kr	77.920396(9)
36	^{80}Kr	79.916380(9)
36	^{82}Kr	81.913482(6)
36	^{83}Kr	82.914135(4)
36	^{84}Kr	83.911507(4)
36	^{86}Kr	85.910616(5)
37	^{85}Rb	84.911794(3)
37	^{87}Rb	86.909187(3) *

Z	Nuklid	m_a / u
38	^{84}Sr	83.913430(4)
38	^{86}Sr	85.9092672(28)
38	^{87}Sr	86.9088841(28)
38	^{88}Sr	87.9056188(28)
39	^{89}Y	88.905849(3)
40	^{90}Zr	89.9047026(26)
40	^{91}Zr	90.9056439(26)
40	^{92}Zr	91.9050386(26)
40	^{94}Zr	93.9063148(28)
40	^{96}Zr	95.908275(4)
41	^{93}Nb	92.9063772(27)
42	^{92}Mo	91.906808(4)
42	^{94}Mo	93.9050853(26)
42	^{95}Mo	94.9058411(22)
42	^{96}Mo	95.9046785(22)
42	^{97}Mo	96.9060205(22)
42	^{98}Mo	97.9054073(22)
42	^{100}Mo	99.907477(6)
44	^{96}Ru	95.907599(8)
44	^{98}Ru	97.905287(7)
44	^{99}Ru	98.9059389(23)
44	^{100}Ru	99.9042192(24)
44	^{101}Ru	100.9055819(24)
44	^{102}Ru	101.9043485(25)
44	^{104}Ru	103.905424(6)
45	^{103}Rh	102.905500(4)
46	^{102}Pd	101.905634(5)
46	^{104}Pd	103.904029(6)
46	^{105}Pd	104.905079(6)
46	^{106}Pd	105.903478(6)
46	^{108}Pd	107.903895(4)
46	^{110}Pd	109.905167(20)
47	^{107}Ag	106.905092(6)
47	^{109}Ag	108.904757(4)
48	^{106}Cd	105.906461(7)
48	^{108}Cd	107.904176(6)
48	^{110}Cd	109.903005(4)
48	^{111}Cd	110.904182(3)

Z	Nuklid	m_a / u
48	^{112}Cd	111.902758(3)
48	^{113}Cd	112.904400(3) *
48	^{114}Cd	113.903357(3)
48	^{116}Cd	115.904754(4)
49	^{113}In	112.904061(4)
49	^{115}In	114.903880(4) *
50	^{112}Sn	111.904826(5)
50	^{114}Sn	113.902784(4)
50	^{115}Sn	114.903348(3)
50	^{116}Sn	115.901747(3)
50	^{117}Sn	116.902956(3)
50	^{118}Sn	117.901609(3)
50	^{119}Sn	118.903310(3)
50	^{120}Sn	119.9021991(29)
50	^{122}Sn	121.9034404(30)
50	^{124}Sn	123.9052743(17)
51	^{121}Sb	120.9038212(29)
51	^{123}Sb	122.9042160(24)
52	^{120}Te	119.904048(21)
52	^{122}Te	121.903054(3)
52	^{123}Te	122.9042710(22) *
52	^{124}Te	123.902823(2)
52	^{125}Te	124.904433(3)
52	^{126}Te	125.903314(3)
52	^{128}Te	127.904463(4)
52	^{130}Te	129.906229(5) *
53	^{127}I	126.904473(5)
54	^{124}Xe	123.9058942(22)
54	^{126}Xe	125.904281(8)
54	^{128}Xe	127.9035312(17)
54	^{129}Xe	128.9047801(21)
54	^{130}Xe	129.9035094(17)
54	^{131}Xe	130.905072(5)
54	^{132}Xe	131.904144(5)
54	^{134}Xe	133.905395(8)
54	^{136}Xe	135.907214(8) *
55	^{133}Cs	132.905429(7)

Z	Nuklid	m_a / u
56	^{130}Ba	129.906282(8)
56	^{132}Ba	131.905042(9)
56	^{134}Ba	133.904486(7)
56	^{135}Ba	134.905665(7)
56	^{136}Ba	135.904553(7)
56	^{137}Ba	136.905812(6)
56	^{138}Ba	137.905232(6)
57	^{138}La	137.907105(6) *
57	^{139}La	138.906347(5)
58	^{136}Ce	135.907140(50)
58	^{138}Ce	137.905985(12)
58	^{140}Ce	139.905433(4)
58	^{142}Ce	141.909241(4)
59	^{141}Pr	140.907647(4)
60	^{142}Nd	141.907719(4)
60	^{143}Nd	142.909810(4)
60	^{144}Nd	143.910083(4) *
60	^{145}Nd	144.912570(4)
60	^{146}Nd	145.913113(4)
60	^{148}Nd	147.916889(4)
60	^{150}Nd	149.920887(4) *
62	^{144}Sm	143.911998(4)
62	^{147}Sm	146.914895(4) *
62	^{148}Sm	147.914819(4) *
62	^{149}Sm	148.917181(4)
62	^{150}Sm	149.917273(4)
62	^{152}Sm	151.919729(4)
62	^{154}Sm	153.922206(4)
63	^{151}Eu	150.919847(8)
63	^{153}Eu	152.921225(4)
64	^{152}Gd	151.919786(4) *
64	^{154}Gd	153.920861(4)
64	^{155}Gd	154.922618(4)
64	^{156}Gd	155.922118(4)
64	^{157}Gd	156.923956(4)
64	^{158}Gd	157.924019(4)
64	^{160}Gd	159.927049(4)

Z	Nuklid	m_a / u
65	^{159}Tb	158.925342(4)
66	^{156}Dy	155.924277(8)
66	^{158}Dy	157.924403(5)
66	^{160}Dy	159.925193(4)
66	^{161}Dy	160.926930(4)
66	^{162}Dy	161.926795(4)
66	^{163}Dy	162.928728(4)
66	^{164}Dy	163.929171(4)
67	^{165}Ho	164.930319(4)
68	^{162}Er	161.928775(4)
68	^{164}Er	163.929198(4)
68	^{166}Er	165.930290(4)
68	^{167}Er	166.932046(4)
68	^{168}Er	167.932368(4)
68	^{170}Er	169.935461(4)
69	^{169}Tm	168.934212(4)
70	^{168}Yb	167.933894(5)
70	^{170}Yb	169.934759(4)
70	^{171}Yb	170.936323(3)
70	^{172}Yb	171.936378(3)
70	^{173}Yb	172.938208(3)
70	^{174}Yb	173.938859(3)
70	^{176}Yb	175.942564(4)
71	^{175}Lu	174.940770(3)
71	^{176}Lu	175.942679(3) *
72	^{174}Hf	173.940044(4) *
72	^{176}Hf	175.941406(4)
72	^{177}Hf	176.943217(3)
72	^{178}Hf	177.943696(3)
72	^{179}Hf	178.9458122(29)
72	^{180}Hf	179.9465457(30)
73	^{180}Ta	179.947462(4) *
73	^{181}Ta	180.947992(3)
74	^{180}W	179.946701(5)
74	^{182}W	181.948202(3)
74	^{183}W	182.950220(3)
74	^{184}W	183.950928(3)
74	^{186}W	185.954357(4)

Z	Nuklid	m_a / u
75	^{185}Re	184.952951(3)
75	^{187}Re	186.955744(3) *
76	^{184}Os	183.952488(4)
76	^{186}Os	185.953830(4) *
76	^{187}Os	186.955741(3)
76	^{188}Os	187.955860(3)
76	^{189}Os	188.958137(4)
76	^{190}Os	189.958436(4)
76	^{192}Os	191.961467(4)
77	^{191}Ir	190.960584(4)
77	^{193}Ir	192.962917(4)
78	^{190}Pt	189.959917(7) *
78	^{192}Pt	191.961019(5)
78	^{194}Pt	193.962655(4)
78	^{195}Pt	194.964766(4)
78	^{196}Pt	195.964926(4)
78	^{198}Pt	197.967869(6)
79	^{197}Au	196.966543(4)
80	^{196}Hg	195.965807(5)
80	^{198}Hg	197.966743(4)
80	^{199}Hg	198.968254(4)
80	^{200}Hg	199.968300(4)
80	^{201}Hg	200.970277(4)
80	^{202}Hg	201.970617(4)
80	^{204}Hg	203.973467(5)
81	^{203}Tl	202.972320(5)
81	^{205}Tl	204.974401(5)
82	^{204}Pb	203.973020(5)
82	^{206}Pb	205.974440(4)
82	^{207}Pb	206.975872(4)
82	^{208}Pb	207.976627(4)
83	^{209}Bi	208.980374(5)
90	^{232}Th	232.038054(2) *

T 35 Zerfallsreihen von Radionukliden

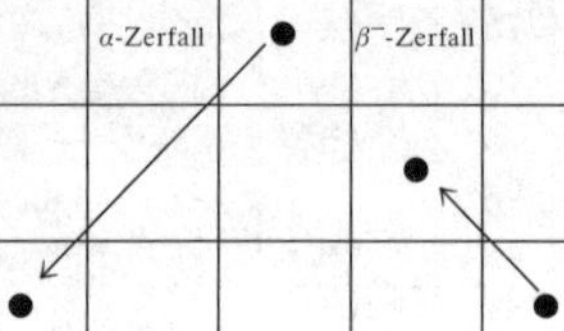

Symbol: **Rn 219** – Massenzahl A
4,0 s – Halbwertszeit
Strahlenarten: α 6,8 / γ 0,40 – Max. Energie in MeV

Massenzahl $A = Z + N$
(► KE 1.1)

Z/N	124	125	126	127	128	129	130	131	132	133	134	135
95												
94												
93												
92												
91												
90												
89												
88												**Ra 223** 11 d α 5,7 γ 0,34
87											**Fr 221** 4,9 min α 6,3 γ 0,41	
86										**Rn 219** 4,0 s α 6,8 γ 0,40	**Rn 220** 56 s α 6,3 γ 0,55	
85									**At 217** 32 ms α 7,1 γ 0,60			
84			**Po 210** $1{,}4 \cdot 10^2$ d α 5,3 γ 0,80		**Po 212** 0,30 µs α 8,8 γ –	**Po 213** 4,2 µs α 8,4 γ –	**Po 214** 0,16 ms α 7,7 γ 0,80	**Po 215** 1,8 ms α 7,4 γ 0,44	**Po 216** 0,15 s α 6,8 γ 0,81		**Po 218** 3,1 min α 6,0 γ –	
83			**Bi 209** stabil	**Bi 210** 5,0 d β⁻ 1,2 γ 0,31	**Bi 211** 2,2 min α 6,6 γ 0,35	**Bi 212** 61 min β⁻ 2,3 α 6,1 γ 0,73	**Bi 213** 46 min β⁻ 1,4 γ 1,1	**Bi 214** 20 min β⁻ 3,3 γ 1,8				
82	**Pb 206** stabil	**Pb 207** stabil	**Pb 208** stabil	**Pb 209** 3,3 h β⁻ 0,6 γ –	**Pb 210** 22 a β⁻ 0,06 γ 0,047	**Pb 211** 36 min β⁻ 1,4 γ 0,83	**Pb 212** 11 h β⁻ 0,60 γ 0,30		**Pb 214** 27 min β⁻ 1,0 γ 0,35			
81			**Tl 207** 4,8 min β⁻ 1,4 γ 0,90	**Tl 208** 3,0 min β⁻ 2,4 γ 2,6								

										Am 241 $4{,}3 \cdot 10^2$ a α 5,5 γ 0,06	
											Pu 241 14 a β^- 0,02 γ 0,15
								Np 237 $2{,}1 \cdot 10^6$ a α 4,8 γ 0,087			
					U 233 $1{,}6 \cdot 10^5$ a α 4,8 γ 0,097	**U 234** $2{,}5 \cdot 10^5$ a α 4,8 γ 0,12	**U 235** $7{,}0 \cdot 10^8$ a α 4,4 γ 0,19			**U 238** $4{,}5 \cdot 10^9$ a α 4,2 γ 0,050	
				Pa 231 $3{,}3 \cdot 10^4$ a α 5,0 γ 0,30		**Pa 233** 27 d β^- 0,6 γ 0,34	**Pa 234** 1,2 min β^- 2,3 γ 1,0				
	Th 227 19 d α 6,0 γ 0,26	**Th 228** 1,9 a α 5,4 γ 0,22	**Th 229** $7{,}3 \cdot 10^3$ a α 4,9 γ 0,21	**Th 230** $7{,}5 \cdot 10^4$ a α 4,7 γ 0,14	**Th 231** 26 h β^- 0,4 γ 0,084	**Th 232** $1{,}4 \cdot 10^{10}$ a α 4,0 γ 0,059		**Th 234** 24 d β^- 0,2 γ 0,092			
Ac 225 10 d α 5,8 γ 0,19		**Ac 227** 22 a β^- 0,04 γ 0,01	**Ac 228** 6,1 h β^- 2,1 γ 0,97								
Ra 224 3,7 d α 5,7 γ 0,65	**Ra 225** 15 d β^- 0,4 γ 0,040	**Ra 226** $1{,}6 \cdot 10^3$ a α 4,8 γ 0,26		**Ra 228** 5,8 a β^- 0,04 γ 0,010							
Rn 222 3,8 d α 5,5 γ 0,51										**Zerfallsreihen: Name, Raster**	
										Uran-Radium	
										Uran-Actinium	
										Thorium	
										Neptunium	
136	137	138	139	140	141	142	143	144	145	146	147

T 36 Radionuklide

Z. A. ist die häufigste Zerfallart (α; β^-; β^+ und ε [Elektroneneinfang])

36.1 Natürliche Radionuklide

Z	Nuklid	Atommasse m_a/u	Z. A.	Halbwertszeit $T_{1/2}$
6 6	^{11}C ^{14}C	11,011433 14,003242	ε β^-	20,4 min 5730 a
11	^{22}Na	21,994434	β^+	2,6 a
15	^{30}P	29,978307	β^+	2,5 min
19	^{40}K	39,964000	β^-, ε	$1{,}277 \cdot 10^9$ a
23	^{50}V	49,93643	ε	$1{,}5 \cdot 10^{17}$ a *
24	^{50}Cr	49,94605	2 ε	$1{,}8 \cdot 10^{17}$ a *
30	^{70}Zn	69,92747	2 β^-	$> 5 \cdot 10^{14}$ a *
34	^{82}Se	81,91670	2 β^-	$1{,}4 \cdot 10^{20}$ a *
36	^{85}Kr	84,91253 ?	β^-	10,8 a
37	^{87}Rb	86,90919	β^-	$4{,}75 \cdot 10^{10}$ a *
43	^{98}Tc	97,90722 ?	β^-	$4{,}2 \cdot 10^6$ a
48	^{113}Cd	112,90440	β^-	$9{,}3 \cdot 10^{15}$ a *
49	^{115}In	114,90388	β^-	$4{,}41 \cdot 10^{14}$ a *
52 52	^{123}Te ^{130}Te	122,90427 129,90623	ε 2 β^-	$1{,}3 \cdot 10^{13}$ a * $1{,}25 \cdot 10^{21}$ a *
54	^{136}Xe	135,90722	2 β^-	$2{,}36 \cdot 10^{21}$ a *
57	^{138}La	137,90711	ε	$1{,}05 \cdot 10^{11}$ a *
60 60	^{144}Nd ^{150}Nd	143,91008 149,92089	α 2 β^-	$2{,}29 \cdot 10^{15}$ a * $1 \cdot 10^{18}$ a *
61	^{145}Pm	144,91275 ?	ε, α	18 a
62 62	^{147}Sm ^{148}Sm	146,91489 147,91482	α α	$1{,}06 \cdot 10^{11}$ a * $7 \cdot 10^{15}$ a *
64	^{152}Gd	151,91979	α	$1{,}08 \cdot 10^{14}$ a *

* siehe auch T 34

T

Z	Nuklid	Atommasse m_a/u	Z. A.	Halbwertszeit $T_{1/2}$
71	^{176}Lu	175,94268	β^-	$3{,}87 \cdot 10^{10}$ a *
72	^{174}Hf	173,94004	ε	$2{,}0 \cdot 10^{15}$ a *
73	^{180}Ta	179,94754	ε	$> 1{,}2 \cdot 10^{15}$ a *
75	^{187}Re	186,95575	β^-	$4{,}35 \cdot 10^{10}$ a *
76	^{186}Os	185,95383	α	$2{,}0 \cdot 10^{15}$ a *
78	^{190}Pt	189,95992	α	$6{,}5 \cdot 10^{11}$ a *
81	^{207}Tl	206,97740	β^-	4,77 min
81	^{208}Tl	207,98199	β^-	3,053 min
82	^{209}Pb	208,98106	β^-	3,3 h
82	^{210}Pb	209,98416	β^-	23,3 a
82	^{211}Pb	210,98873	β^-	36,1 min
82	^{212}Pb	211,99187	β^-	10,64 h
82	^{214}Pb	213,99980	β^-	26,8 min
83	^{210}Bi	209,98439	β^-	5,013 d
83	^{211}Bi	210,98725	α	2,14 min
83	^{212}Bi	211,99126	β^-	60,55 min
83	^{213}Bi	212,99347	β^-	46 min
83	^{214}Bi	213,99869	β^-	19,9 min
84	^{210}Po	209,98285	α	138,4 d
84	^{212}Po	211,98884	α	0,30 µs
84	^{213}Po	212,99283	α	4,2 µs
84	^{214}Po	213,99518	α	164,3 µs
84	^{215}Po	214,99942	α	1,8 ms
84	^{216}Po	216,00186	α	0,15 s
84	^{218}Po	218,00897	α	3,10 min
85	^{217}At	217,00471	α	32 ms
86	^{219}Rn	219,00948	α	4,0 s
86	^{220}Rn	220,01137	α	55,6 s
86	^{222}Rn	222,01757	α	3,8235 d
87	^{221}Fr	221,01424	α	4,9 min

Z	Nuklid	Atommasse m_a/u	Z. A.	Halbwertszeit $T_{1/2}$
88	^{223}Ra	223,01850	α	11,434 d
88	^{224}Ra	224,02019	α	3,66 d
88	^{225}Ra	225,02360	β^-	15 d
88	^{226}Ra	226,02540	α	1600 a
88	^{228}Ra	228,03106	β^-	5,75 a
89	^{225}Ac	225,02322	α	10 d
89	^{227}Ac	227,02775	β^-	21,773 a
89	^{228}Ac	228,03101	β^-	6,15 h
90	^{227}Th	227,02770	α	18,718 d
90	^{228}Th	228,02872	α	1,9131 a
90	^{229}Th	229,03176	α	$7,3 \cdot 10^3$ a
90	^{230}Th	230,03313	α	$7,538 \cdot 10^4$ a
90	^{231}Th	231,03630	β^-	25,52 h
90	^{232}Th	232,03805	α	$1,405 \cdot 10^{10}$ a *
90	^{234}Th	234,04359	β^-	24,10 d
91	^{231}Pa	231,03588	α	$3,276 \cdot 10^4$ a
91	^{233}Pa	233,04024	β^-	26,967 d
91	^{234}Pa	234,04338	β^-	1,17 min
92	^{233}U	233,03963	α	$1,6 \cdot 10^5$ a
92	^{234}U	234,04095	α	$2,454 \cdot 10^5$ a
92	^{235}U	235,04392	α	$7,038 \cdot 10^8$ a
92	^{238}U	238,05078	α	$4,468 \cdot 10^9$ a

36.2 Künstliche Radionuklide

Es sind nur Nuklide mit einer Halbwertszeit von mindestens 10 d angegeben.

Z	Nuklid	Atommasse m_a/u	Z. A.	Halbwertszeit
1	^{3}H	3,016049	β^-	12,33 a
4	^{7}Be	7,016927	ε	53,29 d
11	^{22}Na	21,994434	$\varepsilon + \beta^+$	2,6088 a
13	^{26}Al	25,986892	$\varepsilon + \beta^+$	$7{,}4 \cdot 10^5$ a
14	^{32}Si	31,974148	β^-	172 a
15	^{32}P	31,973908	β^-	14,262 d
15	^{33}P	32,971725	β^-	25,34 d
16	^{35}S	34,969033	β^-	87,51 d
17	^{36}Cl	35,968307	β^-	$3{,}01 \cdot 10^5$ a
18	^{37}Ar	36,966776	ε	35,04 d
20	^{45}Ca	44,956187	β^-	163,8 d
21	^{46}Sc	45,95517	β^-	83,81 d
22	^{44}Ti	43,95969	ε	49 a
23	^{49}V	48,94852	ε	338 d
24	^{51}Cr	50,94477	ε	27,704 d
25	^{54}Mn	53,94036	ε	312,12 d
26	^{55}Fe	54,93830	ε	2,73 a
26	^{59}Fe	58,93488	β^-	44,496 a
27	^{56}Co	55,93984	ε	77,12 d
27	^{57}Co	56,93629	ε	271,8 d
27	^{58}Co	57,93576	ε	70,82 d
27	^{60}Co	59,93382	β^-	5,2714 a
28	^{63}Ni	62,92967	β^-	100,1 a
30	^{65}Zn	64,92924	ε	234,9 d
32	^{68}Ge	67,92810	ε	270,9 d
34	^{75}Se	74,92252	ε	119,779 d
37	^{86}Rb	85,91117	β^-	18,631 d
38	^{82}Sr	81,91841	ε	25,55 d
38	^{85}Sr	84,91294	ε	64,84 d
38	^{89}Sr	88,90745	β^-	50,53 d
38	^{90}Sr	89,90774	β^-	29,1 a

Z	Nuklid	Atommasse m_a/u	Z. A.	Halbwertszeit
39	^{88}Y	87,90951	ε, β^+	106,65 d
39	^{91}Y	90,90730	β^-	58,51 d
40	^{93}Zr	92,90647	β^-	$1{,}53 \cdot 10^6$ a
40	^{95}Zr	94,90804	β^-	64,02 d
41	^{94}Nb	93,90728	β^-	$2{,}03 \cdot 10^4$ a
41	^{95}Nb	94,90683	β^-	34,97 d
43	^{97}Tc	96,90636	ε	$2{,}6 \cdot 10^6$ a
43	^{99}Tc	98,90625	β^-	$2{,}111 \cdot 10^5$ a
44	^{103}Ru	102,90632	β^-	39,26 d
44	^{106}Ru	105,90733	β^-	371,59 d
46	^{103}Pd	102,90610	ε	16,991 d
47	^{110}Ag	109,90624	β^-	249,76 d
48	^{109}Cd	108,90498	ε	462,6 d
48	^{113}Cd	112,90468	β^-	14,1 a
48	^{115}Cd	114,90562	β^-	44,6 d
50	^{113}Sn	112,90517	ε	115,09 d
51	^{124}Sb	123,90554	β^-	60,20 d
51	^{125}Sb	124,90525	β^-	2,73 a
53	^{125}I	124,90462	ε	60,14 d
53	^{126}I	125,90562	ε, β^-	13,02 d
53	^{129}I	128,90499	β^-	$1{,}57 \cdot 10^7$ a
54	^{127}Xe	126,90519	ε	36,4 d
55	^{134}Cs	133,90670	β^-	2,062 a
55	^{137}Cs	136,90708	β^-	30,1 a
56	^{133}Ba	132,90599	ε	10,52 a
56	^{140}Ba	139,91060	β^-	12,752 d
58	^{139}Ce	138,90633	ε	137,640 d
58	^{141}Ce	140,90827	β^-	32,501 d
58	^{144}Ce	143,91364	β^-	284,893 d
59	^{143}Pr	142,91081	β^-	13,57 d
60	^{147}Nd	146,91610	β^-	10,98 d
61	^{147}Pm	146,91513	β^-	2,6234 a
62	^{151}Sm	150,91993	β^-	90 a

Z	Nuklid	Atommasse m_a/u	Z. A.	Halbwertszeit
63	^{152}Eu	151,92174	ε	13,542 a
63	^{154}Eu	153,92298	β^-	8,592 a
63	^{155}Eu	154,92289	β^-	4,68 a
64	^{148}Gd	147,91811	α	74,6 a
64	^{153}Gd	152,92175	ε	241,6 d
65	^{160}Tb	159,927165	β^-	72,3 d
67	^{166}Ho	165,93229	β^-	$1{,}20 \cdot 10^3$ a
70	^{169}Yb	168,93519	ε	32,022 d
72	^{181}Hf	180,94910	β^-	42,39 d
73	^{182}Ta	181,95015	β^-	114,43 d
74	^{185}W	184,95342	β^-	75,1 d
77	^{192}Ir	191,96259	β^-	73,831 d
79	^{195}Au	194,96501	ε	186,09 d
80	^{203}Hg	202,97285	β^-	46,612 d
81	^{204}Tl	203,97384	β^-	3,78 a
83	^{207}Bi	206,97844	ε	32,2 a
84	^{208}Po	207,98122	α	2,898 a
88	^{225}Ra	225,02360	β^-	14,9 a
89	^{225}Ac	225,02322	α	10,0 d
90	^{229}Th	229,03176	α	7340 a
92	^{232}U	232,03713	α	68,9 a
92	^{233}U	233,03963	α	$1{,}592 \cdot 10^5$ a
92	^{236}U	236,04556	α	$2{,}3415 \cdot 10^7$ a
93	^{237}Np	237,04817	α	$2{,}14 \cdot 10^6$ a
94	^{238}Pu	238,04955	α	87,74 a
94	^{239}Pu	239,05216	α	$2{,}411 \cdot 10^4$ a
94	^{240}Pu	240,05381	α	$6{,}536 \cdot 10^3$ a
94	^{241}Pu	241,05685	β^-	14,35 a
94	^{242}Pu	242,05874	α	$3{,}733 \cdot 10^5$ a
95	^{241}Am	241,05682	α	432,7 a
95	^{243}Am	243,06137	α	7380 a
96	^{242}Cm	242,05883	α	162,79 d
96	^{244}Cm	244,06275	α	18,10 a
98	^{252}Cf	252,08162	α	2,645 a

Stichwortverzeichnis

Die Zahlen beziehen sich auf die Seiten; ~ bezeichnet sprachliche Endungen.

B

C

D

L

M